소방현장지휘론

저자 현성호 · 이용재 · 송윤석
차정민 · 김현수 · 안연순

만화 · 일러스트 이 경 래

도서출판 동화기술

머리말 ▌Preface

현대사회에서 다양하고 광범위한 위험성의 존재와 불특정한 다양한 형태의 사고가 발생하는 상황에서 소방의 역할은 재난현장을 신속하고 효율적으로 수습 및 대응하여 국민의 생명과 재산을 보호하고자 하는 목적에 있다. 하지만 소방환경의 업무특성상 적지 않은 현장활동 위험에 직면하고 있으며, 현장활동과정에서 적지 않는 희생을 치뤘거나 대응실패로 인한 비난과 질책을 받기도 한 것이 사실이다. 하지만, 이에 대한 다양한 개선의 노력으로 소방방재청을 비롯한 각 시도별 소방학교에서는 나름대로 소방현장지휘 및 안전관리 관련 매뉴얼을 제작하고 이를 배포하여 소방대원의 희생을 조금이라도 줄이고자 노력한 것도 사실이다. 특별히 지난 2001년 3월 서울은평구 홍제동화재로 소방공무원이 6명이나 순직하는 사고로 인해 소방대원에 대한 안전확보가 국민들의 관심을 받기 시작하고 이를 계기로 범국가적 대응방안이 마련되기도 했다. 하지만, 그 후로도 반복적으로 소방공무원이 다치고 순직하는 사례가 계속되자 급기야 소방방재청에서는 2009년 차세대 핵심소방안전기술개발사업과 관련하여 "재난유형별 안전사고특성분석 및 예측기술개발"이라는 사업공모를 통해 매년 반복되는 대원의 희생을 줄이고자 하였다.

본 교재는 이와 같은 취지에서 발간된 것으로 소방공무원들이 지속적으로 현장에서 활용할 수 있는 교범으로서의 차원에서 집필되었으며, 특히 지난 10여년간의 서울 및 경기지역 소방공무원의 공사상 및 순직현황을 토대로 더 이상의 희생을 조금이라도 줄여보고자 대원을 대상으로 집필된 것이다. 특히 부록으로 준비한 만화 · 일러스트는 그동안 국내에서는 한번도 시도된 적이 없는 사안으로 소방공무원들에게는 보다 쉽게 재난사고사례의 원인과 이에 대한 대응방안을 제시할 수 있을 것으로 사료된다.

향후 본 교재에서 미처 다루지 못한 사항이 있다면 독자들의 애정어린 충고와 계속적인 보완을 통해 소방대원의 안전을 위한 교재로 거듭나고자 한다. 끝으로 본 교재의 출간을 흔쾌히 허락해주신 동화기술 정우용 사장님께 진심으로 감사드린다.

저자일동

목 차 ▮ Contents

제1장 서 론

제2장 소방안전관리 및 직무체계

제 3 장 재난유형별 안전사고 특성분석

제 4 장 재난유형별 안전사고 예측기술 제안

서 론

1

1.1 배경과 목적

1.1.1 배경

소방조직은 소득증대와 더불어 점증하는 국민의 사회복지욕구와 비례하여 그 활동영역이 확대되고 있으며, 위험이 잠재하는 각종 재난·재해현장의 최일선에서 국민의 인명과 재산을 지켜내기 위해 활동하고 있다.

그러나 소방공무원들이 대국민 소방서비스를 제공함에 있어 불가피하게 심각한 신체적·정신적인 위험과 안전사고에 노출되지 않을 수 없으며, 이로 인하여 소방공무원들의 안전에 심각한 문제를 유발하고 있는 실정이다. 소방공무원은 타 직종에 비해 훨씬 더 많은 위험에 노출되어 있다는 사실은 모든 국민이 인식하고 있다.

하지만 이런 "위험을 감수하면서도 타인의 생명과 재산보호에 최선을 다해 일하고 있다"는 것은 명백한 사실이다. "정의로운 희생", "영원히 잊혀 지지 않는 죽음" 이런 것들은 단지 드라마를 쓰기 위한 각본에 지나지 않는다.

한편 최근 10년간('98~'07년) 소방공무원의 순직 및 사고 현황을 살펴보면, 현장에서 순직한 46명을 포함하여 99명의 소방공무원이 순직하였고, 2,775명의 공상자가 발생하였으며, 이중 소방현장에서만 1,762명의 공상자가 발생하였다.

따라서 화재 등 재난현장의 안전사고의 최소화를 위한 기술기반이 미미한 건 속에서 안전사고발생 예측기술의 개발로 소방력 손실의 최소화가 당면 과제라는 측면에서 접근하고자 한다.

표 1-1 최근 10년간 공상자 발생현황 (1998~2007년)

구분	'98	'99	'00	'01	'02	'03	'04	'05	'06	'07	합계
합계	251	220	213	256	280	360	327	291	298	279	2,775
현장공상	142	143	138	164	185	218	192	173	205	202	1,762
일반공상	109	77	75	92	95	142	135	118	93	77	1,013

* 참조 : 소방활동 안전사고 사례집, 소방방재청, 2008.8

표 1-2 최근 10년간 순직자 발생현황 (1998~2007년)

구 분	'98	'99	'00	'01	'02	'03	'04	'05	'06	'07	합계
계	21	13	10	16	5	7	8	6	6	7	99
현장순직	10	3	4	10	–	2	5	3	5	4	46
일반순직	11	10	6	6	5	5	3	3	1	3	53

한편 2008년 8월 서울 은평구 소재 "나이트클럽 화재"에서 소방공무원 3명이 샌드위치 패널로 시공된 천정부의 붕괴로 순직하는 사고가 발생하였다. 이번 은평구 인명사고는 2001년 3월 4일 "홍제동주택화재"로 6명이 순직한 동일한 지역에서 발생하였다는 점에서 커다란 국민적 충격을 주었으며, 그 동안 소방활동 현장에서 얼마나 소방대원들의 안전관리에 대한 대처가 소홀하게 다루어져 왔는가를 인식하는 계기가 되었다.

그림 1-1 은평구 나이트클럽 화재

그림 1-2 홍제동 주택 화재현장과 순직소방대원

그러나 소방공무원들의 안전사고 문제는 무엇보다도 중요한 현실적 해결과제라 할 수 있으나 아직까지는 소방공무원들의 소방활동과 관련한 사고유형별 안전사고를 줄이기 위해 소방현장에서 활용이 가능한 효과적인 예측기술과 대처방안에 대한 구체적인 방안은 미흡한 실정이다.

이에 소방공무원의 안전사고 문제는 더 이상 방치할 수 없는 실정이며 체계적이고 전문적으로 안전사고를 예방할 수 있는 대책이 절실히 필요한 단계에 와 있다. 따라서 구체적으로 재난유형별 안전사고 특성을 분석하고, 이에 따른 예측기술을 개발하여 교육과 훈련을 통해 안전사고에 강한 소방조직으로 거듭날 수 있는 실질적인 연구가 필요하다.

1.1.2 목적 및 목표

소방조직은 국민의 생명과 신체 및 재산을 각종 재해로부터 보호하는 중대한 임무를 수행하기 위해서 각종 재난 현장으로 출동하는 것이며, 완벽한 임무수행이 소방조직의 목표이다. 그러나 일반적으로 재난현장은 복잡한 위험요소가 복합된 환경에서 소방활동을 하여야 하므로 언제나 안전사고에 직면할 수밖에 없다.

안전사고가 발생하면 본인과 가족의 고통은 물론 소방대원의 사기저하를 초래하는 등 사고에 의한 영향은 실로 크다. 그러나 안전사고는 끊임없이 발생하고 있으며, 안전사고가 발생하면 사고 원인과 대응책이 나오고 안전사고의 배경을 상세히 검토 분석해보면 불가항력적인 사고는 미미하며 명확한 원인이 있으며, 불안전한 상태 또는 불안전한 행동 등 잠재적인 위험요인이 있었음을 알 수 있다.

한편 모든 위험요인이 안전사고로 연결되지 않는다 하더라도 많은 소방대원이 위험에 빠지는 것을 경험하고 있다고 판단된다. 안전사고 방지를 위해서는 잠재적인 위험요인을 사전에 파악하여 배제하는 것이 안전사고 예방의 기본이다.

소방대원의 안전사고 위험요인을 배제한다는 것은 결과적으로 안전을 사전에 추구한다는 것이다. 잠재적 위험의 배제는 안전사고에 대한 감각과 위험을 올바로 예지·예측하여 사전에 필요한 조치를 취하는 것이다. 이것이 안전대책의 기본이며, 소방대원이 이와 같은 능력을 갖도록 하는 것이 안전관리가 지향하는 바이다.

더욱이 최근에는 소방전술의 개념이 종래의 화재진압에서 사고현장의 구조·구급, 산불진압, 재해·재난의 수습, 위험물질의 처리 등으로까지 확대됨으로 인하여 그 필요성의 증대에 따라 소방대원의 안전사고의 영역도 증대되고 있는 실정이다.

특히 소방활동은 육체적으로 힘들고 어려운 작업이며, 현장의 상황은 화염, 유독가스,

붕괴, 감전, 폭발, 차량사고 등의 위험뿐만 아니라 합리적이지 못한 소방작전 등으로 소방현장의 환경적 요인뿐만 아니라 인위적인 위험요소도 많다. 따라서 안전사고의 예방을 위해서 소방현장활동은 강인한 체력과 경계심이 있어야하며, 적절한 안전사고를 예방하기 위한 교육훈련을 받고 완전한 보호장구를 갖춰 임무를 수행해야 하는 것이 소방조직의 필수적인 조건이 된다.
따라서 안전사고에 강한 소방조직을 궁극적인 목적으로 설정하여, 이를 실현하기 위한 구체적인 목적은 다음과 같다.

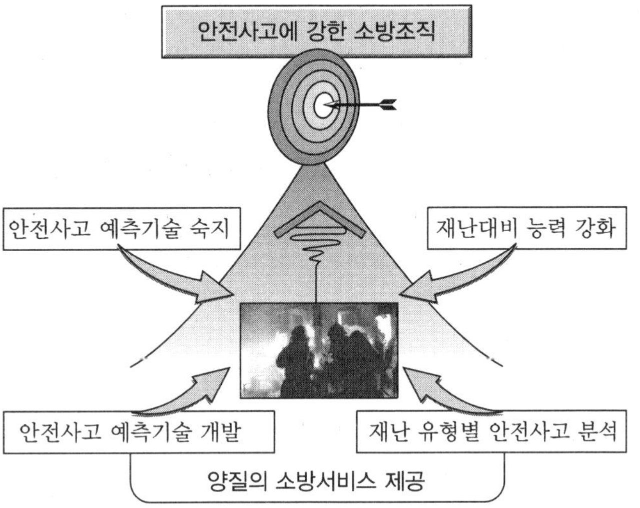

그림 1-3 연구의 목적

첫째, 안전사고에 강한 소방조직을 목표로 한다. 즉 화재 등 각종 재난 유형별 안전사고 최소화를 통해 화재대응 및 진압능력을 극대화하여 소방조직의 과학적인 재난 대비 능력을 극대화 할 수 있으며, 결과적으로 소방대원의 재난대비 능력을 향상시킨다.

둘째, 양질의 대국민 소방서비스를 제공한다. 안전사고의 최소화를 통해 소방조직의 사기를 향상시키는 효과뿐만 아니라 궁극적으로 국민에게 양질의 소방서비스를 제공하는 시너지효과도 기대할 수 있다.

강한 소방조직을 실현하기 위한 세부적인 목표는 다음과 같다.

첫째, 국내 안전사고를 유형별로 분석하여 안전사고의 증대 요인을 도출한다.

안전사고는 매우 다양한 환경적인 요인과 인위적인 요인에 의해 발생한다. 따라서 수많은 모든 안전사고의 요인을 찾고 이에 대한 안전사고의 예측기술을 개발하고 활용한다는 것은 현실적으로 무의미 할 뿐만 아니라 실효성이 매우 낮다.

특히 최근 복잡·다양해지는 산업구조 속에서 소방조직에 요구되는 한 차원 높은 국민적 요구를 수용해야하고 기상이변 등으로 인해 재해의 유형과 규모가 확대되고 있으며, 재난의 유형도 다양하게 변화하고 있다. 이러한 여건 속에서 소방활동을 수행해야하는 소방대원의 안전사고의 유형도 다양화 되고 있다. 그러나 상당부분의 안전사고가 지속적으로 반복되는 반복성을 가지고 있으며, 따라서 최근 10년간의 안전사고를 중심으로 사례분석 및 심층설문조사 등을 통해 주요 안전사고의 요인을 도출하고자 한다.

둘째, 재난 유형별 안전사고 예측기술을 제안한다.

현재까지의 국·내의 관련 연구는 대부분 안전사고 사례를 분석하고 일부의 특정 안전사고에 대한 예방 및 대처방안을 제안하고 있는 실정이나, 안전사고의 원인별 Matrix를 작성하고 이에 대한 안전사고 예측기술을 제안하고자 한다.

셋째, 안전사고 예측기술의 활용방안을 제안한다.

안전과 관련된 활용기술은 가능한 단순하고 명쾌하도록 개발되어야 현장에서 활용이 가능하고 실효성이 있다고 판단된다. 따라서 안전사고 예측기술을 시각화하여 소방대원이 쉽게 이해하고 활용할 수 있도록 한다.

1.2 연구의 범위 및 주요내용

현재까지의 안전사고 관련 연구는 대부분 크게 두부류로 분류할 수 있다. 즉, 재난관리의 효율화 방안과 관련된 분야와, 소방공무원의 직무와 관련된 의료·보건에 관한 분야로 양분 된다. 한편 안전사고와 관련된 연구는 안전사고의 발생원인, 안전사고의 사례분석 등이 주류를 이루고 있으며, 부분적으로 안전사고, 피로, 보호장구 등에 대한 연구 및 교육자료가 개발되어 사용 중에 있다.

(1) 기존의 안전사고 예방관련 연구 및 자료

소방대원의 활동과 관련된 기존의 안전사고 관련 연구자료 현황 및 개략적인 내용은 다음과 같다. 대부분의 기존 자료와 연구가 전체적으로 안전사고에 대한 일반적인 원칙과 안전사고 사례를 분석하여 제시하고 있다. 전반적으로 안전사고에 대한 대응방안이 미흡한 실정 속에서 중요한 연구가치가 있고 안전사고 예방에 필수적인 자료이다. 그러나 재난유형별 안전사고의 발생빈도 등을 고려한 과학적이고 체계적인 안전사고 예측기술 및 대응 매뉴얼이 필요하다는 측면에서는 미흡한 실정이다.

○ 소방활동 안전사고 사례집

소방대원의 안전사고에 대한 체계적인 사고사례집이 없는 가운데 1945년도부터 최근 2008년 상반기까지의 소방대원의 순직 및 공상자에 대한 일반현황 등 전체적인 안전사고의 흐름을 제시하고 있으며, 구체적인 안전사고의 사례에 대한 분석을 통해 안전사고를 줄이는데 필수적인 안전사고 사례집이라 판단된다.

- 발행처 및 발행연도 : 소방방재청, 2008년 8월
- 주요내용
  - 순직자 사고현황
  - 사고사례 : 화재, 구조, 구급, 훈련, 기타

○ 소방활동 안전관리 매뉴얼

소방활동 안전관리 매뉴얼로 중요 안전사고 사례와 화재, 구조, 응급, 교육훈련, 소방장비, 차량운전 등에 관한 일반적인 안전관리 매뉴얼로 유익한 자료이다.

- 발행처 및 발행연도 : 인천소방방재본부, 2008년
- 주요내용
  - 현장 지휘의 중요성 및 지휘 시 고려사항
  - 화재현장의 특성 및 화재 유형별 안전관리 : 일반건물화재, 고층건물화재, 차량화재, 선박화재, 산림화재, 유류화재, 지하철화재, 터널화재
  - 구조현장 안전관리
  - 응급현장 안전관리
  - 교육훈련 안전관리 매뉴얼
  - 소방장비 안전관리 매뉴얼
  - 차량운전 안전관리 매뉴얼

○ 화재진압실무

- 발행처 및 발행연도 : 서울특별시소방학교, 2009. 8
- 주요내용
  - 화재진압 및 현장활동 : 화재의 의의, 화재성상, 화재진압의 의의, 단계별 화재진압활동, 화재진압과 소방전술, 지휘이론, 기타
  - 현장안전관리 : 소방활동, 재해예방과 조사, 안전교육(위험예지 훈련), 체력증진, 훈련시 안전, 소방차량운행 등의 안전, 화재현장에서의 안전, 소방활동과 보호구, 안전사고사례 및 유형 등
  - 초고층 건축물 화재 이해와 호재대응 매뉴얼

○ 특수화재대응실무

- 발행처 및 발행연도 : 서울특별시소방학교, 2009. 8
- 주요내용
  - 위의 "화재진압실무"와 화재진압 및 현장활동, 현장안전관리에 관한 내용은 대부분 동일한 내용으로 구성되어 있다.
  - 초고층 건축물 화재 이해와 화재대응 매뉴얼

○ 소방현장지휘 및 안전관리

- 발행처 및 발행연도 : 서울특별시소방학교, 2009. 6
- 주요내용
  - 소방현장 지휘 : 지휘통제론, 구조진압지휘, 재난현장표준작전절차, 재난현장통신
  - 소방안전관리 : 안전관리론, 현장안전관리, 안전관리 SOP, 위기상황 스트레스관리

소방안전관리 및 직무체계

2

2.1
안전 및 안전관리의 개념

2.1.1 안전의 개념

(1) 안전의 정의

1) 사전적 의미로는 위험이 생기거나 사고가 발생할 우려가 없는 상태를 말한다.
2) 안전한 상태란 위험 원인이 없는 상태이거나 또는 위험 원인이 있다면 인간이 위해를 받는 일이 없도록 대책이 세워져 있고, 그러한 사실이 확인된 상태를 뜻한다.
3) 재난이 발생하지 않고 있는 상태를 안전이라고는 할 수 없으며, 잠재 위험의 예측을 기초로 한 대책이 수립되어 있어야만 안전이라고 할 수 있다.
4) 이러한 의미에서 안전이란 만들어지는 상태를 뜻하고, 일반적으로 "안전하다"라고 하는 것은 위험을 지각하고 있고 그 위험이 수용가능한 수준의 낮은 것일 때를 말하는 것이다.
5) 학자 중 하버드 대학의 로렌스는 안전이란 허용 한도를 초과하지 않은 것으로 판단된 위험성으로, 위험이란 허용 한도를 초과한다고 판단된 것에 의한 사고 발생 확률 및 유해성으로, 레브라스카 대학의 스미스는 안전이란 그 인간의 마음 상태를 의미한다고 각각 정의하였다.
6) 따라서 안전이란 불안전한 요소를 제거함으로써 조화의 상태로 회복시키고 인간과 물질과 환경을 상호 균형의 상태로 유지시키고자 하는 기본적 원리로 수렴되고 있다.
7) 특히 소방활동에 있어서 안전이 달성되었다고 하는 것은 현장 소방활동 시 소방대원이 상해를 당하거나 그 위험이 없고, 장비, 용수시설 등이 손해 및 손상을 받지 않으며, 또 앞으로도 받을 우려가 없는 상태로 잘 관리되고 있는 이상적 상태를 뜻한다고 할 것이다.

(2) 안전에 영향을 주는 요인

일상생활에서 우리는 언제나, 어디서나 잠재적인 위험발생 요인을 포함하고 있는데, 안전을 실행하는데 필요한 4가지 행동은 다음과 같다.

1) 활동에 대한 이해

① 현장활동 임수수행에 앞서, 활동에 어떤 위험성이 잠재되어 있고, 수반되는지를 이해하여야 한다.
② 즉 현장활동의 위험성은 어느 정도이고, 그 위험에는 어떻게 대응해야 안전이 확보될 수 있는가? 등의 활동에 대한 철저한 지식과 이해가 필요하다.

2) 활동자의 능력 수준
① 개인의 현장적응에 대한 기술이나 능력 미달은 종종 사고발생의 큰 원인이 되고 있다.
② 육체적 한계 역시 행동에 영향을 미칠 수 있다.
③ 충분한 지식 없이는 누구도 안전하게 행동할 수 없다.

3) 활동자의 직 · 간접적 상태
① 순간의 상황대응 요구가 인간의 능력보다 더 클 때 다양한 안전사고가 발생한다.
② 그러므로 활동자의 정신적 · 신체적인 직 · 간접적 실태는 인간의 행동을 결정하는 데 중요한 역할을 한다.
③ 이러한 심리적 요소들은 행동의 실행을 유리하게 하거나 정상적으로 개인의 안전을 상실하게 하기도 하고, 무분별한 태도로 행동하게 하는 원인이 되기도 한다.

4) 현장의 환경 및 분위기
① 자연적인 요소와 행동하는 인간에 의한 인적요소들을 포함하는데, 환경 및 분위기는 긍정적·부정적인 영향을 줄 수도 있다.
② 불안전한 상황으로 만드는 자연환경 요인에는 비, 눈, 바람, 추위와 더위 등이 있다.
③ 인적환경 요인에는 집, 이웃, 직장, 책임자, 장비와 기계 등을 포함한다.
④ 이러한 자연적·인적 환경 요인에는 개인의 안전을 감소시킬 수도 있지만 증진시킬 수도 있다.

2.1.2 안전관리의 개념

(1) 안전관리의 정의

1) 인간이 영위하는 모든 삶의 과정에서 인적 · 물적 · 환경적 요인에 의하여 발생하는 안전사고의 원인 및 발생 과정을 규명하여 균형파괴를 예방한다.
2) 균형 상태로 유지시키는 활동에 필요한 기술, 교육, 법, 행정기준 등의 계통적인 지식

을 체계적으로 관리하는 것을 말한다.

3) 안전관리를 통하여 사고를 예방하여 인적 · 물적 손실을 막을 수 있고, 밝고 건전한 작업환경을 조성할 수 있다.

4) 산업안전측면에서는 생산성의 향상과 손실의 최소화를 위하여 행하는 것으로 비능률적 요소인 사고가 발생하지 않는 상태를 유지하기 위한 활동, 즉 재해로부터 인간의 생명과 재산을 보호하기 위한 계획적이고 체계적인 제반활동을 말한다.

(2) 안전관리의 목표

1) 인명존중

① 안전관리는 휴머니즘, 즉 인도적 신념의 실현이 기본으로 하여 행해지는 것이다.

② 인류의 생산기술은 사회조직, 경제기구, 노동양상 등에 영향을 미치게 했지만 어느 시대에서도 항상 인간의 복지증진을 도모하기 위한 것이다.

③ 큰 이익 때문에 재난을 용납한다고 하는 논리, 위험한 재난현장에서 소방활동을 하기 위해서 소방대원의 상해는 어느 정도 감수해야 되지 않느냐는 논리는 인정되지 않는다.

④ 인명존중과 인도적 신념이야말로 안전관리활동의 핵심이 아니면 안 되기 때문이다.

2) 사회적 신뢰확립

① 기업의 사회적 신용도를 결정하는 중요한 요소로 안전관리의 문제가 대두되어 있다.

② 안전에 엄격하지 못한 기업에 대한 사회적 제재가 엄격해지고 있는 것이다.

2.2 소방안전관리의 개념

2.2.1 소방안전관리의 정의

(1) 법률적 정의

1) 재난 및 안전관리기본법

① "안전관리"라 함은 시설 및 물질 등으로부터 인간의 생명 · 신체 및 재산의 안전을

확보하기 위하여 행하는 모든 활동을 말한다.

2) 소방활동 안전관리규정

① "안전관리"란 안전사고가 발생되지 않도록 하기 위하여 실시하는 각종 계획수립 · 시행 · 분석 및 평가활동과 현장활동, 출동 · 귀소 및 각 종 교육훈련 등 일련의 통제활동을 말한다.

(2) 소방공무원측면의 정의

1) 소방활동에 있어서 안전이 달성되었다고 하는 것은 현장 소방활동 시 소방공무원이 상해를 당하거나 그 위험이 없고, 장비, 용수시설 등이 손해 · 손상을 받지 않으며, 또한 앞으로도 받을 우려가 없는 상태로 잘 관리되고 있는 이상적 상태를 뜻할 것이다.
2) 따라서 안전관리란 화재진압, 구조 · 구급, 재난수습 등 현장 소방활동 직무 수행 시 사고가 발생하지 않는 상태를 유지하여 소방공무원의 신체와 소방장비 등을 보호하기 위한 제반활동이라고 할 수 있을 것이다.

2.2.2 소방안전관리의 목표

(1) 효율적인 소방활동

1) 소방은 국민의 생명과 재산보호를 위한 효율적인 소방활동을 추구하고 있다.
2) 소방 현장 활동에서의 안전화는 소방 활동의 능률을 향상시키고 대국민 서비스를 향상시키는 것이 되며 이것은 또 소방안전관리의 테마이기도 하다.
3) 국민의 생명과 재산보호를 사명으로 하고 있는 소방조직에서 오히려 자체사고가 자주 발생한다고 하면, 그것을 보는 국민의 시각은 소방조직에 대한 믿음과 신뢰의 저하라 할 것이다.

(2) 안전한 소방활동

1) 기업은 이익창출을 위하여 생산관리 등을 한다. 그런데 재난 및 사고는 작업능률을 저해하는 중요한 인자이다.
2) 안전관리활동은 생산현장의 정상적인 진행을 방해하거나 일정 기간 작업을 불가능하게 하는 재난 및 사고를 방지한다.
3) 재난현장활동 시 소방공무원의 안전사고는 재난방어활동의 신속성을 저해하여 결과적

으로 국민의 생명과 재산에 손실을 미치게 하는 것과 다름이 없다.

4) 소방장비, 방어행동 등의 안전화는 소방활동의 능률을 향상시키고 대국민 서비스를 향상시키는 것이 된다.

2.2.3 소방안전관리의 특성

(1) 일체성 · 적극성

1) 재난현장 소방활동에 있어서 안전관리에 대한 일체성 · 적극성을 예를 들면 다음과 같이 설명된다.
2) 소방호스 연장 시에 호스를 화재건물에 가까이 두고 연장하지 않도록 하는 것은 화재건물의 낙하물체나 고열의 복사열에 의한 호스손상을 방지하여 결과적으로 진압활동이나 인명구조 시 엄호방수가 완전히 이루어질 수 있도록 하기 위한 것이다. 이는 대원 자신의 안전으로 연결되어 소방활동이 적극적으로 실행될 수 있도록 한다.
3) 안전관리의 일체성 · 적극성은 효과적인 소방활동을 염두에 둔 적극적인 행동대책이라고 할 수 있다.

(2) 특이성 · 양면성

1) 소방조직의 재난현장 활동은 직무수행과 동시에 소방공무원의 안전을 확보하여야 하는 양면성을 지니고 있다.
2) 예측 불가한 현장상황은 위험성을 수반한 현장 직무수행이 전제로 될 때 안전관리의 개념이 성립되는 것이다.
3) 재난현장의 위험성을 용인하는 가운데 직무수행과 안전확보를 양립시키는 특이성 · 양면성이 있다.

(3) 계속성 · 반복성

1) 재난현장의 안전관리는 출동에서부터 소방서로 귀서하여 다음 출동을 위한 점검 · 정비까지 계속된다.
2) 그러므로 평소 지속적인 교육훈련의 반복과 장비점검 및 정비를 철저히 실시하는 것이 안전관리의 중요한 요인이 된다.

2.2.4 소방활동 안전관리의 기본원칙

1) 안전관리는 임무수행을 전제로 하는 적극적 행동이 최선임을 명심한다.
2) 소방활동은 항상 위험성이 잠재하고 있으므로 안일한 태도를 버리고 항상 경계심을 가진다.
3) 현장지휘관은 대원 임의의 독단적 행동은 중대사고로 이어질 수 있으므로 대원을 철저히 장악한다.
4) 위험에 관한 정보를 알게 된 대원은 즉시 지휘관에게 보고하고 전 대원에게 신속 · 정확하게 전파한다.
5) 흥분하고 당황한 행동은 사고의 원인이 되므로 어떠한 상황하에서도 냉정하고 침착성을 잃지 않도록 한다.
6) 각종 기계 · 장비에 대한 기능과 성능을 명확히 알고 안전조작에 숙달토록 한다.
7) 자신의 안전은 무엇보다도 자신이 확보한다는 의식과 자세를 가진다.
8) 복장 및 개인안전장비는 완전무결한 것으로 확보하도록 하고 반드시 착용 또는 휴대하도록 한다.
9) 안전확보의 전제는 강인한 체력과 기력에 있으므로 평소부터 체력관리와 기력연마에 최선을 다한다.
10) 사고사례는 심층 분석하여 산 교훈으로 삼고 소방활동 현장대응에 적용한다.

2.3 소방공무원의 직무체계분석

2.3.1 소방공무원의 직무개념

(1) 소방공무원의 직무목적

1) 소방기본법에서는 소방공무원의 직무를 화재를 예방 · 경계하거나 진압하고 화재, 재난 · 재해 그 밖의 위급한 상황에서의 구조 · 구급활동 등을 통하여 국민의 생명 · 신체 및 재산을 보호함으로써 공공의 안녕질서 유지와 복리증진에 이바지함을 목적으로 한다.
2) 소방공무원은 이렇게 소방기본법에 명시된 목적을 수행하는데, 국가 또는 지방자치단체가 채용한 국가공무원법상 경력직, 그 중에서도 특정직에 속하는 공무원으로서 별도

의 신분법인 소방공무원법에 그 특성이 규정지어져 있다.

3) 소방공무원의 직무영역이 점차 확대되고 있고, 소방행정에 미치는 영역 또한 점차 확대되고 있다.

(2) 소방공무원의 주요 직무

1) 소방공무원 근무규정에 의하면, 소방공무원은 외근근무, 당직근무, 상황근무 및 비상근무로 나눈다.

2) 특히 외근소방공무원은 화재예방 · 진압 및 구조 구급활동에 직접 종사하여 관할구역내의 소방업무를 효율적으로 수행함을 직무로 한다.

3) 소방공무원의 근무규정에 관하여 따로 규정이 있는 것을 제외하고, 소방본부 · 소방서 및 파출소(구조대 · 소방정대 · 소방항공대 · 출장소를 포함)에서 근무하는 소방공무원의 직무에 적용을 하고 있다.

4) 소방공무원의 직무 중 대부분을 차지하는 외근근무는 검사요원근무, 기본근무 및 특수상황근무로 나눈다.

표 2-1 소방공무원의 외근근무 분류 및 직무

직무 / 분류	직 무	비 고
검사요원근무	· 화재예방검사, 무검정 소방용기계 · 기구 단속 · 무허가 위험물 단속	
기본근무	· 소내 및 대기근무, 민원안내근무, 장비관리 및 정비근무 · 전산정보통신근무, 경방조사, 소방대상물조사 · 지리조사 및 소방용수조사, 소방순찰근무 · 소방정보 수집, 소방홍보 및 계몽지도, 본서출장	파출소 직원
특수상황근무	· 화재발생 시 출동근무, 화재현장조사 · 구조구급출동근무, 특별경계근무 · 경호경비근무, 특수장소 소방훈련근무	

(3) 현행 안전관리담당관 및 현장안전점검관의 직무

1) 안전관리담당관

① 안전관리담당관의 지정

- 안전관리담당관이란 소방본부장 또는 소방서장이 소속 소방공무원 중에서 안전

관리업무를 총괄하도록 지정한 자를 말한다.

- 별도의 전문적인 안전관리담당관이 아니라 소방본부장 및 소방서장은 소속 소방공무원 중에서 안전관리 업무를 총괄하는 안전관리담당관을 지정하여 운영하여야 한다.

② 안전관리담당관의 직무

- 소방활동 안전관리 기준의 제정 및 시행상황의 점검 · 평가
- 안전관리관련 교육계획 수립 · 시행 · 평가 관련 업무
- 안전사고사례 분석 및 지역특성별 사고방지 대책의 수립
- 안전보호장비의 점검 관련 업무
- 현장안전점검관의 지정여부 확인 및 주기적 교육실시
- 안전사고 관련 기록유지 및 통계자료 관리
- 그 밖에 안전사고 발생방지와 관련된 업무

2) 현장안전점검관

① 현장안전점검관의 지정

- 현장안전점검관이란 현장활동 소방공무원의 안전관리 사항을 확인하고 안진관리와 관련하여 현장지휘관을 보좌하기 위하여 지정된 자를 말한다.
- 소방서장은 소방활동 중의 안전관리를 위하여 다음의 기준에 따라 현장안전점검관을 지정하여야 한다. 다만, 여건상 불가피한 경우에는 현장안전점검관을 달리 지정할 수 있다.
  - · 119안전센터 또는 구조대 단위로 활동하는 경우 : 출동대원 중 차선임자. 이 경우 하나의 119안전센터가 수개의 팀으로 나누어져 서로 떨어진 장소에서 활동하는 경우 각 팀마다 현장안전점검관을 지정하되, 당해 팀의 구성원이 3명 이하인 경우 선임자 또는 차선임자를 지정할 수 있다.
  - · 수 개의 119안전센터가 하나의 출동대로 편성되어 활동하는 경우 : 관할 119안전센터의 출동대원 중 차선임자 또는 현장에 출동한 소방서 안전관리담당관
  - · 수 개의 119안전센터가 하나의 출동대로 편성되어 활동하고 소방서장이 지휘하는 경우 : 현장에 출동한 소방서의 안전관리담당관
  - · 수 개의 소방서가 현장 출동하여 활동을 하는 경우 : 관할 소방서의 안전관리담당관 또는 현장에 출동한 소방본부의 안전관리담당관
  - · 긴급구조통제단이 설치되어 운영되는 경우 : 긴급대응지휘규칙에 따른 안전담당관

- 소방활동을 하는 모든 소방대에는 각 소방대마다 현장안전점검관을 지정하여야 한다.

② 현장안전점검관의 직무

- 소방활동 중 안전관리에 대하여 현장지휘관 보좌
- 안전관리담당관의 안전관리에 관한 지시사항 이행
- 현장투입 대원의 장비착용 및 신체 · 정신 건강상태의 확인
- 그 밖에 소방활동 중 안전관리에 관하여 필요한 사항

2.3.2 소방공무원의 직무특성

(1) 개요

1) 행정업무에는 인사, 서무, 감찰, 경리, 장비관리, 민원처리, 기술지원, 홍보, 사법대응 등의 일반 행정분야와 재난대응계획, 소방관련법제 정책, 예방정책 등 기획업무가 포함된다.
2) 소방행정관서는 직무의 특수성으로 인하여 일반 행정체계와 구별되는 독자적인 명령계통을 구축하는 경우가 많다.
3) 각급 소방학교와 일선조직 내에서의 현장교육 · 훈련 담당자는 교육공학적인 지식뿐만 아니라 현장경험이 필수적이다. 따라서 이 분야의 경우도 체력조건은 기본적으로 요구된다고 할 수 있다.
4) 소방행정관서는 화재예방과 관련하여 행정적인 직무를 상당부분 담당하고 있지만 그 본연의 직무는 화재 및 긴급 상황 시 직접 출동하여 재난을 수습하는데 있어서 내근 인력보다는 현장 활동 즉, 외근의 인력 비중이 훨씬 크다.
5) 따라서 현장 활동을 담당하는 소방인력의 업무수행 능력과 훈련체계, 건강과 근로조건 등의 인력자원 관리차원의 문제가 소방관서의 운영에 있어서 핵심 영역이 되고 있다.
6) 그런데 아직까지도 재정여건과 인식부족 등의 제약조건으로 인해 소방인력의 양적부족과 열악한 근무여건이 지속되고 있다.

(2) 비일상적 · 비정상적인 활동

1) 소방공무원은 각종 재난현장에서 일상적인 활동이 아닌 비일상적이고, 비정상적인 활동으로 열, 연기, 유독가스, 건물붕괴 등의 장애요인이 많은 재난현장에서 인명활동을

하고, 재산보호를 해야 하는 활동을 한다.

2) 화재현장의 행동장애로는 화염, 열기, 농연이 현저하여 진입에 장애를 받아 인명구조나 구조자의 패닉현상으로 소화활동에 커다란 영향을 받게 된다.
3) 가스, 유류 등 위험물에 의한 화재 및 폭발현상 등 예측 불가능한 상황이 잠재되어 있으면, 인간들은 본능에 의해서 이상심리에 지배되어 흥분, 긴장상태에 있고, 소방공무원의 심리상태 또한 마찬가지이다.
4) 일반인과 마찬가지의 심리상태에서 일반적인 상황과 달리, 일반인의 생활행동과 역행하는 활동을 하고, 위험성이 항상 존재하고 있다. 즉 사고대상물의 거주자가 피난해 나오는 장소로 소방공무원은 화재진압 및 구조 · 구급활동을 위해서 사고현장으로 진압하는 것이다.

(3) 특수한 활동

1) 재난현장 긴급 출동에 있어서 교통혼잡, 주차위반 차량으로 인하여 사고 현장 도착이 지연되어 교통사고로 이어지는 경우가 있다.
2) 재난현장에서 소방공무원이 담을 넘거나 사다리를 활용하여 2층이나 3층으로 혹은 인근 건물로 진압하거나 통행할 수 없는 곳을 지나가거나 올라갈 수 없는 곳을 오르는 등의 임무를 수행해야 한다.
3) 화재진압활동 소방공무원은 해당 장비를 원활하고, 용이하게 다루어야 하며, 구조물을 파괴하거나 화재현장에 고립된 요구조자를 신속히 대피시켜야 하는 상황에 처해질 수 있으며, 열악한 환경에서 장시간 임무를 수행해야할 경우가 많다.
4) 구조대원의 경우 대부분 구조장비가 상당한 근력을 필요로 하고, 구조활동 자체가 강한 신체조건을 전제로 하는 경우가 많다.
5) 구급활동은 환자가 최대한 빠른 시간 내에 의사의 처치를 받을 수 있도록 신속히 이송하되, 이송 전 또는 이송 중 응급처치를 수행하는 것이 주된 임무이다.
6) 구조대원도 구급대 도착 시까지 혹은 구급대 접근가능선까지는 일정한 구급업무를 수행해야 하는 등 상호간에는 교차업무능력이 필요한 상황이 비일비재하다.

(4) 긴장된 활동

1) 화재출동 시 신속히 소방차량에 탑승하여 재난현장에 도착해야 하는 긴장감이 있다.
2) 24시간 출동대기라는 긴장된 근무환경에서 출동예비경보를 발하는 경우가 장기간 누적되면 신체가 더 이상의 과부하 상태를 견디지 못하여 질병이나 심장마비 등과 같은

결과를 초래할 수도 있다.

2.3.3 화재진압활동의 특성

(1) 개 요

1) 소방활동 안전관리규정에 의하면 화재진압활동이란 화재의 진압과 관련된 소방활동을 말하며, 소방공무원 등의 진압능력 향상을 위하여 실시하는 교육훈련활동과 특정소방대상물의 거주 또는 상주자의 화재진압능력 향상을 위하여 특정소방대상물의 관계인이 실시하는 소방훈련 중 소방기관과 합동으로 실시하는 소방훈련을 포함한다.
2) 소방의 고유 업무인 화재진압활동은 화재를 진압하기 위한 출동, 진압활동 및 화재조사활동을 말하고, 효율적인 진압과 피해의 최소화를 위한 소방훈련, 진압작전 · 기술의 연마 등 대응능력의 향상과 지리 및 수리조사, 순찰활동 등을 포함한다.
3) 화재진압활동은 현장의 불안정성과 상황변화의 다양성이 매우 크므로 가장 위험성이 큰 소화활동 중의 하나이다.

(2) 신속성

1) 화재가 발생했을 때 신속한 출동 및 화재현장 도착은 화재로 인한 피해를 최소화시키는데 가장 중요하다고 할 수 있다.
2) 소방대는 화재가 본격적인 연소의 단계(최성기)에 이르기 전에 현장에 도착하여 화재를 소화할 수 있도록 신속성이 있어야 되는 것이다.
3) 화재현장에 대한 신속한 대처를 하지 못하면 대형재난으로 이어져서 국민의 생명과 신체, 그리고 재산피해 등을 입게 된다.

(3) 위험성

1) 화재진압활동은 화재로 인한 일산화탄소, 포스겐 가스 등의 유독가스에 노출될 위험성과 화재진압활동 중 사망, 부상의 위험, 예상치 못한 폭발로 인한 안전사고 등 생명의 위험부담을 가진 현장 활동이다.
2) 평상 시 정상적인 환경조건이 아닌 열기, 연기, 유독가스 등의 장애요인이 많은 악조건 하에서 활동하기 때문에 극히 위험한 활동여건의 조성, 강인한 체력이 요구되는 업무내용 상존 등과 같은 여러 가지 장애요인이 존재하는 위험성을 가지고 있다.

3) 소방공무원들이 활동하는 대부분의 화재진압현장에서는 사상자가 발생되는데, 자신의 신체 · 정신적 능력으로서는 도저히 감당하기 힘든 정도의 역할을 수행할 수밖에 없는 상황에 처하기도 한다.
4) 화재현장에서 소방공무원의 활동은 일상적인 상황과 달리, 일반인의 생활행동과 역행하는 활동을 하고 있어서 위험성이 항상 존재하고 있다. 즉 화재대상물 거주자의 피난방향과 반대로 소방공무원은 화재 등 재난현장으로 진입하는 것이다.
5) 화재현장에서 높은 담을 넘는다던지, 사다리를 활용하여 지붕에 올라간다던지, 옥상에서 로프만을 의지한 채 내려오는 등 항상 위험성으로 인해 크게 부상을 당할 수 있다.

(4) 열악성

1) 대형화재현장에서 화재진압활동을 하는 소방공무원의 경우 현실적인 문제들로 인하여 이중고를 겪을 가능성이 매우 높다.
2) 적은 인원으로 화재진압활동, 근무조건의 열악, 자신의 능력을 초과하는 무모한 현장활동, 언론이나 국민 등으로부터의 여러 가지 심리적 압박 등과 같은 것들을 예로 들 수 있다.

(5) 이상성

1) 화재현장은 가스, 유류, 화공약품의 폭발 등 예측 불가능한 상황이 잠재되어 있어 소방관들은 신체적 · 심리적으로 긴장하여야만 하는 악조건에 처하게 된다.
2) 이처럼 위험한 비정상적인 상황에서 항상 긴장하여야만 하는 근무조건으로 인하여 소방공무원들은 개개인의 신체 · 정신적인 분야의 건강상태에 좋지 영향을 가져올 수 있는 활동환경의 이상성이라는 특수성을 가진다.
3) 또한 화재발생 후 화재자체가 기존의 기술적 · 사회적 장치와 맞물려 어떻게 전재될지 알 수 없을 뿐만 아니라 대응 및 복구활동 단계의 진행방향 또는 예측하기 어렵게 하여 재난환경의 이상성을 증가시킨다.

(6) 강인한 체력과 능력

1) 소방공무원의 화재진압활동은 신체적 · 정신적으로 극한 상태까지 능력을 발휘해야 하는 경우도 있다.
2) 화재진압활동 중 효과적인 대응활동 등을 방해하는 요소가 나타날 경우 이를 극복하면서 임무를 수행하기 위해서는 자신의 체력이상의 인내력까지도 필요하게 된다.

3) 일반적으로 소방공무원이 화재현장으로 출동하여 화재진압활동을 수행하는 과정에서 방화복 및 공기호흡기 등 개인안전장비 무게의 합은 20 kg을 넘어서며, 화재진압 중 하중은 이를 훨씬 뛰어넘는다.
4) 복식사다리나 유압장비 같은 구조장비 등으로 작업할 때는 극도의 근력과 지구력이 요구된다.
5) 따라서 소방공무원에게는 근력, 지구력, 유연성 등 다양한 능력이 요구된다 하겠다.

2.3.4 소방직무에 맞는 체격과 체력 조건

1) 화재진압을 담당하는 소방공무원의 경우 옥내 · 외 소화전의 호스를 전개해서 화재진압을 해야 하는데, 특히 개인보호 장비를 착용한 상태에서 옥내소화전의 40 mm 수관에 호스를 연결하기 위해서는 기본적인 체력이 반드시 요구된다.
2) 구조업무를 담당하는 소방공무원의 경우 구조 장비 등 구조업무 자체가 일정 이상의 체력을 요구하는 것은 당연하다.
3) 인명구조 시 성인남녀를 들쳐 업고 나올 수 있어야 하는데, 지나치게 키가 작은 인간은 면체 착용상태에서 구조활동을 하는데 상당한 어려움을 겪을 수 있다. 또한, 교통사고 현장에서 유압장비(절단기, 전개기, 램 등)를 혼자서 들고 작업해야 하므로 이에 대한 체력이 반드시 뒷받침되어야 한다.
4) 구급업무를 담당하는 구급대원은 응급처치능력 및 구조현장에서의 환자보호를 위한 보조활동 능력과 체중이 무거운 환자를 들것으로 옮길 수 있을 정도의 체력조건을 필요로 한다.
5) 또한 상황에 따라서는 열악한 구조상황에서 응급처치를 하여야 하기 때문에 구조대원과 동등한 정도의 체력조건이 반드시 필요하기도 하다.
6) 일반 행정 및 기획업무를 담당하는 소방공무원의 경우는 어느 것이든 직접적으로 일반수준 이상의 체력조건을 필요로 하지는 않는다.
7) 그러나 소방업무는 순환보직이므로 소방공무원이라면 누구나 유사 시 현장활동을 원만히 수행해 낼 정도 이상의 생산성이 요구되므로 원칙적으로 일정수준 이상의 체력조건을 통과한 근무자일 것이 요구된다.
8) 교육 및 훈련 담당 업무를 하는 소방공무원의 경우는 소방현장의 경험뿐만 아니라 훈련 자체가 기본적인 체력을 상당히 요구한다.

2.4
재난현장지휘체계의 의의

2.4.1 통합형 재난관리체계

(1) 분산형 재난관리체계

1) 분산형 재난관리체계는 1930년대 전통적 조직이론의 등장과 함께 합리성을 목표로 하는 조직이 전문화의 원리를 택하도록 하는 행정 이론적 환경과 일치하는 시기에 생겨났는데, 재난대응의 분산대응방식은 지진, 수해, 유독물, 풍수해, 설해, 화재 등 재난의 종류에 상응하여 대응방식에 차이가 있다는 것을 강조한다. 따라서 재난의 유형별로 분산대응 계획이 마련되고, 대응책임기관도 각각 다르게 배정되어 있었다. 따라서 대응방식은 재난 시 유사기관간의 중복대응과 과잉대응의 문제를 야기하였고, 난해한 계획서의 비현실성과 다수기관 간의 조정 · 통제에 대해 반복되는 문제를 야기하게 되었다(류충, 2001: 40).
2) 이처럼 재난의 업무를 소관부처별로 책임을 분산시키는 분산형 재난관리체계는 과거에는 재난에 대한 책임감이 분산되고, 특정 재난에 대한 관리활동으로 경험이 축적되어 전문성 제고가 용이했지만, 현재에 발생되고 있는 재난의 규모를 고려해보면 그 효율성에 심각한 문제점이 존재하고, 재난관리체계의 단계별 활동인 예방, 대비, 대응, 복구활동을 위한 종합적이고, 통합된 정책의 결여로 전체적인 재난대응능력을 저하시킬 것이다.
3) 따라서 분산형 재난관리체계가 책임을 분산하여 업무의 경감을 가져다 줄 수도 있겠으나 인력 및 예산절감과 업무의 효율적인 운영 측면에서는 바람직하지 못하다(김국래, 2008: 5).
4) 특히 인적재난이 발생했을 때는 대응활동과 복구활동은 소방에서 주도적으로 담당하고 있고, 자연재난이 발생했을 때도 실제 대응활동과 복구활동 중 구조 · 구급업무는 소방에서 담당하고 있으므로 재난의 예방 · 대비 · 대응 · 복구를 위하여 행하는 재난관리가 체계적으로 이루어지기가 힘들다.

(2) 통합형 재난관리체계

1) 전통적인 재난대응방식인 분산형 재난관리체계와 민방위중심의 하향식 기획과정은 여

러 가지 문제점이 제기되면서 미국을 중심으로 통합형 재난관리체계의 모형이 제시되었다.

2) McLaughlin(1985)은 조직의 생존을 위협하는 사건이나 조건을 재난으로 정의하면서 재난관련 대응조직들이 수많은 공공 및 민간조직과 혼합되어 대응단계에서의 협조 문제가 재난대응의 전통적인 문제로 반복되는데 관심을 가지고 미국의 통합형 재난관리체계는 연방정부, 주정부, 지방정부의 협조 하에 일련의 순환과정을 통해서 인명과 재산을 보호하고 행정능력을 유지할 수 있다고 하면서 행정이 주가 된 재난관리의 모형을 다음의 그림 2-1과 같이 제시하였다(McLaughlin, 1985: 170).

3) 통합형 재난관리체계는 효율적이고 효과적인 위기관리 능력을 개발하고, 유지관리 하는데, 정부에 기여할 수 있는 수많은 구성요소들로 이루어진 체계를 의미한다.

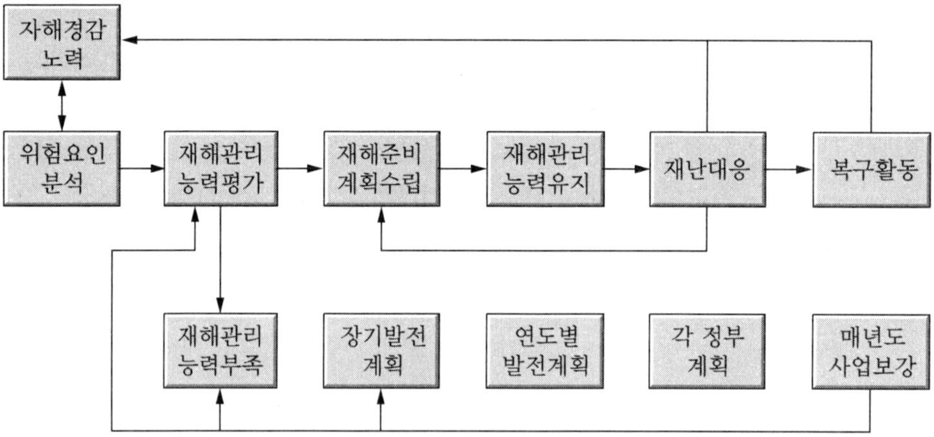

그림 2-1 통합형 재난관리체계의 과정

* 자료 : McLaughlin, David(1985: 166), 안중석(2004: 18) 재인용.

4) Quarantelli(1991)는 분산형 재난관리체계가 통합형 재난관리체계로 전환되어야 한다는 근거를 다음과 같이 제시하고 있다.

① 재난개념의 변화이다. 재난개념에 대한 물리적 관점은 재난의 유형별 특징을 강조하게 되지만, 재난은 오로지 사회적으로 충격적인 사건이라는 점에서 식별될 수 있고, 재난에 대한 사회 지향적 개념은 자연적요인 및 기술적 요인의 물리적 특징과 영향에서 사회적 사건의 공통성 또는 유사성으로 초점이 이동되었다는 것이다. 따

라서 재난은 그 지역 사회의 정상적인 기능을 파괴하는 충격적 사건으로서의 공통성을 가지며 자연재난이든 인적재난이든 구별할 실익은 없게 된다.

② 재난대응의 유사성이다. 경험적 측면에서 볼 때 사회과학적 연구들은 재난의 사회 형태적 특징들이 대부분 재난 유형별로 나타나는 것이 아니라 상이한 유형의 자연적, 기술적 재난에서 일반적으로 유사하다는 것을 밝히고 있다. 이들 연구자들은 재난을 준비하고, 관리하는데 있어서의 많은 인적, 조직적 문제들을 해결하는데 있어서 어떠한 구체적인 재난이 관련되어 있는지는 중요하지 않다고 생각한다. 이들은 어떠한 재난이던 간에 요구되는 작업이 경고, 대피, 구호, 탐색, 구조, 구급, 사망자처리, 자원의 동원, 통신교류, 조직 간 조정 등 동일한 일반적인 활동이 취해져야 한다고 보는 것이다.

③ 계획내용의 유사성이다. 재난계획에 있어 종합적 접근법을 택해야한다고 주장하는 연구자들은 재난 유형의 차이에도 불구하고, 재난 시 취해야 할 일 들이 크게 다르지 않다고 생각한다. 부상자간호, 재난지역의안전성확립, 공공에 대한 정보제공, 대응상의 전반적인 조정 그리고 많은 유사한 일 등 모든 업무가 지역사회의 위기

표 2-2 재난관리체계 유형별 장 · 단점 비교분석

유형	분산형 재난관리체계	통합형 재난관리체계
관련부처 및 기관	다수 부처 및 기관의 단순병렬	단일부처 조정하의 병렬적 다수 부처 및 기관
책임범위와 부담	소관 재난에 대한 관리책임, 부담 분산	모든 재난에 대한 관리책임, 과도한 부담 가능성
관련부처의 활동범위	특정 재난에 대한 관리활동	모든 재난에 대한 종합적 관리활동과 독립적 활동의 병행
정보전달 체계	정보전달의 다원화	정보전달의 일원화
재난대응	대응조직 없음(사실상 소방)	통합대응/지휘통제 용이(소방)
재난에 대한 인지능력	미약, 단편적	강력, 종합적
장점	한 재해유형을 한 부처가 지속적으로 담당하므로 경험축적 및 전문성 제고가 용이하고, 한 사안에 대한 업무의 과다 방지	재난 시 총괄적 자원동원과 신속한 대응성 확보하고, 자원봉사자 등 가용자원을 효과적으로 활용
단점	복잡한 재난에 대한 대처능력에 한계가 있고, 각 부처 간 업무의 중복 및 연계 미흡하며, 재원마련과 배분의 복잡성	종합관리체계를 구축하는 데 많은 어려움이 따르고, 부처이기주의 및 기존조직들의 반대 가능성이 높고 업무와 책임이 과도하게 한 조직에 집중

* 자료 : 채경석(2004)

상황에서 수행될 것이다. 소방 및 경찰을 비롯한 지역사회 위기관리조직의 대부분은 재난의 유형에 관계없이 모든 재난의 대처에 관계된다. 따라서 재난대응상의 계획들은 거의 동일한 내용과 구조를 가지게 된다. 수많은 계획의 통합작성을 통해 보다 단순하고, 적용성 있는 계획으로 발전시켜야 한다는 것이다.

④ 대응자원의 공통성이다. 재난유형과 이에 대처하기 위해 필요한 인적 · 물적 자원이 조금씩 다르더라도 구체적인 위협에 관계없이 동일한 일반적 활동들이 예방 · 대비 · 대응 · 복구활동 시기에 진행되고, 따라서 거의 유사한 자원동원체계와 자원유형을 필요로 한다는 점이다. 통합 책임기관의 책임은 중앙 및 광역차원의 자원을 통합 · 조정하여 지방자치단체의 대응활동을 위한 단일의 지원창구를 제공하고, 자연재난 및 인적재난을 포함한 모든 유형의 재난에 걸쳐서 기획 및 대응활동의 유사성이라는 이점을 취함으로써 재난준비 및 대응자원의 활용을 최적화하는 것이다. 특히 통합형 재난관리체계는 대응활동단계에서의 모든 자원을 통합관리 한다는 의미보다는 재난대응활동에 필요한 대응기능 별 책임기관을 지정하여 재난 시 참가기관들을 통제하고 조정하는 의미를 갖는다고 볼 수 있다.

(3) 우리나라 국가 비상설 재난관리체계

1) 국가 비상설 재난관리체계는 재난 및 안전관리기본법에 제정되기 이전에는 자연재난과 인적재난 발생 시의 관련 법률과 재난관리체계가 서로 다르게 구성되었다.
2) 자연재난이 발생하면 중앙정부, 시 · 도 및 시 · 군 · 구에 재해대책위원회와 재해대책본부가 구성되었고, 인적재난이 발생하면 중앙정부, 시 · 도 및 시 · 군 · 구에 안전대책위원회와 사고대책본부가 구성되었다. 그리고 중앙정부, 시 · 도 및 시 · 군 · 구에 구조구난으로 긴급구조본부가 구성되었다.
3) 재난관련법령이 70여개로 각 부처가 소관별로 이를 담당하고 있고, 법률 상호간 수평적 연계성이 부족하여 신속한 협조체계의 구축과 대응이 어려울 뿐만 아니라 재난의 예방 · 대비 · 대응 · 복구의 정책과 기능이 분산되어 책임소재가 분명하지 않아 재난을 통합관리하는 체계의 도입 필요성에 따라 2004년 3월에 재난 및 안전관리기본법을 제정하였다.
4) 재난 및 안전관리기본법을 제정 이후의 국가 비상설 재난관리체계는 과거의 자연재난과 인적재난 발생 시 각각 담당하던 위원회에서 국무총리를 위원장으로 하는 중앙안전관리위원회로 통합하여 안전관리에 관한 중요정책의 심의 및 총괄 · 조정 등을 하도록 하였고, 각 부처장관이 소관 분야별로 예방 · 수습대책을 마련하며, 각 분야별 재난

관리계획을 종합화한 국가재난관리계획을 수립하여 집행해 나가게 되었다. 그리고 재난수습을 위해서 시안별로 각 부처에 설치되었던 중앙사고대책본부를 행정안전부 중앙재난안전대책본부로 일원화하였고, 소방방재청장이 통제하는 중앙긴급구조통제단을 설치하여 재난발생 시 현장지휘체계를 구성하였다.

5) 또한 광역 및 기초자치단체에서는 단체장을 중심으로 관내 유관기관 · 단체가 참여한 지역안전관리위원회 및 지역재난안전대책본부, 그리고 지역긴급구조통제단을 구성 운영하고, 지역실정에 맞는 재난관리계획을 수립하여 재난의 예방 · 대비 · 대응 · 복구의 재난관리를 체계적으로 관리하고자 하였다.

표 2-3 국가 비상설 재난관리체계 – 재난 및 안전관리기본법 제정이전

구분	자연재난	인적재난	구조구난
관련법률	자연재해대책법	재난관리법	재난관리법
중앙정부	중앙재해대책위원회 (행정자치부장관) 중앙재해대책본부 (행정자치부장관)	중앙안전대책위원회 (국무총리) 중앙사고대책본부 (주무부처장관)	중앙긴급구조본부 (행정자치부장관)
시 · 도	시 · 도 재해대책위원회 (시도지사) 시 · 도재해대책본부 (시도지사)	시 · 도 안전대책위원회 (시도지사) 시 · 도사고대책본부 (시도지사)	시 · 도긴급구조본부 (시도지사)
시 · 군 · 구	시 · 군 · 구 재해대책위원회 (시군구청장) 시 · 군 · 구 재해대책본부 (시군구청장)	시 · 군 · 구 중앙안전대책위원회 (시군구청장) 시 · 군 · 구 중앙사고대책본부 (시군구청장)	시 · 군 · 구 긴급구조본부 (시군구청장)

*자료 : 자연재해대책법 · 재난관리법.

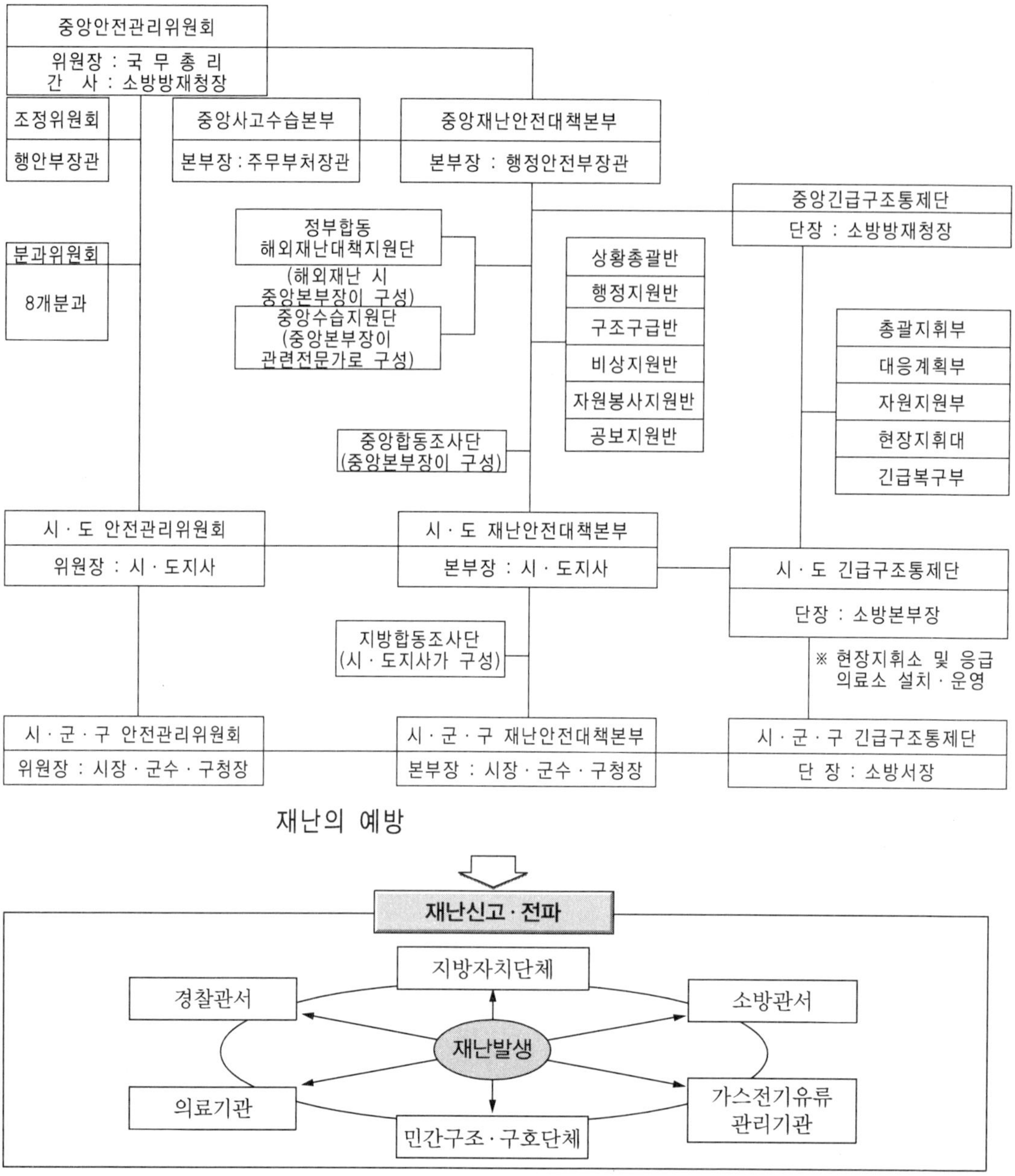

그림 2-2 국가 비상설 재난관리체계 – 재난 및 안전관리기본법 제정이후

* 자료 : 소방방재청, 2008년도 재난연감. 수정 · 재작성.

2.4.2 재난현장지휘체계의 개념

1) 재난현장에서의 지휘체계는 상호 이질적 대응기관들이 복잡한 재난상황에서 혼란스럽게 대응하는 문제점을 개선시키고자 하는 조직화개념으로 통합적 현장지휘개념을 기본으로 하며, 다양한 대응기관들의 현장활동이 밀접하게 관련되고 협조될 수 있도록 전반적 목표에 의한 관리가 되도록 설계되어야 한다.
2) 재난현장지휘체계란 긴급구조본부장 · 통제관 · 각부서의 반장 및 구성원 등으로 구성되어 현장지휘관(지휘대장, 통제단장)이 재난상황을 분석하고 목표를 설정하며, 목표에 따른 자원을 체계적으로 관리하기 위한 조직체계를 말한다.
3) 재난현장에서의 지휘체계는 통합적 대응시스템을 필요로 하고, 통합현장지휘체계의 개념은 하나의 기관이 모든 관련기관들이나 구성원들을 분산 재통합하여 지휘한다는 개념이 아니라 다양한 대응기관들의 대응활동이 밀접하게 관련되고 협조될 수 있는 개념인 것이다.
4) 이러한 재난현장지휘체계는 모든 작전을 표준화시키고, 비용을 최소화하며, 인명피해를 줄이고, 자원과 인력의 효율적인 할당을 가능하게 한다.
5) 이를 위해 운용되는 것이 현장지휘체계의 통합지휘팀과 유관기관 지휘 · 조정 · 통제센터이다. 여기서의 통합지휘팀은 유관기관 연락관으로 구성된 현장지휘 참모조직이다.
6) 재난현장에서 사용되는 지휘체계는 현실성을 중시하므로 지휘체계에서 제시된 절차들은 관할구역 자치원리를 따르도록 설계되어야 한다. 즉 재난대응에 참가하는 각 조직들은 그들 자신의 법적, 재정적 책임 하에 그들의 조직기능에 적합한 임무를 수행하고, 자신의 조직운영 절차에 따라 통제할 수 있기를 원한다.

2.4.3 재난현장지휘체계와 연혁

(1) 우리나라의 지휘체계 연혁

1) 우리나라는 1995년 이전까지는 소방기관에서 일본의 소방전술이론에서 사용해온 화재현장지휘체계를 주로 사용해왔던 경험이 있으나 공식적인 현장지휘체계를 개발하지는 못하였다.
2) 1995년 삼풍백화점 붕괴사고를 계기로 대규모 재난현장에서의 통합지휘를 위한 공식적인 현장지휘체계의 필요성을 절감하게 되었고, 1995년에 제정된 재난관리법과 긴급구조현장지휘에 관한 규칙이 내무부령으로 제정됨으로써 비로소 현장지휘체계가 공식

화되었다.

3) 2004년 재난 및 안전관리기본법, 2004년 긴급구조대응활동 및 현장지휘에 관한 규칙이 제정되면서 과학적이고 이론적 체계를 갖춘 재난현장지휘체계가 개발 운영되게 되었다.

2.4.4 소방현장지휘의 중요성

(1) 소방현장지휘체계 확립

1) 인적 · 물적 자원을 효과적으로 관리하고, 대원의 안전과 복지를 확보하기 위하여 사고규모에 관계없이 소방현장지휘체계를 가동하여야 한다.
2) 소방현장지휘체계는 작전절차 수행을 위한 수단일 뿐만 아니라, 위험관리와 소방대원의 안전 확보를 위한 조직체계임을 모든 간부들이 인식하여야 한다.
3) 소방현장지휘체계의 지휘관을 포함한 부서를 확립함에 있어서는 표준현장지휘체계와 표준작전절차를 따라야 한다.
4) 소방현장지휘관들은 매년 소방서별로 작성하는 긴급구조대응계획을 평상시에 숙지하고 있어야 한다.

(2) 소방현장지휘관의 책임과 역할

1) 소방현장지휘관의 책임
   ① 인명구조 및 대피
   ② 재난 안정화
   ③ 재산보호
   ④ 대원의 안전과 복지 확보

2) 소방현장지휘관의 역할
   ① 지휘권 선언과 효과적인 작전위치(소방현장지휘소) 설치
   ② 신속한 상황평가
   ③ 통신의 시작, 유지 및 통제
   ④ 전략목적과 전술목표 수립, 대응활동계획수립, 표준작전절차와 작전계획에 맞게 부대 및 대원에게 임무부여
   ⑤ 효과적으로 재난현장지휘조직을 설치하고 상황변화에 맞추어 확장 및 축소

⑥ 작전계획에 대한 재검토를 하고 수시로 평가하여 현장상황에 맞게 수정
⑦ 지휘권 유지, 이양, 종료를 확실하게 이행

3) 선착대 지휘관의 무선보고 사항

① 선착대의 무선호출 명칭
② 사고현장 상황 개요(예 : 건물 규모, 수용인원, 위험물 유출 등)
③ 명백한 상황(예 : 화세, 위험물 유출, 대량 환자발생 등)
④ 최초 대응 작전에 대한 개략적 설명
⑤ 전략 선언(예 : 건물화재 시 방어 작전을 할 것인지 공격작전을 할 것인지)
⑥ 안전관련 유의 사항(예 : 위험물 유출, 건물붕괴 우려 등)
⑦ 지휘관 계급, 성명

4) 지휘구조 수준

① 대규모나 복잡한 사고 : 대규모 지휘조직, 소규모나 단순사고 : 소규모 지휘조직
② 전략적 수준에서는 공격과 방어 전략 중 택일하고, 전략계획을 세우고, 우선순위를 정하며, 자원의 획득과 배분을 결정하고 결과를 예측하며, 전술적 수준의 부대에게 특별한 목표를 부여한다.
③ 전술적 수준에서는 지역별, 기능별, 분대별로 특정 목표를 달성하여 전략목적을 달성할 수 있도록 임무를 부여한다.
④ 임무수준에서는 개인별, 소대별 임무를 달성하여 전술적 목표를 달성할 수 있도록 임무를 수행한다.

5) 지휘절차

① 사고규모, 현장 도착 대원 및 장비를 고려하여 개인별 임무를 부여한다.
② 최초에 현장에 도착한 지휘관의 지휘는 강력하고, 직접적이며, 시야 범위 내에서 가장 안전한 방법으로 이루어져야 한다. 이렇게 하여야만 지휘의 공백을 없애고, 각자 마음대로 행동하는 대원이 없게 된다.
③ 소방현장지휘체계를 효율적으로 가동하기 위해서 지휘관과 대원들의 임무와 책임을 정한 지휘조직을 만들어야 한다.
④ 사고현장관리, 작전계획과 의사결정을 지원할 수 있도록 정보제공 절차를 갖추어야 한다.
⑤ 후에 도착하는 상급지휘관에게 질서 있게 지휘권을 이양할 수 있어야 한다.

6) 대원추적 관리

① 종이나 칠판에 입출입자 기록, 건물이나 터널 내부, 위험지역 진입대원 증표(표찰) 수집, 개인별 위치추적 등으로 대원의 현재 위치를 추적 관리한다.

② 무전기로 매 15분마다 무선점호를 취하여 대원의 상태를 파악한다.

③ 대원의 작업시간을 고려하여 휴식과 교대 및 임무조정을 실시한다.

④ 진입시간을 고려하여 공기호흡기 잔량을 파악하여 대원에게 알려주거나, 개인별로 경보장치를 장착하도록 하여 활용한다.

⑤ 개인별로 휴대용 무전기와 호루라기, 휴대용 전화기를 소지하도록 한다.

⑥ 화재진압 후에는 반드시 인원을 파악하여야 한다.

⑦ 안전담당관이나 대원 추적관리 간부가 없을 경우에는 대기조 또는 운전요원들이 위험지역 진입대원 명단, 진입시간, 진입장소 등에 대하여 지속적으로 파악하고 있어야 한다.

(3) 소방현장지휘관의 8가지 표준 기능

소방현장지휘관은 대원들의 사고현장 활동내용을 문서로 작성하여 제출케 한 후 이를 검토하여 다음 작전에 반영하여야 한다.

1) 임무부여 및 배치

2) 상황평가

3) 통신

4) 자원배치

5) 전략수립(작전계획)

6) 지휘체계 조직구성

7) 평가 및 수정

8) 지휘권 이양, 종료

(4) 안전담당관(안전책임자)의 활용

사고현장에서 소방현장지휘관의 역할은 전략적 목적 달성과 소방대원의 안전 확보이다. 소방현장지휘관은 안전담당 지휘참모를 임명하여 대원의 안전은 물론 사고현장 전체의 안전에 관한 정보와 안전대책을 추진하여야 한다.

1) 안전담당관(안전책임자)의 지정

① 안전담당관은 지휘관에게 전문적인 조언과 정보를 제공하여 현장의 안전을 확보하여야 한다. 안전담당관은 안전 분야에 대해 보다 더 전문적이고 세밀하게 통제 및 감시업무를 수행할 수 있다.

② 즉 현장에 근접하여 대원의 안전여부, 주변 상황의 변화(예: 건물 붕괴 우려, 위험물의 유출)에 대한 정보를 수집 · 분석하여 정보를 제공하여 작전계획의 변경, 전략수정 등을 하게 함으로써 대원 및 시민의 안전을 확보할 수 있다.

2) 안전담당관의 역할

① 안전담당관은 현장 활동을 모니터링하고 현장 대원의 건강과 안전에 관련된 모든 문제에 관하여 지휘관을 보좌(보고 및 조언)한다.

② 안전담당관은 보호복과 보호 장구를 착용한다.

③ 안전담당관은 모든 대원들이 보호복과 보호 장구를 착용하고 안전기준에 적합하게 활동하고 있는지 확인한다.

④ 안전담당관은 대원의 추적관리를 정확하게 하여 대원의 안전을 확보하여야 한다. 또한 대원의 휴식과 교대를 권고 또는 확인한다.

⑤ 안전담당관은 명령계통에 따라서 위험상황을 관리한다. 단 대원들이 급박하고 생명을 위협하는 위험에 노출된 경우에는 직접 대원의 작업 중지 또는 작업종료나 작업 내용에 대한 변경을 명한다.

⑥ 안전담당관은 각 기관이나 민간단체 참여자들의· 안전관리 및 문제점을 조정한다.

⑦ 다수 기관이 참여하거나 복잡한 사고, 위험성이 높은 사고의 경우에는 안전담당관을 보좌할 수 있는 보좌관을 각 기관에서 온 사람 중에서, 또는 소방기관의 간부중에서 추가로 두어 안전을 확보하여야 한다.

3) 신임 소방대원의 안전에 관한 감독

① 모든 소방대원들은 현장 활동에 참여하기 전에 반드시 충분한 교육과 훈련을 받아야 한다. 그러나 신임 소방대원이 적절한 훈련을 이수하였다하더라도, 소방현장활동에 투입하는 경우에는 반드시 경험이 충분한 대원들과 팀을 이루어 그들의 감독 아래 활동하도록 하여야 한다.

② 현장 활동 또는 교육훈련 시 신임대원이 안전감독의 범위를 벗어나지 않도록 하여야 한다.

③ 신임대원이 항상 보호복과 보호 장구(공기호흡기 등)를 정확히 착용 또는 사용하고 있는지를 감독하여야 한다.

④ 신임대원의 부정확한 행동과 나쁜 태도가 습관화되지 않도록 지적하여 올바른 절차와 방법에 따라 활동할 수 있도록 지도한다.

⑤ 신임대원이 현장 활동에 임하면서 겁을 먹거나 당황하여 이상 행동을 하는지 확인하여 긴장감을 해소시켜 정상 활동을 할 수 있도록 유도하거나 작업을 중지시킨다.

2.4.5 소방현장지휘 시 고려사항

(1) 소방현장안전지휘

1) 지휘관의 현장지휘

재난현장에서의 긴급구조 활동의 현장지휘는 현장지휘대장이 행한다. 다만, 시 · 군 · 구 긴급구조 통제단의 통제단장이 필요하다고 인정하는 경우에는 직접 현장지휘를 할 수 있다. 통제단장이 행하는 현장지휘의 내용은 다음과 같다.

① 재난발생 시 재난관리 책임기관의 장에게 통보한다.
② 재난발생을 예방하거나 피해를 경감하기위하여 필요한 응급조치를 한다.
③ 재난발생 또는 당해 지역안의 자에 대한 대피명령을 한다.
④ 재난발생과 관련 위해방지 또는 질서유지를 위한 위험구역을 설정한다.
⑤ 위험지역에 대한 강제대피 또는 강제퇴거조치를 한다.
⑥ 수송, 진화, 구조 등을 위한 차량의 통행금지나 제한 도치를 마련한다.
⑦ 당해 재난현장에 있는 자에게 응급조치종사명령 및 토지건축물 등의 일시사용 등 조치를 한다.
⑧ 긴급구조를 위해 필요시 시장, 구청장등에게 응급대책을 요청한다.
⑨ 긴급구조 사항의 총괄조정을 위한 긴급구조 통제단을 설치 운영한다.
⑩ 긴급구조기관장에게 지원요청 및 참여 민간 지원기관에 대한 경비지원 요청한다.
⑪ 재난현장에서의 긴급구조활동 현장지휘 통제 및 현장지휘소를 설치 · 운영함으로써 현장대응 체제를 강화한다.

2) 소방현장지휘체계에 의한 자원배치

① 재난대응자원의 배분은 어떤 임무가 먼저 수행되어야 하느냐에 따라 결정된다. 그것은 또한 임무수행의 순차적 상호의존성에 따라 자원배치의 우선권이 결정된다.

② 소방현장지휘체계는 신속한 상황분석을 위한 방법과 현실적으로 실현 가능한 작전계획, 그리고 대응활동을 효과적으로 사용하기 위한 방법을 제공한다.

③ 소방현장지휘체계의 조직화는 다수의 자원들이 그 기능을 발휘하도록 통합시킨다.
④ 소방현장지휘체계는 위기상황에서 다수의 기관들과 서로 다른 지방자치단체들을 효과적으로 관리하고 대응활동상의 효과성을 증진시킨다.
⑤ 지휘체계에서 사용되는 지휘절차는 기관의 자치적 활동을 보장한다.
⑥ 자원봉사자에 대한 관리를 현장지휘체계 내로 유입되게 포함 · 설계한다.

(2) 소방현장정보 확인 및 판단

1) 소방현장정보 수집

① 출동지령 이후 장소의 변경이 있는 경우 또는 사고의 영향에 의한 교통폭주 등이 있는 경우에는 출동경로, 진입로 등을 재검토하여 조기에 현장에 도착하도록 노력한다.
② 출동 시 결정한 판단의 변경 또는 수정을 요하는 정보를 입수한 경우 즉시 전 대원에게 상황을 전파하여 주지토록 하고 이에 따라 구출방법, 사용기자재의 변경 등 필요한 조치를 취한다.
③ 청취한 정보에서 관계기관 또는 의료진 등이 대응하고 있는 경우에는 해당 부서와의 연계 활동요령에 대하여 미리 대원에게 주지시킨다.
④ 도로나 교통사정 등으로 소방현장에 신속히 도착하기 곤란할 것으로 예상되면 유 · 무선통신망을 활용하여 상부에 보고하고 우회도로를 선택할 수 있도록 상황을 전파한다.
⑤ 선착대로부터 취득하는 정보는 가장 신뢰할 수 있는 최신 정보임을 인식하여 사고개요, 규모 등을 확실히 청취하고 선착대의 행동내용 등으로부터 자기임무 등을 확인한 후 대원에게 필요한 임무를 부여한다. 또한 상황에 따라 자기대의 현장 도착 예정시간 및 사용 가능한 기자재 보유상황 등 정보를 선착대에 제공한다.

2) 무선을 통한 정보 확인

① 사고발생 장소와 무선정보 등에 의한 출동지령 장소에 변경이 없는가를 확인한다.
② 추가 정보에 의해 파악된 사고개요 및 규모 등이 초기에 판단하였던 구출방법 및 임무분담 등 결정에 부합되는지를 재확인한다.
③ 선착대의 행동내용 및 사용기자재 등을 파악하여 자기대의 임무와 활동요령을 검토한다.
④ 관계기관 등에 연락여부와 이에 따른 조치 상황을 확인한다.

3) 화재위험도 판정

일정지역의 화재위험을 측정하는 방법을 화재위험도 판정법이라고 한다. 화재위험이라고 하는 개념 중에는 발화위험과 연소위험이 있다. 경방대책의 전제는 연소위험을 위주로 고려하여야 한다.

발화위험 요소는 인구, 건물밀도, 용도, 기상 등을 들 수 있지만, 이것들은 모두 연소위험 요소이므로 연소위험은 어느 정도 발화위험을 포함하고 있다고 볼 수 있다.

또한 화재위험도 판정은 그 이용목적에 따라서 다음과 같이 구분할 수 있다.

① 일제판정 : 지역 내를 소방이 공통으로 인정하는 블록으로 구획하여 각 블록마다 수개 또는 수십 개의 가상화점을 설정하여 각각 화점에 대해서 연소력과 소방력을 비교 검토하고 예상소실 면적을 산정하여 그 지역의 평균예상 소실면적을 통계적 수단에 의해 추정하는 것이다.

② 개별판정 : 특정대상물 또는 특정지역에 대하여 화재위험도 판정을 실시하여 그 피해규모를 예상하고자 하는 것이다.

③ 비교판정 : 방어행동이 행해진 경우 실제 화점과 같은 장소에 화점을 가정하여 판정을 행하고 현실과 판정 결과를 비교하는 것이다.

4) 건축물의 용도변경 등에 관한 고려

① 사전활동계획을 수립함에 있어 또 하나 중요한 것은 해당 건물이 건축되고 난 이후 발생된 변화에 대해서 파악하여야 한다는 것이다. 불법적으로 용도 내지는 구조를 변경시킨다는 것은 화재발생시 다수의 인명사고를 유발시킬 가능성을 내포하고 있음을 암시한다.

② 바닥면적의 증가, 구획의 증가, 건물간의 상호연결, 용도의 변경, 화재안전상 위험한 물질의 사용 등이 이에 해당된다. 위에서 언급한 이러한 모든 위험요소들은 사전활동계획 단계에서 고려되어야 하며, 실제 사고현장에서 대원들의 안전을 보장하기 위해 적극적으로 활용되어야 한다. 만약 사전활동계획이 완벽히 수립되었다면 현장지휘관이 보다 더 신속하고 정확하게 상황을 판단할 수 있게 될 것이다.

③ 사전활동계획을 통하여 다양한 건축형태, 주거형태, 건물의 형태에 관하여 익숙해짐으로써 현장지휘관의 위치에 있는 사람은 보다 더 많은 필요한 정보를 입수할 수 있게 되며, 결과적으로 보다 더 효과적인 상황판단 및 현장지휘활동을 수행할 수 있을 것이다.

(3) 소방현장 단계별 지휘관 고려사항

1) 신고 접수단계

신고의 접수단계에서부터 현장의 상황에 대한 판단이 시작되며, 다음과 같은 사항들을 고려하여야 한다.

① 신고의 종류판단

② 신고자의 위치와 출동경로의 선정

③ 사전활동계획에서 수집된 각종 정보의 검색과 활용

- 건물규모 및 건축연령
- 건축형태
- 소방시설의 유무 및 종류
- 대상물의 용도
- 인명위험 유무
- 특별한 위험요소의 존재여부

④ 활용장비의 결정

⑤ 소방용수의 선정계획

⑥ 기타 고려사항

- 현재일시
- 기상상태
- 사고건물의 지형 및 지세 등

2) 출동단계

소방대가 사고현장으로 출동하는 단계에서 고려해야 할 주요사항은 다음과 같다.

① 출동경로의 적정성에 대한 재평가

② 타대의 도착시간에 대한 고려

③ 소화전과 소방용수의 확보에 대한 내용

④ 현장으로의 진입경로에 관한 내용

⑤ 사전활동계획에 따른 소방차량의 주차위치 선정

⑥ 현장관계자로부터의 추가정보 입수

⑦ 응원출동의 필요성 여부 등

3) 도착단계

일단 현장에 도착하게 되면 사전활동계획에 따른 정보를 출동단계에서 입수한 정보 및 현장도착시의 개략적인 상황판단에 따른 정보와 결합시켜 현장지휘체계 설립과 대응활동계획을 결정하여야 한다. 현장에 도착하는 단계에 있어서는 다음과 같은 사항들을 재평가하여야 한다.

① 특이한 징후(연기, 폭발의 가능성 등)
② 위험요인의 발견 및 결정
③ 화염과 연기의 형태분석(역화의 가능성 판단)
④ 화재의 확산경로 점검 및 판단
⑤ 건물구조의 판단
⑥ 외부화염의 양상판단을 통한 내부 상황의 추정

4) 임무부여 단계

명령은 현장지휘관이 결심한 수단과 순서 등을 대원에게 주지시켜 목적을 달성하기 위한 의사표시이다. 따라서 명령이 현장지휘관의 의도대로 실행되지 않으면 그것은 적절한 명령으로 볼 수 없다. 현장지휘관은 이것을 인식하여 다음 사항에 유의한 명령을 한다.

소방대원에게 임무를 부여할 때는 각 대원의 경험, 능력, 성격 및 체력 등을 종합적으로 고려하고 다음사항을 유의하여야 한다.

① 중요한 장비는 조작법을 숙달한 대원에게 우선 임무를 부여한다.
② 위험이 따르는 작업은 확실하게 임무를 수행할 수 있다고 확신할 수 있는 대원을 지정한다.
③ 대원에게는 자신감을 심어 주면서 임무를 부여한다.
④ 대원별 임무분담은 현장을 확인하여 방법 · 순서를 결정한 시점에서 대원 개개인별로 명확히 지정한다.
⑤ 명령의 하달시 전 대원을 집합시켜 재해현장 전반의 상황, 활동방침(전술), 대원 각자의 구체적 임무 및 활동상 유의사항을 포함한 내용을 전달한다.

5) 현장보고 단계

① 추측에 의한 내용은 피하도록 하고, 보이는 그대로의 상황과 확인된 내용을 보고하며 추가정보가 있으면 이를 부가한다.
② 사회적으로 불안을 야기할 수 있거나 해악을 미칠 것이 예측되는 내용은 부정확하더라도 즉각 상급 지휘관에게 보고하고 지시를 따른다.

③ 보고는 간결, 명료하게 표준용어로 하고 전문적인 용어에는 설명을 붙인다.

④ 무선에 의한 보고 시 혼선을 방지하기 위하여 통신담당자를 지정하고 보고내용의 우선순위를 정하여 보고한다.

6) 소방현장지휘조직 편성 단계

① 소방현장지휘조직은 보유 장비 및 대원의 수, 사고의 규모에 따라 최소단위인 팀에서부터 분대, 소대, 중대, 반, 부의 규모로 편성하고, 상황의 변화에 따라 조직을 확장 또는 축소한다.

② 소방현장지휘체계의 조직구조는 단위개념으로 재난의 규모, 성격, 범위와 복잡성에 따라 소방현장지휘관이 확장 또는 축소할 수 있는 위에서부터 아래로 조직하는 방식의 체계이다.

7) 유관기관과의 협조체계

① 교통통제와 일반인의 대피 등이 필요하다고 판단되는 때에는 경찰관 등에게 교통통제 범위와 대피 사유 등을 명시하여 요청한다.

② 폭발, 위험물 유출, 가스누설 등으로 대원, 요구조자 및 일반인 등의 안전 확보를 위해 필요한 경우 폭발전문가, 위험물질 취급기관, 가스 관계기관 등에게 자문을 구하거나 조치를 의뢰한다.

③ 소방용수 공급 또는 급수 차단 등이 필요하다고 인정된 때는 수도사업 관계자에게 조치를 의뢰한다.

④ 소방활동 목적상 감전위험 등이 있는 경우는 전력회사에 전원차단 조치를 의뢰한다.

⑤ 긴급구조 지원기관이나 민간단체의 인력, 장비, 기술을 요하는 경우에는 이들 기관에 지원을 요청한다.

(4) 소방현장지휘 원칙

1) 소방현장지휘관의 안전수칙

① 소방현장지휘관은 화재진압 · 구조작전에 현장을 안전하게 운영하여야 한다.

② 소방현장지휘관은 소방대원들을 화재진압 및 인명구조에 있어서 무리하게 내부진입을 요구해서는 안 된다.

③ 소방현장지휘관은 대형화재일 경우에는 현장에 안전관리자를 지정 운영하여야 한다.

④ 소방현장지휘관은 건물 등이 붕괴우려가 없는지 안전관리자로 하여금 살피도록 한다.

⑤ 대형화재일 경우에는 안전관리자는 방면안전보조자를 두어 정보를 수집한다.

⑥ 안전관리자는 현장을 순회하면서 안전을 유지하며, 문제의 정보가 수집되면 즉시 대원들에게 전파하여야 한다.

⑦ 소방현장지휘관은 안전장비 착용사항을 점검하고 2인 1조로 행동하도록 조치하여야 한다.

⑧ 소방현장지휘관은 대원들을 화재진압 · 인명구조를 위한 탐색 · 구조에 임할 때는 소방현장지휘관에게 보고하고 내부진입을 하도록 하여야 한다.

2) 소방현장지휘관의 지휘원칙

① 모든 화재진압 · 구조 · 구급현장의 책임은 총지휘관에게 있다.

② 자서 1 · 2호 출동 시는 당직관, 자서 전차량 출동 시는 소방서장, 화재3호 출동시는 소방본부장이 직접 지휘한다.

③ 소방현장투입에 있어 개인안전장비 미착용으로 안전사고가 발생 할 때는 지휘계통에 따라 엄중 문책한다.

④ 화재 · 구조현장에 관계기관의 출동책임자는 소방관서장의 요청에 의하여 다음과 같은 업무를 수행한다.

- 경찰서 : 교통통제, 도난방지, 화재현장의 질서유지, 화재 발생자(실화자, 방화자) 등에 대한 소방관서와의 연계합동조사
- 한국전력 : 연소확대 및 감전의 요인이 되는 전력통제
- 시청(구청) : 사상자의 처리 및 이재민 구호
- 보건소 : 부상자의 긴급구호 및 수송
- 수도사업소 : 소방관서장의 요청에 의거 상수도의 통제
- 가스안전공사 : 가스화재시 장비, 약품지원 및 가스시설 조치

3) 구조대장의 임무

① 구조대장은 현장에 있어서의 위험요소와 요구조자에게 미치는 2차적 위험요인을 파악하여 사전에 제거하는 등 조치를 강구함과 동시에 대원 및 기자재를 적절히 활용하여 구출할 수 있도록 최선을 다한다.

② 구조대장은 관계자 및 관계기관과 연락을 하여 재해실태를 정확히 파악하여 대원을 지휘함으로써 효율적인 구조활동이 되도록 한다.

③ 구조활동 현장에 복수의 부대가 출동한 경우는 선착 구조대의 대장이 상급 지휘관이 도착할 때까지 구조활동 전반을 지휘한다.

재난유형별 안전사고 특성분석

3.1 재난유형의 분류

3.1.1 재난의 개념

(1) 재난의 어원

1) 재난(disaster)을 어원 분석하면 dia는 어원상 분리, 파괴, 불일치의 뜻이며, aster는 라틴어로 astrum 또는 star라는 의미이므로 disaster는 별의 분리 또는 별이 파괴되거나 행성의 배열이 맞지 않아 생기는 대규모의 갑작스러운 불행이라는 뜻으로 해석된다.
2) 어원 분석에서 하늘로부터 비롯된 인간의 통제가 불가능한 해로운 영향을 의미하는 재난은 태풍, 홍수, 지진과 같은 대규모의 천재(天災)인 자연재해를 지칭하는 것이고, 현대사회에 들어와 대규모의 인적재난의 결과가 자연재해를 능가함에 따라 "disaster"는 자연재해와 인적재난을 포괄하는 개념으로 받아들여지게 되었다.
3) 재난은 보통 예측가능성이 없이 갑작스럽게 발전하며, 여러 공적기관과 개인 자원조직들의 즉각적이고 조정 · 통제된, 그리고 합리적인 대응활동과 신속한 복구활동이 요구되는 일련의 사건을 말한다.

(2) 국내 재난의 개념

국내의 경우는 시대적 배경과 사회적 환경의 변화에 따라서 재난에 대한 개념이 변했고, 현재 법률상의 정의에도 재난에 대한 개념이 통일되지 않은 채 사용되고 있는데, 그 내용은 다음과 같다.

1) 헌법

① 제34조 제6항에서 "국가는 재해를 예방하고 그 위험으로부터 국민을 보호하기 위하여 노력하여야 한다."라고 명시되어 있다.

2) 민방위기본법

제2조 제1호에서 민방위란 적의 침공이나 전국 또는 일부 지방의 안녕과 질서를 위태롭게 할 재난으로부터 주민의 생명과 재산을 보호하기 위하여 정부의 지도하에 주민이 수행하여야 할 방공, 응급적인 방재 · 구조 · 복구 및 군사 작전상 필요한 노력 · 지원 등의 모든 자위적 활동을 말한다.

3) 자연재해대책법

① 제2조 제1호에서 재해라 함은 재난 및 안전관리기본법 제3조 제1호의 규정에 의한 재난으로 인하여 발생하는 피해를 말한다.

② 제2호에서 자연재해라 함은 재난 및 안전관리기본법 제3조 제1호의 규정에 의한 재해 중 태풍 · 홍수 · 호우 · 강풍 · 풍랑 · 해일 · 조수 · 대설 · 가뭄 · 지진(지진해일을 포함한다) · 황사 그 밖에 이에 준하는 자연현상으로 인하여 발생하는 재해를 말한다.

③ 제3호에서 풍수해라 함은 태풍 · 홍수 · 호우 · 강풍 · 풍랑 · 해일 · 조수 · 대설 그 밖에 이에 준하는 자연현상으로 인하여 발생하는 재해를 말한다.

4) 재난 및 안전관리기본법

① 제3조 제1호에서 재난이라 함은 국민의 생명 · 신체 및 재산과 국가에 피해를 주거나 줄 수 있는 것을 말한다.

② 태풍 · 홍수 · 호우 · 강풍 · 풍랑 · 해일 · 대설 · 가뭄 · 지진 · 황사 · 적조 그 밖에 이에 준하는 자연현상으로 인하여 발생하는 재해를 말한다.

③ 화재 · 붕괴 · 폭발 · 교통사고 · 화생방사고 · 환경오염사고 그 밖에 이와 유사한 사고로 대통령령이 정하는 규모 이상의 피해를 말한다.

④ 에너지 · 통신 · 교통 · 금융 · 의료 · 수도 등 국가기반체계의 마비와 전염병 확산 등으로 인한 피해 등을 말한다.

⑤ 이에 자연재해를 포함한 대부분의 재해를 재난으로 포함하고 있다.

5) 재해경감을 위한 기업의 자율활동 지원에 관한 법률

태풍 · 홍수 · 호우 · 강풍 · 풍랑 · 해일 · 대설 · 가뭄 · 지진 · 황사 · 적조 그 밖에 이에 준하는 자연현상으로 인하여 발생하는 재해인 자연재해만을 재난으로 한정하고 있다.

(3) 국외 재난의 개념

1) 미국 연방재난관리청(Federal Emergency Management Agency, FEMA)

① 재난은 정부의 통상적인 관리절차나 자원으로써는 대처할 수 없는 인적 및 물적 손상을 초래하는 사건을 말한다.

② 재난은 대개 돌연히 발생하지만 대처 과정에서는 다수의 정부기관과 민간 부문들의 즉각적이며 조정된 노력을 필요로 한다.

2) 유엔개발계획(United Nations Development Programme, UNDP)

① 재난을 사회의 기본 조직 및 정상 기능을 와해시키는 갑작스러운 사건이나 큰 재난으로서 재난의 영향을 받는 사회가 외부의 도움 없이 극복할 수 없는 것을 뜻한다.

② 즉 정상적인 능력으로 처리할 수 있는 범위를 벗어나는 재산, 사회간접시설, 생활수단의 피해를 일으키는 단일 또는 일련의 사건"이라고 정의하고 있다.

3) 일본 재해대책기본법

제2조 제1항은 재난을 태풍, 호우, 폭설, 홍수, 해일, 지진, 쓰나미(지진해일), 화산폭발, 그 밖의 이상한 자연 현상 또는 대규모 화재, 폭발 기타의 원인에 의해서 생기는 피해라고 정의하고 있다.

3.2.2 재난의 분류

(1) Jones

1) 재난의 유형을 자연재난, 준자연재난, 인적재난이라고 크게 분류하고, 자연재난의 유형을 다시 지구물리학적 재난과 생물학적 재난으로 분류하였다.

2) 지구물리학적 재난의 유형을 지질학적 재난, 지형학적 재난, 기상학적 재난으로 세분화하였는데, 준자연재난에서 환경오염인 스모그현상과 지구온난화현상, 사막화현상, 염수화현상, 산성화, 토질침식 등이 포함되어 있어서 재난의 의미가 확대 적용되었다고 볼 수 있다.

표 3-1 Jones에 의한 재난의 분류

<table>
<tr><th colspan="6">재 난</th></tr>
<tr><th colspan="4">자연재난</th><th>준자연재난</th><th>인적재난</th></tr>
<tr><td colspan="3">지구물리학적 재난</td><td>생물학적 재난</td><td rowspan="3">스모그현상
지구온난화현상
사막화현상
염수화현상
눈사태
산성화
홍수
토질 침식 등</td><td rowspan="3">공해
광화학 연무
폭동
교통사고
폭발사고
전쟁 등</td></tr>
<tr><td>지질학적 재난</td><td>지형학적 재난</td><td>기상학적 재난</td><td rowspan="2">세균
질병
유독식물
유독동물 등</td></tr>
<tr><td>지진
화산
쓰나미
등</td><td>산사태
염수토양
등</td><td>안개, 눈,
해일, 번개
토네이도
폭풍, 태풍,
이상기온
가뭄 등</td></tr>
</table>

(2) Anesth

1) 재난의 유형을 자연재난과 인적재난으로 크게 분류하였다.
2) 자연재난의 유형을 다시 기후성 재난, 지진성 재난으로 분류하고, 인적재난의 유형을 다시 사고성 재난과 계획적 재난으로 분류하였는데, 존스에 의한 재난의 분류에 비하여 재난에 대해서 보다 구체화하였다.

표 3-2 Anesth에 의한 재난의 유형

대분류	세분류	재난의 유형
자연재난	기후성 재난	□ 태풍 · 수해 · 설해
	지진성 재난	□ 지진 · 화산폭발 · 해일
인적재난	사고성 재난	□ 화재사고 □ 교통사고 : 자동차, 철도, 항공, 선박사고 □ 산업사고 : 건축물 붕괴 □ 폭발사고 : 갱도, 가스, 화학, 폭발물 □ 생물학적 재난 : 박테리아, 바이러스, 독혈증 □ 화학적 재난 : 부식성물질, 유독물질 □ 방사능 재난
	계획적 재난	□ 테러 · 폭동 · 전쟁

(3) 재난 및 안전관리기본법

표 3-3 재난 및 안전관리기본법에 의한 재난의 분류

- 재난
  - 인적재난
    - 화재
    - 붕괴 · 폭발
    - 교통사고
    - 화생방사고
    - 환경오염사고
    - 그밖에 이와 유사한 사고
  - 자연재난
    - 태풍
    - 홍수 · 호우
    - 강풍 · 풍랑
    - 해일
    - 대설
    - 가뭄
    - 지진
    - 황사
    - 적조
    - 그밖에 자연현상으로 인하여 발생하는 재해
  - 사회적재난
    - 에너지
    - 통신
    - 교통
    - 금융
    - 의료
    - 수도
    - 국가기반체계의 마비와 전염병 확산 피해

3.2
주요 6대 재난의 개념

3.2.1 화재

(1) 화재의 정의

1) 인간의 근본적인 의도와는 달리 발화 또는 방화에 의해 발생하여 확대하는 현상으로 인명과 재산에 피해를 일으키기 때문에 소화할 필요가 있는 연소현상을 화재라고 한다.
2) 화재란 화열의 사용목적을 떠나 다른 물질에 연소하여 예기치 않은 경제상의 손해를 생기게 하는 현상이다.

(2) 화재의 원인

화재의 원인에는 단순하게 혹은 복잡한 경로를 따라서 발생하지만 발생에 이르는 동기를 크게 나누어 보면 화기와 가연물의 사용상부주의, 방화 등 인위적인 것과 낙뢰, 화학변화 등에 의한 자연적인 것도 있다.

1) 화재발생빈도

발생빈도는 인구 및 건축물, 기타 가연물의 밀도에 대체로 비례하여 대도시일수록 화재가 많이 발생하고 있다.

2) 인위적 원인에 의한 화재

① 실화 : 화재는 화기, 가연물질 등의 취급 부주의로 발생한 화재이다.
② 방화 : 원한, 보험금 수혜, 도덕적 타락 등 원인이 되어 고의로 발생한 화재이다.

3) 자연적 원인에 의한 화재

지진, 벼락, 등 천재지변에 의한 화재 또는 정전기, 화학변화, 마찰 등 자연현상에 의한 화재가 있는데, 이들을 자연적 원인에 의한 화재라고 한다.

(3) 화재의 분류

1) A급 화재(일반화재)

① 태워서 숯을 남기는 것 같은 보통의 셀룰로오스계 재료의 연소에 의하여 발생하는

것이다.

② A급 화재의 보통 예는 목재, 종이 및 어느 정도의 섬유류가 포함되어 있다. A급 화재의 소화제로는 일반적으로 물이 유효하다.

2) B급 화재(유류화재)

① 가연성 액체 및 가연성 가스의 연소 결과 일어난다. B급 화재를 일으킬 가능성이 있는 물질의 예로는 가솔린, 등유, 그리이스(grease)와 같은 기름류, 메탄 및 수소 등과 같은 가스류가 있다.

② B급 소화제로는 이산화탄소 및 거품소화제가 효과적이라 보인다.

3) C급 화재(전기화재)

① 전류가 흐르고 있는 회로 안에서 재료가 타기 시작해서 또는 전류가 원인으로 연소가 일어나서 발생한다.

② 전기방전이 원인으로 일어난 화재를 끄는 데에는 이산화탄소가 일반적으로 이용되고 있다.

4) D급 화재(금속화재)

① 물과 반응하거나 이산화탄소와 반응하는 등의 독특한 화학적 성질을 가진 금속류의 연소에 의해서 일어난다.

② D급 화재를 일으키는 금속으로는 티타늄, 마그네슘, 지르코늄 및 나트륨 등이 있고, 통상 흑연을 포함한 특수 소화제에 의해서 소화된다.

5) F급 화재(또는 K급 화재, 식용유 화재)

① 식용유의 발화점은 230~245℃, 인화점은 300℃ 내외, 연소점은 340~360℃, 발화점은 400℃ 내외이다.

② 식용유는 인화점과 발화점의 온도차가 적은데, 발화점이 비점 이하인 기름이 인화하여 화재가 되면 유온이 상승, 바로 발화점 이상으로 되고, 이때 유면상의 화염을 제거하여도 유온이 발화점 이상이기 때문에 곧 재발화한다.

③ 따라서 끓는 기름 속으로 물이 들어간 경우, 유온이 발화점 이하로 여겨질 때는 20~50℃ 이상 기름의 온도를 낮추어야만 소화할 수 있다. 이와 같은 방법으로는 가스레인지의 불을 끄고, 야채, 상온의 식용유, 밀가루 등 물 이외의 것으로 냉각한다거나 뚜껑을 덮어 질식시키는 것이 효과적이다.

④ 하지만 가장 적절한 소화방법은 강화액 소화약제로 냉각 소화하는 것이고, 또한

제1종 분말소화약제로 소화하는 것이다.

(4) 화재와 연기

1) 화재 시 인간에게 치명적이고 위험에 빠뜨리게 하는 주된 원인은 화재로 인해 발생한 화염이 아니라 연기이다. 이러한 사실은 이제는 일반인들도 잘 알고 있는 상식이 되어 버렸다.
2) 일반적으로 화염은 화재가 발생한 구획 안에 가둘 수는 있지만 연기는 개구부 등을 통해서 인접한 공간이나 화염으로부터 멀리 떨어진 곳까지 쉽게 퍼진다.
3) 연기는 계단이나 엘리베이터와 같은 피난경로를 오염시키고 그것들의 기능을 못하게 하여 결과적으로 인간들을 가두어 안전지대로 피난하는 것을 저지한다고 볼 수 있다. 이러한 식으로 많은 인간들이 연기의 위험에 노출되어 있어 연기의 흡입에 의한 원인으로 사망에 이르게 된다.
4) 화재와 연기는 건물 내에 인간의 생명과 재산피해에 영향을 미치는 중대한 위험요소이다. 그 위험요소는 건물 내에 화재가 발생하기 용이한 요소와 화재와 연기가 어느 정도 확산되느냐에 따라 결정된다.
5) 이 때문에 설계자는 건물의 어느 장소라도 화재가 일어날 수 있다는 것을 생각하여 그 화재의 확대를 억제하여 인간의 생명과 재산피해를 최소화로 하여 설계를 해야 한다.
6) 화재위험성평가는 중요한 분야로써 전문적인 지식을 요구하고, 설계자는 화재위험성평가에 의해 화재나 연기에 의한 피해를 산정 할 수 있다.
7) 여기서 말하는 연기는 공기 중에 부유하는 고체, 수증기, 가스로부터 만들어져 물질이 열분해나 연소할 때에 대량의 공기를 휘감거나 가스와 혼합하여 발생하는 것이라고 정의한다.

(5) 화재 발달과 확대

1) 건물 내에 화재가 확산되는 현상은 다양하고 복잡하다. 화재의 확산은 환기, 가연물의 양과 배치, 내장재, 화재를 진화시키는 소화시스템 등의 요인에 좌우된다.
2) 화재에 관한 연구로부터 화재의 확대에 관한 몇 가지의 일반적인 성질이 있는데 일단 화염을 동반한 연소가 시작되면 세 가지의 단계로 발달된다.
3) 성장단계는 화재가 확산됨과 동시에 급속하게 온도가 상승하는 단계로 이 성장은 가연물 표면의 열 흐름, 가연물과 공기의 확산혼합에 의해 지배된다. 이 단계의 마지막에는 고온층에서 열방사로 인한 가연물이 열을 받아 Flashover가 일어날 가능성이 있다.

4) 발달단계는 온도상승이 완만하게 되는데, Flashover가 일어난 다음의 단계로 일반적으로 완전한 화재라고 불리 우며, 공기의 즉 산소공급에 의해 지배된다.
5) 쇠퇴단계는 온도가 하강하는 단계로 가연물의 휘발성분이 다 없어져 화재는 진화된다.
6) 제1단계의 화재 성장속도는 화재 근처에 있는 인간의 생명과 관계되는 중요한 요인이 된다. 이 속도에 영향을 미치는 요인은 내장재의 종류이다. 가연성이 높은 내장재는 잘 타지 않는 내장재에 비하여 화재가 빨리 확대된다. 연기와 열의 발생이 빠르면 연기의 확산속도가 크게 증가되어 인간이 안전하게 피난할 수 있는 시간이 줄어든다.
7) 화재의 발달단계와 쇠퇴단계는 건물구조와 연기의 확산에 의해 인간 피해의 정도를 결정한다. 이 단계의 연소시간 및 연기가 발생할 시간에 영향을 주는 요인은 환기와 화재실 가연물의 양과 분포이다.

(6) 화재 발달의 저해

1) 화재 발달은 건물 내장재의 특성에 크게 영향을 받는 것으로 분석되는데, 내장재에 사용되는 재료의 가연성은 발화하기 쉬운 점과 화재의 확대속도 둘 다 밀접한 관계가 있다.
2) 내장재의 화재 확대속도는 화재의 규모, 연기의 발생속도와 발생량을 결정하는 주요 원인이 된다. 만약 화염이 늦게 확산되는 내장재는 구획 내의 화재확대속도는 당연히 감소한다. 만약 화재 확대속도가 충분히 늦어져서 신속하게 화재경보가 경보되면, 구획 내의 화재가 확대되기 전에 진압대원이 화재를 진화할 수 있다. 또한 화재 발달이 늦어지면 화재 발생현장에서 인간들이 피난하기 쉽게 된다.
3) 화재 초기단계에서 사용되는 복도, 계단, 그 외의 피난경로는 가구 등이 없으므로 보통 주거공간과 다르지만, 이것도 또 하나의 구획이라고 간주된다. 여기에서는 화재의 확대가 내장재의 가연성에 크게 좌우된다.
4) 즉, 피난경로에서는 건축적인 요인을 특별히 고려할 필요가 있다. 환기, 실내물품의 특성이나 배치, 구획의 형태 등 내장재의 가연성 이외의 요인도 화재 발달에 크게 영향을 미친다.
5) 구획 내 내장재의 가연성이 높은 만큼 화재 발달이 빠르다. 따라서 건물 내장재를 선택하는 것은 매우 중요한 사항이고, 그것은 재산의 안전만이 아니고 인간의 안전에도 영향을 주는 것이다.

(7) 화재 확대의 저해

1) 일단 화재가 일어나면 화재 확대속도와 확대범위가 가장 중요하게 되는데, 화재 범위

를 제한하는 기본적인 방법은 출구 등 건물의 여러 부분을 방화성능으로 구획하는 것이다. 이와 같은 방화구조는 방화구획으로 건물을 분할하여 인접하는 구획으로 화염이 번지는 것을 방지한다.

2) 방화구조는 화재 시에도 그 기능을 계속 유지할 수 있고, 주로 화재의 확대를 막기 위하여 사용되고 있다. 구조재의 방화 · 내연 성능은 표준화되어 시간온도 곡선에서 가열할 수 있는 시험로에서 구조재를 화염에 노출시켜 그 구조재가 정해진 성능조건을 충족시킬 수 있는 시간의 길이로서 결정되어 있다. 실제 내화성능은 화재하중과 관계한다.

3) 방화구획은 완전하게 밀폐되어 있는 것이 중요하다. 따라서 화재 시에는 개구부와 출입구가 확실하게 닫히도록 주의해야 한다. 한편, 화염은 구획 내로 몰아넣을 수는 있어도 연기는 개구부를 통해서 화재실에서 훨씬 먼 곳까지 빠르게 확산된다.

4) 방화구조는 화재가 발생한 구획에서 화염이 새어나가지 않으면 화재에 의한 재산 손실을 줄일 수 있으나, 개구부를 거쳐 건물 외부로 퍼지는 연기에 의해 발생되는 재산이나 인명의 피해는 막을 수 없다.

5) 구획화는 어떤 영역에 화재를 몰아넣어 확대를 방지하는 수동적인 방법이고, 이것에 대하여 스프링클러 설비나 옥내 소화전 등으로 화재를 소화하거나 화재규모를 제어한다는 것은 능동적인 방법인 것이다.

6) 실제로 스프링클러 설비는 화재를 억제하는 신뢰성이 매우 높은 소화설비이고, 스프링클러설비에 의한 살수는 연소물의 양을 제한하고 연기의 발생도 억제한다.

(8) 화재의 현상

1) 플래시오버(Flash Over)현상

① 실내에서 화재가 발생하는 경우 온도변화는 화원의 크기, 종류, 내장재의 종류, 실내의 개구부의 크기에 따라 좌우되지만, 일반적으로 다음과 같이 변화한다.

② 발화점은 담배를 이불 속에 방치하거나 쓰레기통에 던져 버린다든가, 점화되고 있는 석유스토브에 급유를 하다가 인화되거나, 튀김기름에 불이 붙어 화재가 발생했을 때 등이 해당된다.

③ 그 후 발화 원인인 화원이나 착화물의 종류에 따라 시간적 경과는 각기 다르며, 비교적 낮은 온도에서 번져가지만 일단 벽체의 내장재나 가구 등에 착화하여 불이 커져 천장에 이르면 급속도로 수평방향으로 불이 번져 연소면적이 넓어짐과 동시에 복사열에 의해 실내에 있는 가연물의 열분해가 한층 촉진되어 가연성가스와 공기가 혼합되면서 연소범위에 들어가게 되며 연소 중인 불에 인화하여 급속히 화재

가 확대, 실내 전체가 불길에 휩싸여 온도는 상승하기 시작한다. 이 현상을 플래시오버라 부르며 이후 화재장소의 온도는 상승하여 최고점에 도달하게 된다.

④ 발화원이 성장하여 내장재에 착화된 후, 이 플래시오버가 발생할 때까지의 시간은 방의 창이나 개구부의 크기, 내장재, 화원의 크기에 따라 다소 달라지겠으나 내장재가 가연성 재료인 경우에는 3~4분, 난연 재료인 경우에는 5~6분, 준불연 재료일 경우에는 7~8분으로 화재실험 등에 의해 밝혀져 있다.

⑤ 플래시오버가 실내에서 발생했다면 그 실내는 불꽃 때문에 인간이 생존할 수 없고, 유독가스를 포함한 짙은 연기가 분출되어 복도는 검은 연기로 가득 차게 되어 복도를 통한 피난이 불가능해지며 화재는 최성기를 맞아 더더욱 많은 연기를 뿜어댄다.

2) 백 드래프트(Back Draft)현상

① 적절하게 배연이 되지 않는 상태에서 화재로 인하여 산소가 결핍된 실내에 산소가 급격하게 유입되었을 때 발생하는 고열(화재)가스의 폭발 또는 급격한 연소현상을 말한다.

② 지하실, 창고, 선박 등에서 장시간 연소되면 실내에 다량의 일산화탄소, 기타 가연성가스가 발생, 체류하여 백 드래프트 현상을 일으키는데 이것을 연기폭발이라고도 한다.

③ 백 드래프트 현상은 일산화탄소 12.5~74.2%의 범위에서 온도 600℃ 이상일 때에 새로운 공기가 들어가면 발생한다.

표 3-4 플래시오버 현상과 백 드래프트 현상의 비교

	플래시오버	백 드래프트
조건	평균온도 : 500℃ 전후 바닥면의 복사 수열량 : 2~4 W/cm^2 산소농도 : 10%	실내가 충분히 가열 다량의 가연성가스 축적
발생시기	성장기	감쇠기
폭풍 혹은 충격파	없음	수반함
공급요인	열의 공급	산소의 공급
피해	개구부에서 농연 혹은 화염의 분출이 시작되고 상층 또는 인접건물에 대한 연소 위험이 높아짐	농연의 분출, Fire Ball의 형성, 건물의 벽체 도괴
방지대책	천장의 불연화, 개구부의 제한, 화원의 억제, 가연물의 제한	폭발력의 억제, 환기, 소화, 격리

(9) 화재의 사고사례

1) 대연각호텔 화재

① 사고개요

- 일시 : 1971년 12월 25일 (09시50분)
- 원인 : 대연각호텔은 서울특별시 중구 충무로에 위치했던 건물로서 지상2층 커피숍에 있는 LPG의 용기 노후 및 부식으로 상승된 내부 압력을 용접부가 견디지 못하고, 파열되면서 누출된 액상의 LPG가 기화되면서 폭발이 발생하였다.

② 피해현황

- 소실내용 : 부동산(지하2층, 지상21층 전층 소실)
- 인명피해 : 사망자 : 163명, 부상자 : 63명
- 재산피해 : 838,200천원

③ 사고경과

- 피해규모가 컸던 원인
  · 하층부에서 올라온 불길에 의해 계단을 통한 피난로 차단되었다.
  · 화재발생 시 화재경보 신호가 울리지 않았고, 호텔 내의 전화교환기가 최소 10~20분간이나 기능이 유지되었으나, 전화로도 투숙객에게 위험을 알리지 않았다.
  · 건물전체에 걸친 가연성 내장재로 인한 연소가 빠르게 진행되었고, 연기, 유동성가스 및 불이 난방 및 에어콘용 샤프트를 타고 올라가 덕트를 통해서 호텔 전체로 번졌으며, 설비피트, 벽체, 천장 등의 개구부 구획 불량으로 인해서 화재가 더욱 확산되었다.
  · 크리스마스 전야에 피로 때문에 투숙객이 곤히 잠든 상태였고, 옥상이 자물쇠로 잠겨 있어서 피해규모가 더욱 커졌다.
  · 숙박시설(여관, 호텔 등)에 대한 자동식 스프링클러설비 설치기준이 없었다.
- 화재 방어 활동
  · 선착대 도착 시 화세는 하부 3개 층에 불이 붙어 있었고, 상층에 연기가 빽빽하게 소용돌이 치고 있었으며, 얼마 후 21층에서 불길이 보이고 있었다.
  · 화재 신고 후 2분 만에 도착한 고가 사다리차와 고가대를 건물 정면에 놓고 하층부 불길을 잡기 위해서 11층에 집중 주수하였고, 1시간도 못되어 한국군과 미국 헬리콥터 8대 도착 한국군 헬리콥터 옥상에서 인명구조 활동하였으

며, 12시 정오에 이르러 40여 소방장비 동원. 화재 진압에 참가하였다.

· 고가 사다리차로 건물 후방의 7층 옥상에 있는 인간들과 8층 이하 층에 있던 인원 70여명을 구조하였고, 한국군 헬리콥터가 옥상에 있는 인원 6명을 구조하였다. 12시30분경 11층에 담요를 덮고 구조를 기다리던 중국외교관 구출 실패 후 오후 8시경 소방대원이 건물로 들어가 구조하였다.

그림 3-1 대연각호텔 화재현장

2) 서울시민회관 화재

① 사고개요

- 일시 : 1972년 12월 4일 오후 8시 30분경
- 원인 : 전기 과열로 인한 합선

② 피해현황

- 인명피해 : 사망자 51명, 부상자 76명

- 재산피해 : 2억 5,000천만원 [3,432평(지하 1층, 지상 10층) 중 소강당을 제외한 3,000여평이 모두 연소]

③ 사고경과

- 지금의 세종문화회관 자리에 있었던 시민회관은 그 날 문화방송 개국 1주년 기념으로 10대 가수 청백전공연이 끝나 관객이 밖으로 나오고 있을 무렵이었다.
- 화재는 공연이 끝난 약 7분 후에 무대쪽에서 갑자기 발생하였는데, 화재가 발생할 당시 관객의 2/3 정도는 이미 밖으로 나간 뒤였으나 아직도 회관 안에 남아 있던 인간들은 다투어 빠져 나오느라 계단 위에 넘어지는가 하면 2, 3층에서 유리를 깨고 뛰어 내리는 등 현장에는 걷잡을 수 없는 혼란이 발생하였다.
- 서울시 소방본부는 6대의 고가사다리차를 비롯하여 72대의 소방차(미군 소방차 5대 포함)와 소방관 400명, 군병력 170명 등 1,020명을 동원하고 군헬기 1대의 공중지원을 받으며 진화 구조작업을 폈다.
- 병원과 군 구급차가 동원되어 사상자를 실어 날랐고, 1시간 30분 만에 큰 화재가 잡히고 2시간만인 오후 10시반경 화재는 완전히 진화되었다.

그림 3-2 서울시민회관 화재 현장

3) 씨랜드 청소년 수련원 화재

① 사고개요

- 일시 : 1999년 06월 30일 오전 01시 30분
- 원인 : 화성군서신면 백미리에 있는 청소년 수련시설에서 발생한 화재로서 모기향불이 인근 가연성물질(가스라이터, 종이, 의류)에 접촉되면서 화재가 발생하였다.

② 피해현황

- 인명피해 : 사망자 23명(유치원생, 교사 및 강사), 부상자 7명
- 재산피해 : 7천2백만원

③ 사고경과

- 화재 당시 현장에는 497명의 어린이와 인솔교사 47명 등 모두 544명이 있었다.
- 이 수련원은 콘크리트 1층 건물 위에 52개의 컨테이너를 얹어 2~3층 객실을 만든 임시 건물로써 청소년을 위한 수련원으로 사용하기에는 많은 위험요소를 안고 있는 구조물이었다.
- 화재는 처음 수련원 301호실에서 일어나 순식간에 건물 전체로 옮겨 붙은 것으로 보였다. 화재원인은 방 안에 피워둔 모기향이 이불에 옮겨 붙었거나, 전기 누전일 가능성이 크다고 보고 정밀 검식을 하였지만 원인을 밝혀내지 못하였다.
- 수원지검은 사건 1달 만에 화재원인을 수련원 301호실에 피워놓았던 모기향불이 종이나 의류 등 가연성 물질에 옮겨 붙으면서 일어난 것으로 최종 결론지었다.

그림 3-3 씨랜드 청소년 수련원 화재 현장

4) 대구지하철 화재

① 재난의 개요

- 일시 : 2003년 02월 18일 오전 09시 53분(경)
- 원인 : 대구광역시 중구 남일동 143-90, 대구 지하철 1호선 중앙로역에서 발생한 지하철 전동차 내부 방화에 의한 화재이다.

② 피해현황

- 인명피해 : 사망자 192명, 부상자 147명
- 재산피해 : 전동차 2대 12량 소실, 지하3층 승강장 일부 내화구조물을 포함한 대부분의 시설물 손상, 지하2층 대합실 및 역무시설 천장 내장재 등 일부 소손, 지하철 복구비용 150억원 추정, 직 · 간접적인 인근 상가 피해까지 합치면 천문학적 규모

③ 사고경과

- 객차 내에 뿌려진 휘발유에 의해 순식간에 크게 일어난 초기 화재는, 불연재가 아닌 전동차 내의 의자, 바닥 및 내장재로 옮겨 붙어, 승객들이 미처 진화할 틈도 없이 객차 내에서 빠르게 화재가 확산되었다.
- 휘발유의 강력한 연소열로 착화된 내장재는 다량의 가연가스와 유독가스를 발생하면서 연소하여 전동차 내부를 삽시간에 고온상태로 만들었고, 전동차의 철구조물을 비틀 정도의 고열은 유리창을 모두 파손시키고 차량간 통로를 경유하여 전 차량으로 연소 확대되었다.
- 사고 전동차에서 방출되는 고온의 화열과 복사열은 터널 형태의 폐쇄된 공간인 승강장의 실내온도를 급격히 상승시키게 되었고, 그 복사열로 인해 1m정도 떨어져 있는 맞은편 선로의 전동차로 확산되었으며 이어서 승강장의 천장부분을 타고 연소가 확산되어 나간 것으로 추정된다.
- 지하3층에서 발생된 고열과 짙은 농연은 지하3층 승강장 출입계단을 타고 상층부로 퍼져나가 지하2층 대합실 및 개찰구 부분까지 도달했으며, 이 고온의 상승열기는 지하2층 대합실의 천정등 높은 부분에 잇는 플라스틱류를 엿가락 같이 녹여 버렸으나, 같은 위치에서도 아래쪽 낮은 부분은 상대적으로 열에 의한 피해가 적었다.
- 화재 시 상가쪽 연결통로 입구에 설치된 양쪽 자동방화 셔터가 화재 시 작동되어 연기유입으로 인한 피해는 약간 있었으나, 화염으로 인한 직접 피해는 없었

다.

- 사고발생 후 4시간이 지나도록 사고역 구내에는 높은 열기, 매연 및 유독성 가스로 가득 채워져 있었으며 4개소의 지상·지하철 출입구 및 환기구로 유독가스와 연기를 계속 분출하였다.
- 전동차에는 객차1량 당 2개의 소형 분말소화기가 비치되어 있었으나 휘발유가 연소되면서 순식간에 확산되는 불길로 무용지물 되었으며 아무도 소화기를 이용하여 진화작업을 시도하지 못한 것으로 판단된다.
- 지하3층 양방향 지하철 승강장에 25m 간격으로 옥내소화전 설비가 설치되어 있었으나, 연기 및 유독가스로 인하여 사용자체가 어려웠으며 실제 사용을 하지 못하였다.
- 지하2층 역 대합실과 개찰구 부분에는 스프링클러설비가 설치되어 있었으나, 지하2층 바닥에 살수 흔적이 없는 것으로 보아 소화용수가 살수되지 않은 것으로 판단된다.
- 평소 환기설비에서 화재 시 제연설비로 전환되어 연기와 유독가스를 강제로 배기시켜야 하는 공조설비는 화재 초기에 제대로 작동되지 않았고 제연용 닥트가 비 내화성의 재질로 되어 있어 곧바로 화염에 녹아 무용지물이 된 것으로 추정된다.

그림 3-4 대구지하철 화재 현장

5) 숭례문 방화

① 사고개요

- 일시 : 2008년 02월 10일 오후 20시 48분
- 원인 : 방화

② 재난의 피해규모

- 인명피해 : 없음
- 재산피해 : 100억 추정 (부동산 : 1층 10% 물리적 파손, 2층 80% 소실붕괴, 기타부대시설)

③ 재난의 경과

- 흙(강회) - 적심(소나무) - 서까래 순서로 건축된 건물로 내부와 외부에서 고압 집중방수를 해도 적심까지 물이 들어가지 못하는 구조로 화재진압이 지연되었다.
- 기온 강하에 따른 화재현장 옥상접근 진압이 곤란하였다.
- 초기진화시 문화재청 관계자가 훼손되지 않는 범위 내에서 화재진압을 요청하였다.

그림 3-5 숭례문 화재 현장

3.2.2 폭발

(1) 폭발의 정의

1) 폭발은 도시가스 사업법과 에너지이용 합리화법, 고압가스 안전 관리법 등에서 정한 가스 및 에너지가 누출되어 폭발에 의해 인명과 재산피해가 발생한 사고를 말한다.
2) 보통 열폭발과 연쇄폭발로 구분되는데, 화학반응에서 반응에 관여하는 물체가 급격히

용적이 증가되는 반응으로 그 조건은 연소의 조건을 갖추고 있고, 폭발물질이 산소와 화합하는 가연성 물질이며, 산소화합물이 혼합되어 있어야 한다.

3) 폭발은 연소와 본질적으로 차이는 없으며, 연소의 한 형태에 불과하다. 폭발현상은 일상 생활에 있어서 자주 체험하고 있는 일이다. 어떤 원인으로 인해 급격한 압력 상승이 생겨 용기 파괴나 음향을 동반하여 그 압력이 해방되는 현상이다.
4) 화학적으로 말하면 연소는 발열과 발광을 수반하는 산화 반응이고, 폭발은 그 반응이 급격히 진행되어 빛을 발산하는 것 이외에 폭음과 충격압력이 발생하며, 순간적으로 반응이 완료하는 현상을 말한다. 많은 경우 돌발적으로 발생하는 소리를 동반하는 파괴나 화재를 수반하는 예기치 않은 현상을 가리키는 일반적 용어이다.
5) 만약 가스폭발에 의해 상승된 압력이 용기재료의 내압강도를 넘을 때에는 용기는 파괴되며, 이 현상을 용기의 파열이라고 한다. 폭발사고는 한번 발생하면 많은 사상자를 내며, 생산설비를 광범위하게 파괴하고, 원료 및 재료를 소모시킴은 물론, 때에 따라서는 큰 화재를 일으켜 큰 재산피해를 가져오게 된다.

(2) 화재와 폭발의 차이

1) 화재와 폭발을 구별하기 위한 주된 차이점은 에너지 방출 속도의 차이이다. 화재는 에너지를 느리게 방출하나 폭발은 에너지를 일반적으로 마이크로초 차원으로 아주 빠르게 방출한다.
2) 에너지 방출속도가 재해의 결과에 어떤 영향을 주는가의 좋은 예는 자동차 타이어이다. 타이어 안에 들어있는 압축된 공기는 에너지를 함유한다. 만약 이 에너지가 노즐을 통하여 서서히 방출되면 타이어는 피해를 주지 않고 공기가 빠져나간다.
3) 그러나 타이어가 갑자기 파열되어 압축된 타이어 안에 있는 모든 에너지가 급격히 방출된다면 그 결과로 주위에 피해를 줄 수 있으며 이것은 위험한 폭발이 된다.

(3) 폭연과 폭굉

1) 폭연

① 본질적으로 가연성 혼합기체 중의 화염전파와 같은 현상으로서 압력, 밀도, 온도 등의 연소특성은 모두 화염면 전후에서 연속적이며 압력변화도 거의 없고 화염 이동도 음속에 비해 매우 느리다.

② 따라서 폭연으로 높은 압력상승을 얻을 수 있는 경우는 용기가 밀폐되어 있거나

이에 준한 상태에 한정되며 이때의 압력은 용기벽에 균등하게 작용한다.

2) 폭굉

① 연소전파가 가속되었을 때 그 앞쪽에 생기는 압축파가 커져서 충격파가 되고 그것과 화염이 합쳐져 전파되는 현상이다. 이 파동은 화염전파의 연소파에 대응하여 폭굉파라 불리며 충격파를 동반하므로 파면을 경계로 하여 온도, 압력, 밀도 등의 특성값은 불연속적으로 상승한다.

② 폭굉파의 이동속도는 매질의 상태, 종류 등에 따라 변하며 음속보다 빠르므로(수천 m/s) 압력전달은 방향성을 가지게 되고 압력효과로 인해 주위에 강한 파괴작용을 초래한다.

③ 폭굉을 적절히 제어, 이용하는 것이 토목공사나 광산 채굴에 쓰이는 발파이며, 이것을 금속 성형에 이용한 것이 폭발성형이다.

3) 음속

① 음파가 매질 속에서 전파되는 속도이다.

② 매질은 물리적 작용을 한 곳에서 다른 곳으로 전하는 물질이고, 음파는 공기나 물을 통해서, 지진파는 지각을 통해서 전달된다.

③ 이와 같이 파동이 전달되어 가는 공간이나 물질을 일반적으로 매질이라 한다. ($C = 331.5 + 0.6t$(m/s) (t : 온도) 1기압, 15℃의 대기 중에서는 340 m/s)

(4) 폭발의 성립조건

1) 가연성 가스, 증기 및 분진이 공기 또는 산소와 접촉, 혼합되어 있을 때

2) 혼합되어 있는 가스 및 분진이 어떤 구획되고 있는 방이나 용기 같은 것의 공간에 존재하고 있을 때

3) 그 혼합된 물질의 일부에 점화원이 존재하고, 그것이 매개로 되어 어떤 한도 이상의 에너지를 줄 때

(5) 폭발 발생의 필수인자

1) 온도

① 발화온도 : 가연성 가스가 발화하는데 필요한 최저온도

② 최소점화에너지 : 가스가 발화하는데 필요한 최소에너지로 가스의 온도, 조성, 압

력에 따라 다르다.

③ 외부점화에너지 : 화염, 전기불꽃, 충격, 마찰, 단열압축, 충격파, 열복사, 정전기, 방전, 자외선 등

2) 조성 : 가연성 가스와 지연성 가스 혼합비율로 폭발범위를 말한다.

3) 압력

① 고압일수록 폭발범위가 넓어진다.

② 일산화탄소는 공기와 혼합 시 고압이 되면 폭발범위가 좁아진다.

③ 압력이 높아지면 발화온도는 낮아진다.

4) 용기의 크기 모양

① 온도, 압력, 조성이 갖추어져 있어도 용기 크기가 작으면 발화하지 않거나 발화해도 곧 꺼져버린다.

(5) 폭발의 거동에 영향을 주는 변수

1) 폭발의 거동에 영향을 주는 변수로는 주위의 온도, 주위의 압력, 폭발성 물질의 조성, 폭발성 물질의 물리적 성질, 착화원의 성질 · 형태 · 에너지, 지속시간, 주위의 기하학적 조건(개방 또는 밀폐 등), 가연성 물질의 양, 가연성 물질의 난류, 착화지연시간, 가연성 물질이 방출되는 속도 등이 있다.

(6) 폭발의 성장 원인

1) 폭굉 한계 내의 가스가 어느 정도 다량으로 존재할 때

2) 존재된 잔여가스에 방전이나 화염, 충격 등 점화원이 작용할 때

3) 2) 조건에서 소규모의 폭발이라 하여도 이 충격으로 인한 파이프 파열로 2차적 폭발이 일어날 때

(7) 폭발의 종류

1) 물리적 폭발

① 자연계에서는 화산의 폭발, 은하수 충돌에 의한 폭발, 또 진공용기의 파손에 의한 폭발현상, 과열액체의 급격한 비등에 의한 증기폭발, 고압용기 설치에 있어서 가스의 과압과 과충전 등에 의한 용기파열에서 급격한 압력개방(파열)도 물리적인 폭발이다.

② 보일러나 고압용기 등에 대한 관리부주의, 주위온도의 상승 등으로 인해 내부압력이 상승되어 폭발하는 등 화학적인 변화 없이 단순한 내압의 상승에 의한 폭발로서 기계적 폭발이라도 한다.

③ 또한 미세한 금속선에 큰 용량의 전류가 흐름으로써 전선에 급격한 온도상승이 되어 전선이 용해되면서 증발되어 갑작스런 기체팽창이 짧은 시간 내에 발생되는 경우도 폭발현상으로 이것을 전선폭발이라고도 한다.

④ 초고속으로 금속 회전체가 운전되고 있을 때 파괴되어 폭발이 발생되는 일이 있는데 회전체가 급속하게 파괴되면서 전선폭발과 동일한 현상이 나타날 수 있다.

⑤ 한편 공기와의 산화폭발 등 2차적으로 발생될 위험 가능성을 고려하여야 하며, 더욱이 용해열, 수화열도 물리적 폭발요인이 된다.

2) 화학적 폭발

화학반응에 의한 짧은 시간에 급격한 압력상승을 수반할 때 압력이 급격하게 방출되어지면 폭발이 이루어진다. 이 화학반응에는 산화, 분해, 중합 등의 반응이 있고, 특징상으로 반응 시에 많은 열이 발생하는 것이 일반적이다.

① 산화폭발

- 산화폭발은 연소의 한 형태인데 연소가 비정상상태로 되어 주로 가연성 가스, 증기, 분진, 미스트류 등이 공기와의 혼합물, 산화성 · 환원성 고체 및 액체 혼합물 혹은 화합물의 반응에 의하여 발생된다.
- 산화폭발 사고의 대부분은 가연성 가스가 공기 중에 누설, 혹은 인화성 액체가 들어있는 탱크에 공기가 유입되어, 폭발성 혼합가스가 형성되어짐으로써 탱크 내에서 전기화염 및 기타화염 등이 발생하든지 탱크 내의 착화원이 유입되어 착화되어 폭발하는 현상이다.
- 특히 공간부분이 큰 탱크장치, 장치 내에 다량의 가연성 가스가 공간전체에 충만 되어 있을 때에 폭발하는 경우는 큰 파괴력을 나타내어 구조물이 파손되며, 폭풍과 충격파에 의하여 비산되어 멀리 있는 구조물까지도 피해를 입힌다.
- 한편 산화현상은 폭발로 보지 않고 화학공장에 있어서 중요한 제조기술로 생각한다. 공기와 산소를 산화하여 유기화합물을 제조하는 공정의 경우 촉매층에서 기체 상태 혼합가스가 반응되므로 매우 위험하다.
- 대부분의 경우 유기물질의 농도를 낮추어서 폭발한계 농도 미만의 농도에서 운전하고 있으며 폭발사고를 방지하기 위하여 여러 가지의 안전대책을 수립하는

것이 통상적인 방법이다.

② 분해폭발

- 산화에틸렌, 아세틸렌과 같은 분해성 가스와 디아조화합물 등 자기분해성 고체류는 분해하면서 폭발한다. 분해성 가스의 대표적인 것은 아세틸렌으로서 반응 시 발열량이 크고, 산소와 반응하여 연소 시에 3,000℃ 고온이 얻어지는 물질로 금속의 용단 · 용접에 사용되어진다.
- 또한 아세틸렌은 반응성이 크므로 염화비닐과 초산비닐, 그 외 화학제품의 원료로서 중요한 물질이다. 따라서 아세틸렌가스는 분해하면서 2,400 kcal/Nm^3 정도의 큰 발열량을 내며 분해열을 적절하게 제거하지 않아서 큰 폭발사고가 자주 발생하고 있다.
- 특히 고압으로 압축된 아세틸렌 기체에 충격이 가하여짐으로써 직접 분해반응을 일으키므로 다른 가스와 같이 그대로 용기에 고압으로 충진 할 수 없다. 그러므로 용기에 고압으로 저장 시 불활성 다공물질을 용기 내에 주입하고 여기에 아세톤액을 스며들게 하여 아세틸렌을 고압으로 용해 충진 하는 방법도 있다.
- 용해 아세틸렌을 저장 시에는 용기 내에 가스층 사이의 공간이 없도록 한다. 또한 아세틸렌 충전 시 용기가 발열되는 경우에는 냉각시키고 충진 후에도 온도가 안정될 때까지 냉각하는 등의 방법 등을 조치하여야 한다.
- 일반적으로 널리 사용되는 용해 아세틸렌 용기는 고열이 국부적으로 발생되고, 다공물질이 변질 혹은 공간을 생성하는 등의 이상 발생 시 분해증발이 일어나고 안전밸브까지도 부착되지 않아 국부적인 고열로 인한 용기가 폭발하는 경우가 있으므로 신중하게 취급하여야 한다.

③ 중합폭발

- 염화비닐, 초산비닐, 그 외 중합물질 모노마가 폭발적으로 중합이 발생되면 격렬하게 발열하여 압력이 급상승하고 용기장치가 파괴되는 경우가 자주 있다.
- 이 경우에 분출하는 모노마 증기에 착화되어 2차적 산화폭발이 되어 발생피해를 확대시키는 경우가 많다.
- 이와 같은 중합반응은 플라스틱 원료 제조반응으로 상온에서 가스 및 반응이 일어나 분자량이 큰 고체상태 폴리마(중합체)가 되는 반응을 말한다.

3) 기상폭발

① 혼합가스폭발

- 가연성 가스와 지연성 가스의 일정한 배합의 혼합가스는 발화원에 따라서 착화하면 가스폭발을 일으킨다. 그리하여 이를 폭발성 혼합가스라 말한다.
- 가연성 가스는 수소, 천연가스, 아세틸렌, LPG 등이고, 휘발유, 벤젠, 톨루엔, 알코올, 에테르 등의 가연성 액체에서 나오는 증기가 함유되어 있다.
- 지연성 가스는 공기, 산소 등이고 NO, NO_2, NO_3, Cl, F 등이 함유되어 있다. 밀폐용기 안에는 폭발생성가스의 압력이 초기압력의 7~10배에 달하며, 근래 황산암모늄공장, 폴리에틸렌공장, LPG 플랜트 등에서 일어나는 폭발사고는 혼합가스폭발에 의한 것이 많다.

② 가스의 분해폭발

- 가스분자의 분해에 있어서 발열하는 가스는 단일 성분 외 가스에 있어서 발화원에 의하여 착화되며, 혼합가스와 똑같이 가스폭발을 일으킨다.
- 예를 들면 아세틸렌, 산화에틸렌, 에틸렌, 메틸아세틸렌, 모노비닐아세틸렌, 이산화염소 등이 있다.

③ 분진폭발

- 가연성 고체의 미분 또는 가연성 액체의 서리방울 등이 어느 농도 이상에서 공기 같은 지연성 가스 안에서 분산되어 있을 때 위의 폭발성 혼합가스와 똑같이 발화점에 도달하여 착화하게 되므로 분진폭발을 일으킨다.
- 분진폭발은 황 이외에 플라스틱, 식품, 사료, 석탄 등의 분말 등에 산화반응열이 큰 금속 다시 말하면 마그네슘, 티타늄, 칼슘, 규소 등의 분말에서 일어난다.
- 분진폭발의 폭발한계 농도에 영향을 미치는 요인은 다음과 같다.
  - · 입도 및 입도분포 : 분진의 폭발한계농도, 특히 하한농도는 분진의 입도나 입도분포에 큰 영향을 받는다. 일반적으로 입도가 작을수록 폭발하한농도가 낮다.
  - · 수분 : 분진－공기의 혼합가스에 수분이 있으면 폭발하한농도가 높아져 폭발성을 잃는다.
  - · 산소농도 : 산소농도를 감소시키면 폭발하한농도가 높아져 폭발불능영역이 생긴다.
  - · 가연성가스 : 메탄, 그 이외의 가연성가스나 인화성액체의 증기가 분진－공기계에 혼입해 들어오면 폭발하한농도가 저하되어 위험성이 커진다.
  - · 발화원 : 온도가 높고 표면적이 큰 발화원이 그렇지 않은 발화원보다 폭발하

한농도가 낮다.

4) 응상폭발

① 혼합위험에 의한 폭발

- 산화성 물질과 환원성 물질과의 혼합물에서 혼합 직후에 폭발을 일으키는 경우와 혼합 후에 혼합물에 충격을 가하였을 때 가열해서 폭발을 일으키는 경우 등이 있다.
- 그리고 알칼리가 공존하는 경우에 가열하면 폭발하기도 한다.

② 폭발성 화합물의 폭발

- 화합폭약의 제조, 가공공정에 있어서 또는 그 사용할 때에 폭발사고가 일어난다.
- 그런 경우에 반응할 때 일어나는 예민한 부산물이 반응조속에 축적되어 폭발을 일으키는 경우도 있다.

③ 증기폭발

- 물, 유기액체 또는 액화가스 등의 액체류가 과열상태로 되었을 때 순간적으로 증기로 기화하여 폭발현상을 나타낼 때가 있다.
- 다시 말하면 지상에 있는 물탱크에 가열된 용융카바이드나 용융철이 떨어졌을 때 또는 탱크 속의 저비점 액체가 중합열이나 외부에서 화재의 열로 인하여 온도가 상승하여 증기압의 관계로 용기가 열렸을 때 잔유하고 있는 과열액체는 순간적으로 격렬히 증기폭발을 일으킨다.

(8) 폭발의 사고사례

1) 아현동 가스폭발

① 사고개요

- 일시 : 1994년 12월 07일 오후 2시 51분경
- 원인 : 서울시 마포구 아현1동 606 도로공원 지하 (가스공사 아현 밸브기지)에서 발생하였는데, 가스공사의 자회사인 ㈜한국가스기술공업에서 공급기지 계량기 점검 중 지하철 공사장의 포크레인기사가 가스관을 과실로 잘못 건드려 가스가 누출, 주변 담뱃불씨에 의해서 폭발되었다.

② 피해현황

- 인명피해 : 사망자 12명, 부상자 170명

- 재산피해 : 건물 145동 파손, 차량 93대, 동산 127세대 등 총 716건 물건피해, 6억여원의 피해금액

③ 사고경과

- 담뱃불씨로 인근 주택과 일대가 불바다로 변하는 최악의 가스폭발사고가 발생하여 폭발음과 함께 불기둥이 50m이상 치솟으면서 주변 50m내의 가옥이 전소되거나 파손되었다.
- 차량 17대가 전소되고 반경 300m내 빌딩의 유리창 100여장이 폭발에 따른 충격으로 깨졌고, 불길은 누출된 가스를 따라 순식간에 확산하여, 왕복 8차선의 마포로 건너편까지 번졌으며, 아현동과 노고산동 일대가 검은 연기와 유독가스로 뒤덮여 주민들이 긴급히 대피하였다.
- 소방차가 60여대 출동하여 진화작업을 하였고, 119응급구조단 차량 10여대와 구조헬기 2개가 현장에 도착하여 구조작업을 하였다. 불길은 오후 3시 53분쯤 진화하게 되었다.
- 불길을 잡는데 1시간 이상 걸리고 화재가 크게 번진 이유는 사고 현장 주변에 가스 차단 밸브 장치가 없었기 때문이다. 현장에서 10km 가량 떨어진 가스 공급소에 가스를 차단해야 하는데 하지 않았기 때문이다.
- 작업 절차 시에 따른 사전분비 미흡 및 안전관리 감독자를 현장 미배치, 동 작업에 대한 정비, 운영, 통제부서간 업무 협조 미흡하였고, 위험 작업에 대한 관리 감독이 철저하지 못하였다.
- 작업 관련 안전작업승인서 운영 및 확인 소홀, 정비 · 보수인력 부족 및 기술 능력 부족등 으로 대부분 인적 오류가 또 하나의 다른 원인이었다.

그림 3-6 아현동 가스폭발 현장

2) 대구지하철가스폭발

① 사고개요

- 일시 : 1995년 04월 28일 오전 7시 52분경
- 원인 : 대구광역시 달서구 상인동 영남고교 사거리 (지하철공사장)에서 발생한 가스폭발로서 원인은 인근 대구백화점 상인점 신축 공사장에서 지반을 다지기 위한 천공작업 중 그 부근을 지나던 지름 100 mm의 가스관을 파손되어 이 가스관으로부터 새어 나온 가스가 하수관을 타고 지하철 공사장으로 흘러들어 폭발되었다.

② 피해현황

- 인명피해 : 사망자 101명, (학생 51명, 일반시민 50명), 부상자 146명
- 재산피해 : 약 600여 억원 추정 (건물파손 227동, 차량파손150대 외 상수도, 통신, 전기시설 등 다수파손 지하철 복강판 400m 붕괴)

③ 사고경과

- 천공작업을 하던 (주)표준개발은 가스관이 파손된지 30여분이 지난 후에 도시가스측에 신고를 하였고, 신고를 받은 대구 도시가스측도 신고 후 30여분이 지난 후에 사고현장으로 흐르는 가스밸브를 잠그는 등 늦장조처로 큰 피해를 초래하였다.
- 폭발음과 함께 50여 m의 불기둥이 치솟았고, 지하철 공사장 복공판 400여 m 구간이 내려앉아 차량 150대가 파손되었다.
- 가스누출에 따른 자동경보 및 대응체계가 부재한 상태임에도 불구하고, 각 도시가스회사의 근무인원이 소수에 불과하여 도심지 지하에 광범위하게 매설되어 있는 가스관로 주변의 안전점검이 형식수준에 불과하다.

그림 3-7 대구지하철가스폭발 전경

3) 부천 LPG 충전소 폭발

① 사고개요

- 일시 : 1998년 9월 11일 오후 2시경
- 원인 : 경기도 부천시 오정구 내동 대성에너지 LPG 충전소에서 발생한 폭발화재로서 이 화재는 LPG 탱크로리 운전기사가 안전검사를 위하여 투입한 질소가스를 배출시키기 위하여 열어 놓은 밴트밸브를 잠그지 않고, 가스하역작업을 하던중 열려진 지하탱크 벤트밸브를 통해 누출되어 기화된 상태의 액화가스와 원인미상의 불씨로 인해 점화되면서 주위의 프로판가스 용기 및 탱크로리 호스에 연소되어 거대한 불기둥을 발생시키며 연쇄폭발로 이어진 화재이다.

② 피해현황

- 인명피해 : 사망자 1명, 부상자 83명(소방공무원 23명, 일반인 60명)
- 재산피해 : 64억 8,943만원 (가스충전 중이던 택시 10여대와 길가 주차중이던 차량 50여대가 전소되었고, 옆 세차장의 벽이 무너져 내렸다. 또한 탱크로리 2대가 각각 30m, 10m 떨어진 근린공원과 세차장으로 날아들어갔고, 인근 냉동창고 등 6개동을 포함해 주변 2천여평을 모두 태웠다.

③ 사고경과

- 선착대(내동파출소)는 15톤 탱크로리, LPG용기에 방수(1차폭발)하고 주민 40여명을 대피유도하였으며 진입차량 우회조치하였다.
- 2착대(본서)는 선착대를 지원 집중방수(2차폭발 : 15톤 탱크로리) 및 주민 대피유도하였고, 이 순간 진화 작업하던 직원과 멀리서 구경하던 주민 대부분이 화상을 입었으며, 3차폭발로 12톤 탱크로리 파편이 60m 비산하였다.
- 3착대는 대원냉동창고(암모니아 탱크)에 집중 냉각방수하고 4착대는 지하저장탱크(프로판 30톤, 부탄 40톤)에 집중 냉각방수하였다.
- 중앙구조대는 주민통제, 인근공장 인명대피유도, 피해차량, 인명검색을 실시하였다.

3.2.3 붕괴

(1) 붕괴의 정의

1) 붕괴는 각종 시설물(건축물, 교량, 육교 등)이 시공하자, 노후, 관리소홀, 지반약화 등으로 붕괴되어 인명과 재산피해가 발생한 사고를 말한다.

2) 붕괴는 사고발생 시 외상환자가 많이 발생하고, 구조시간이 경과할수록 사망률이 증가한다.

(2) 붕괴의 발생 구조

1) 붕괴는 다양한 원인에 의해 발생하고 있는데, 거푸집 · 굴토 · 기초 · 슬래브 작업과정에서의 부실시고에 의하거나 증축이나 용도변경 시에 구조적 결함, 부주의에 의한 화재 · 폭발 · 진동 · 충격 · 지진 등 다양한 원인에 의해 붕괴는 발생한다.
2) 붕괴로 인한 화재발생, 콘크리트 벽체 등 붕괴 잔해물에 의한 진입장애, 추가붕괴 위험 등에 의하여 접근이 곤란하고, 구조활동이 지연되는 경우가 많다. 따라서 붕괴잔해물 제거활동 및 추가붕괴여부 진단 등 생존자 및 구조자의 안전을 고려하여 점진적 구조진압작전을 실시하여야 한다.

(3) 붕괴의 사고사례

1) 성수대교 붕괴

① 사고개요

- 일시 : 1994년 10월 21일 오전 7시 38분
- 원인 : 서울특별시의 성수동과 압구정동을 연결하는 성수대교 1,160m 중 제10번, 제11번 교각사이 상부트러스 48m가 붕괴되어 차량 6대가 한강으로 추락한 사고이다.

② 피해현황

- 인명피해 : 사망자 32명, 부상자 17명
- 재산피해 : 차량 6대 추락, 물류 운송망 및 시민의 출 퇴근 등에 있어 교통의 혼란을 야기시켰고, 이 붕괴사건이 대대적으로 보도됨으로써 해외건설수주에 타격을 주는 등 건설업계에 직접적 또는 간접적으로 적지 않은 재산피해를 주었다.

③ 사고경과

- 정부의 표준품셈 및 설계작용 자재단가가 현실과 맞지 않아 발생하는 실행공사비 부족으로 자재가 조잡, 저질자재 사용이 불가피하다.
- 하도급의 부당한 관행과 비리로 실행원가에 못 미쳐 부실시공이 성행하였고, 대부분의 공사감독자나 관계자가 순환 감독제 위주의 인사제도로 공사착공부터 준

공까지 공사 전 과정을 맡지 못한다.(책임의식 결여)

- 기술용역에 대한 심의가 「안전성 확보」와는 무관하게 진행되었다.
- 유지관리 전담기구는 있으나 예산부족으로 제대로 관리되고 있지 못하였다.
- 교량의 상부구조가 수직재와 핀 플레이트 용접의 시공성을 충분히 고려하지 않은 채 설계되었다.
- 당시 전문기술자에 의한 감리 제도가 없어 기술적인 중요사항에 대한 도면 검토, 현장 확인이 부실하였고, 설계하중 이상의 과하중이 구조물에 대한 악영향을 미치는 것에 대한 인식부족과 과적 차량의 단속 소홀로 불량하게 제작된 부재 단면의 균열을 더욱 가속화되었다.
- 지나친 실적위주의 전시 행정적 건설공사에 치중하여 시설물 사후관리에 있어 안전의식과 기술적 논리가 소외되었다.
- 질보다는 양적인 책임이 우선했으며 적당주의와 빨리빨리가 우선하는 사회적 분위기에서 관련기술개발이나 전문인력 양성보다는 눈앞의 가시적 평가를 우선하였다.

그림 3-8 성수대교 붕괴 현장

2) 삼풍백화점 붕괴

① 사고개요

- 일시 : 1995년 06월 29일 오후 6시 경
- 원인 : 서울특별시 서초구 서초동에 있는 삼풍백화점에서 발생한 붕괴사고로서 건축 및 구조설계, 시공, 유지관리 등에서 문제점이 발생하여 붕괴되었다.

② 피해현황

- 인명피해 : 사망자 502명, 부상자 937명
- 재산피해 : 약 2천억원, 차량피해 372대, 피해업체 878개 업체

③ 재난의 경과

- 사고 당일, 사고대책본부를 설치 · 운영하였고, 실종자 신고 접수창구를 개설하고, 현장지휘소를 설치하였다. 그리고 붕괴 잔존건물 계측 등의 안전진단, 추가 붕괴가 우려되는 A동 와이어로프로 응급 고정 작업을 실시하고 적십자사, 응급구조단, 해병전우회 등 자원봉사단체에서 지원활동 및 민간소유 중장비를 동원해서 구조작업에 박차를 가했다.

그림 3-9 삼풍백화점 붕괴 현장

- 사상자 규모가 점점 확대됨에 따라 인명구조작업에 대책본부의 행정력의 집중이 필요하게 되어 총괄반, 상하수도반, 잔재처리반을 추가하였다.
- 사고대책지휘본부 구호반에서 사상자에 대한 제반업무 전담 처리, 사상자 후송 및 의료지원을 위한 체계적 활동을 전개하였다.
- 실종자 신고센터 일원화 및 민원담당관실 주관하고, 신원확인을 위한 습득물 센터를 설치·운영, 백화점 내 물품반출 관리, 잔재물 검색 및 확인 및 사망자에 대한 장례비 지원 등 특별위로금 지급하였다.
- 효율적인 생존자 구조와 복구 작업을 위하여 잔여건물에 대한 안전진단 실시 및 위험부분 보강 조치를 하고 잔재물 반출량 급증에 따른 처리 대책을 수립 및 조치를 취했다. 또 실종자가족 안내센터 설치·운영과 실종자 신고접수 및 관리, 실종자 가족에 대한 편의 제공활동을 전개하는 등 활발한 활동을 하였다.

3.2.4 호우

(1) 집중호우

1) 집중호우란 명확한 기준은 없으나 한 지역에서 짧은 시간에 내리는 많은 양의 강한 비를 말하고, 대단히 습한 많은 수증기가 장마전선에 유입할 때 발생하며 지형의 영향으로 더욱 국지성을 띠고 있다.
2) 일반적으로 한 시간에 30mm 이상이나 하루에 80mm 이상의 비가 내릴 때, 또는 하루 강수량이 연 강수량의 10% 이상일 때를 기준으로 하는 경우가 많다.
3) 특히 우리나라 장마철의 비는 짧은 시간에 맹렬히 쏟아지는 호우이며, 1일 강수량이 300mm를 넘는 경우도 많고, 1시간 동안 100mm를 넘는 집중호우도 곳곳에서 기록되고 있다. 우리나라에서 관측된 1시간 동안의 최다강수량은 1988년 7월 31일에 기록된 전남 순천의 145mm이다.
4) 특정지역에 집중적인 강우로 발생하는 재난으로 바위 · 자갈 · 진흙 · 기타 부유물이 이동으로 인한 피해, 폭우로 인한 열차탈선, 차량 · 비행기 등의 미끌어짐으로 인한 사고, 인간의 급류실종 사고를 발생시킨다.
5) 우리나라에서는 주로 하천 인근지역에서 발생하고, 여름에 주기적으로 발생하는 고기압과 기압골의 영향으로 6~10월에 주로 국지적으로 발생하고, 주로 대규모 피해를 발생시키는 상황은 연평균 2~3회이다.

(2) 홍 수

1) 홍수란 호우 등으로 하천의 수량이 급격히 늘어나 유량이 범람하는 현상 및 그 물의 흐름을 말한다. 즉 물이 제방을 넘어 범람하는 자연과정을 홍수라고 한다.

2) 강유역의 강우량 및 분포, 강우가 땅속으로 스며드는 침수율 그리고 강우로 지표에 흐르는 빗물인 유거수가 얼마나 빨리 강에 도달하는가 등이 홍수와 관련되어 있다.

3) 강우 시점이 토양 수분함량 또한 홍수에 있어 중요한 역할을 한다. 수분이 포화된 토양은 젖은 스펀지처럼 더 이상의 습기를 지탱할 수 없다. 만약 습기가 포화된 유역에 상당량의 비가 내린다면 홍수가 나겠지만 동일한 양의 비가 건조한 유역에 내린다면 토양이 많은 양의 수분을 머금을 수 있으므로 홍수가 일어나지 않을 수도 있다.

4) 홍수 수위라는 용어는 물 표면의 고도가 개인의 재산에 손해를 끼칠 가능성이 있는 수준에 도달하는 것을 표시할 대 사용된다. 이 용어는 홍수 수위가 범람원의 인적 용도에 의존한다는 인식에 근거를 두고 있다. 따라서 홍수의 규모는 재산손해의 정도와 일치할 수도 있고 일치하지 않을 수도 있다.

5) 한반도의 홍수 발생 원인을 보면 장마전선의 남북 진동과 이 전선을 지나가는 저기압, 태풍, 중국 화베이 지방 · 양쯔강 · 동중국해 방면에서 이동해오는 저기압, 여름철의 남동계절풍과 과열로 인한 뇌우성 집중호우 등이다.

6) 홍수발령 및 해제기준

① 홍수주의보 : 주의보 경계수위(계획홍수량의 50%가 흐를 때의 수위)를 초과할 것이 예상되는 경우

② 홍수경보 : 경보 위험수위(계획홍수량의 70%가 흐를 때의 수위)를 초과할 것이 예상되는 경우

③ 전환발령 : 홍수주의보를 홍수경보로, 홍수경보를 홍수주의보로 전환발령이 필요할 경우

④ 해제 : 주의보 경계수위 이하로 내려갈 것이 예상되는 경우(홍수경보는 주의보로 바꾼 후 해제)

7) 홍수에 대한 인적 대응

① 토지이용의 변화

- 하천과 강은 침전물 이송량과 받아들이는 침사 부하량이 전반적인 균형을 이룸으로써 동적평형이 유지되는 개방계이다.

- 침전물은 지류와 강둑 사면으로부터 떨어져 들어오는 토양물질로부터 유래된다.
- 하천으로 유입되는 물과 침전물의 양적 증감에 따라 경사도와 단면형에 변화가 나타나고 유속이 효과적으로 바뀌게 된다.
- 유속의 변화는 하천에서 이송되는 침전물의 양적 증감으로 이어진다.
- 그러므로 하천의 침전물과 유량에 영향을 끼치는 토지이용의 변화는 새로운 동적 평형을 이루는 일련의 과정을 촉발한다.

② 댐 축조

- 댐에 의해 형성된 저수지 상류와 하류 모두에게 상당한 영향이 나타날 것이다. 물이 유입되는 상류에서는 흐름이 둔화되고 침적이 증가하여 삼각주가 형성된다.
- 대부분의 침전물이 댐 위쪽의 저수지에 갇히게 됨에 따라 하류부에는 침전물이 거의 존재하지 않는다.
- 결국 하천은 부가적 침전물 이송능력이 있기 때문에 댐 하류부에서는 침적보다는 수로침식이 우세하게 나타날 것이다.
- 그러면 하천이 새로운 평형상태에 이를 때가지 하천 물매의 감소가 일어날 것이다.

3.2.5 태풍

(1) 태풍의 정의

1) 태풍은 적도와 극지방간 열적 불균형을 해소하기 위해서 발생지역 일기의 불안정과 온난한 열대 해상기온, 높은 습도, 그리고 강한 바람이 부는 상태에서 발행하며, 북반구에서는 지표면을 따라 시계 반대방향으로 부는 강한 바람과 천둥, 많은 비를 동반하여 고위도로 이동하는 현상이다.
2) 중심 최대 풍속이 17 m/s 이상인 폭풍우를 동반하는 열대저기압을 말한다. 북태평양 남서부에서 발생하여 아시아 동부로 불어오는데, 세계기상 기구는 열대저기압 중에서 중심부근의 최대 풍속이 33 m/s 이상인 것을 태풍, 25~32 m/s인 것을 강한 열대폭풍, 17~24 m/s인 것을 열대폭풍, 그리고 17 m/s 미만인 것을 열대저압부로 구분한다.
3) 우리나라와 일본에서도 이와 같이 구분하지만, 일반적으로 중심 최대풍속이 17 m/s 이상인 열대폭풍 이상을 태풍이라고 한다.
4) 태풍의 크기는 풍속 15 m/s 이상이 미치는 영역에 따라 소형, 중형, 대형, 초대형으로 분류하고, 태풍의 강도는 중심기압보다 중심최대풍속을 기준으로 약, 중, 강, 매우 강으로 분류한다.

5) 일반적으로 태풍이 발생하려면 열대 해역에서 해수면 온도가 보통 27℃ 이상이어야 하고, 공기의 소용돌이가 있어야 하므로 적도 부근에서는 발생하지 않고, 남 · 북위 5° 이상에서 발생한다.

(2) 우리나라 태풍의 주요 특성

1) 우리나라에 영향을 미치는 태풍은 7~10월 사이에 열대 해양의 서쪽에서 많이 발생하고, 접근하는 태풍은 북위 25°~30° 전향점을 거쳐 북상하면서 진로변화가 심해 장시간 예보가 어렵다.
2) 태풍 예상 진로는 최대 72시간까지 발표하며, 이동방향과 속도변화에 따라 예보시간을 조정한다.
3) 태풍 최다 내습은 8월, 7월, 9월의 순서이고, 7~9월의 내습태풍수가 전체의 91%이며, 드물게 6월과 10월에 내습하기도 하고, 매년 2~3개 정도의 태풍이 우리나라에 영향을 미친다.
4) 태풍 경로는 7월에는 서해안을 따라 북상하고, 중부지방을 통과하고, 8월에는 7월보다 남하하여 군산, 청주, 강릉을 연결하는 중부지방을 대각선 방향으로 통과하며, 9월은 주로 남해안 지방을 거쳐서 통과한다.

(3) 태풍의 사고사례

1) 태풍 루사

① 사고개요

- 일시 : 발생일 – 2002년 8월 23일, 소멸일 – 2002년 9월 1일

② 피해현황

- 인명피해 : 사망자 및 실종자 246명, 이재민 6만 3천여 명
- 재산피해 : 5조 3천억여 원

③ 사고경과

- 태풍 루사는 2002년 8월 말에 한반도에 상륙했던 태풍이다. 그 당시 최대 순간 풍속은 초당 39.7m, 중심 최저기압은 970hPa이었으며 강원도 동부에 많은 강수를 내리면서 많은 피해를 남겼다. 루사라는 그 이름은 말레이시아반도에 사는 사슴과의 일종에서 따온 것이다.
- 태풍 루사는 당시 한반도 주변의 기상 상황에 의해 전향 시점이 늦어졌고, 이는

태풍의 이동속도를 늦추는 효과를 가져와 한반도 접근 시 태풍의 이동속도는 평균에 크게 못 미치는 10~20 km/h에 불과했다.

- 태풍이 전향을 시작한 것은 상륙 후 꽤 오랜 시간이 지난 8월 31일 자정 즈음, 태풍의 중심이 충청도 가까이에 위치했던 무렵으로, 이후 태풍의 이동속도는 약간 빨라졌으나 이미 때는 너무 늦어, 태풍이 한반도에 상륙한지 10시간가량이 지난 뒤였다.
- 이에, 태풍이 9월 1일 오전 9시경 강원도 속초 부근에서 열대저압부로 약화될 때까지 한반도 내륙에 머무른 시간은 도합 약 18시간이나 지속됐다.

그림 3-10 태풍 루사로 인한 피해현장

3.2.6 지진

(1) 지진의 정의

1) 지구내부의 활동과 판구조 운동으로 인해서 지구내부, 특히 지각에서 장시간 축적된 에너지가 순간적으로 방출되면서 그 에너지의 일부가 지진파의 형태로 사방으로 전파되어 지표면까지 도달하여 지반이 흔들리고 갈리지는 자연현상을 말한다.
2) 대부분의 지진은 오랜 기간에 걸쳐 대륙의 이동, 해저의 확장, 산맥의 형성 등에 작용

하는 지구 내부의 커다란 힘에 의하여 발생된다. 이 밖에도 화산활동으로 지진이 발생하지만, 이 경우에는 그 규모가 비교적 작다. 또한 폭발물에 의해 인공적으로 지진이 발생하기도 한다.

3) 진도란 지진으로 인해서 땅이나 인간 또는 다른 물체들이 흔들리고 파괴되는 정도를 미리 정해놓은 등급으로 나태난 것이다. 즉 지진동의 세기를 수치로 표현한 것으로 지진이 일어났을 때 인간의 느낌이나 주변의 물체 또는 구조물의 흔들림 정도를 수치로 표현한 것으로 정해진 설문을 기준으로 계급화한 척도이다. 우리나라는 현재 일본 기상청에서 정한 0~7까지 8등급을 사용하고 있다.

(2) 지진의 규모

1) 지진을 발생시키는 위하여 깨어진 암석이 있는 곳 위의 위치가 진앙(epicenter)으로 알려진 위치이다.
2) 처음에 깨어지거나 파열되는 지구내부의 지점은 지진의 진원(focus or hypocenter)으로 알려져 있고 진앙의 바로 아래에 있다.
3) 지진의 크기를 표시하는 모멘트 규모는 지진이 발생하는 동안 단층면을 따라 파열된 추정면적, 단층을 따른 미끄러짐 또는 운동량 그리고 진원 근처에서의 암석이 강도로 결정된다.
4) 지진은 규모에 따라서 기재적인 형용사가 주어진다. 예를 들면, 대부분의 파괴적인 지진들은 주요한(major M 7~7.9) 또는 강력한(strong, M 6~6.9)으로 기재된다. 주요한 지진들은 광역적인 심각한 피해를 일으킬 수 있다. 강력한 지진들도 또한 그들의 위치와 지질물질의 성질에 따라서 상당한 피해를 줄 수 있다.

표 3-5 세계적인 지진의 규모와 빈도

기술어	규모	연평균 발생 수
대규모(great)	8 이상	1
주요한(major)	7~7.9	17
강력한(strong)	6~6.9	134
중급(moderate)	5~5.9	1,319
가벼운(light)	4~4.9	13,000(추정)
미소한(minor)	3~3.9	130,000(추정)
매우 미소한(very minor)	2~2.9	1,300,000(추정) (시간 당 거의 150회)

자료 : USGS. 2000. Earthquakes, facts & lists.

표 3-6 지진의 규모가 자연 및 인간에 미치는 영향

규모	구조물, 자연 등에 대한 영향	인체영향	JMA진도(8등급)
2.5미만	인간의 몸으로는 느낄 수 없고 지진계에만 기록됨	느낄 수 없음	0(무감)
2.5~3.0	정지하고 있는 민감한 인간이 다소 흔들린다고 느낌	민감한 인간만이 느낌	Ⅰ(미진)
3.0~3.5	모든 인간이 느낄 정도로 창문이 다소 흔들림	여러 인간이 느낌	Ⅱ(경진)
3.5~4.0	건물이 흔들리고 창문이 움직이며, 형광등과 같은 매달린 물건이 흔들리거나 그릇의 물이 출렁임	약간 놀라고, 자다 깸	Ⅲ(약진)
4.0~5.0	건물의 흔들림이 심하고 불안정하게 놓여있는 꽃병이 넘어지며 그릇의 물이 넘침. 많은 인간이 집밖으로 뛰어나옴	매우 놀람. 자다 깨서 밖으로 나옴	Ⅳ(중진)
5.0~6.0	벽에 금이 가고 비석이 넘어짐. 굴뚝, 돌담, 축대 등이 파손됨	서 있기 곤란하고 심한 공포를 느낌	Ⅴ(강진)
6.0~7.0	건물파괴 30% 이하 산사태가 발생할 수 있고 땅에 금이 감. 인간이 서 있을 수 없음	도움 없이 걸을 수 없음	Ⅵ(열진)
7.0~8.0	건물파괴 30% 이상 산사태가 나고 땅이 갈라짐	이성 상실	Ⅶ(격진)
8.0~9.0	건물이 완전 파괴됨. 철로가 휘고 지면에 단층현상이 발생함	대공항	
9.0 이상	관측된 바 없음		

(3) 지진과 인간의 교감

1) 자연재해로서의 지진은 막거나 제어될 수 없는데, 단지 지진이 발생시키는 생명과 재산의 피해를 최소화하기 위한 방법들을 궁리할 뿐이다.
2) 그러나 그것이 우리가 스스로 지진을 일으킬 수 없다는 것을 의미하지는 않는다. 실제적으로 여러 인간의 활동이 지진활동을 증가시키거나 일으킨다고 알려져 있다.
3) 즉 댐과 저수지의 건설에 의한 지각의 하중, 폐기물관정을 통한 지하로의 액체폐기물 주입, 지하 핵폭발 등이 있다.
4) 이러한 지진으로부터의 피해는 안타까운 일이지만, 이들로부터 배운 교훈은 미래의 큰 재앙적인 지진을 제어하거나 멈추게 하는데 도움이 될 수도 있다.

(4) 지진재난 대응의 특성

1) 복합성

① 건물의 붕괴 · 매몰 · 추락, 화재 · 폭발, 해일 · 침수, 화학물질누출 · 원자력 사고, 기타 전기가스 사고 등 다양한 형태의 피해가 복합적으로 나타난다.

2) 지속성

① 장기간의 대응활동을 필요로 한다. 따라서 대응자원의 부족에 대비한 사전계획이 필요하다.

② 추가자원의 지원과 효율적 분배에 대한 상세한 검토와 신속한 대응활동을 위한 긴급복구와 희생자의 구호대책을 고려하여야 한다.

3) 다양성

① 붕괴, 매몰에 따른 탐색 · 구조활동, 화재진압 및 폭발에 따른 화재진압 활동, 해일, 침수피해에 따른 수난구조, 화학물질누출, 방사능누출에 화학물질처리 활동 등 다양한 대응활동을 요한다.

4) 제한성

① 기반시설의 파괴로 소방용수의 부족, 출동로의 제한, 통신장애 발생, 의료시설, 대피시설의 파괴로 긴급구호활동의 장애가 예상된다.

② 따라서 재난상황 유동성에 따른 예상하지 않은 대응활동의 장애사항을 고려하여 대응활동의 제한성을 충분히 고려한 보완대책을 수립하여야 한다.

(5) 지진피해의 최소화

1) 지진이 큰 피해를 초래하는 것은 종종 예고 없이 발생하기 때문인데, 이것으로 많은 연구가 지진의 예견에 투자되었다.

2) 우리가 할 수 있는 최선은 특정한 지역이나 단층의 특정한 분절에서 지진이 일어날 가능성을 예측하는 것이다. 이러한 예측은 그 위험을 결정하기 위하여 확률론적 방법을 사용한다.

3) 예측은 지진이 특정한 기간 동안 특정한 지역이나 단층의 분절에서 주어지 규모나 진도가 발생할 확률을 알려줄 것이다. 이러한 예측은 지진 안전장치의 고안자나 어디에 살아야 할지를 결정하고자 하는 인간들에게 도움이 된다.

4) 지진의 시간과 장소를 실질적으로 명확하게 예보하는 것이 더욱 유용하지만 그러한 예보를 하기 위한 능력은 우리에게 인지되지 않았고, 지진의 예보는 지진에 앞서서 지구에서 관찰되는 자연현상이나 변화에 크게 의존한다.

3.3
소방공무원의 안전사고 분석

3.3.1 안전사고 개념

(1) 안전사고의 정의

1) 고의성이 없는 불안전한 행동이나 조건이 선행되어 작업에 지장을 일으키거나 능률을 저하시키며 직접 또는 간접으로 인명이나 재산상의 손실을 가져올 수 있는 있을 말한다.

(2) 소방활동 안전관리규정

1) 안전사고의 개념

안전사고란 소방활동 중 불안전한 행동이나 조건으로 사상자나 재산상의 손실이 발생하는 것을 말한다. 사망자란 안전사고 발생현장에서 사망한 인간과 사고 후 72시간 내에 사망한 인간을 포함한다. 부상자란 공무원연금법에 의한 공상진료가 필요한 인간을 말한다.

2) 현장 소방활동 시 안전관리 일반기준

① 현장 소방활동을 지휘하는 현장지휘관은 소방활동의 대상자 및 소방공무원 등의 안전사고 방지를 우선적으로 고려하여야 한다.

② 현장지휘관은 소방활동 현장의 제반 상황을 파악하고 폭발 · 붕괴 · 추락 등 안전위험 요인을 우선 확인하여야 한다.

③ 현장지휘관은 현장안전점검관이 현장의 안전사고 위험 등 현장상황에 대한 의견을 제시한 때에는 이를 적극 반영하여야 한다.

3) 소방활동 중지

① 소방공무원 등은 소방활동 중에 소방활동의 대상자, 자신 및 동료대원의 안전확보에 위험이 있다고 판단될 때는 소방활동의 중지 또는 필요한 조치를 한 후 현장안전점검관이나 현장지휘관에게 즉시 보고하여야 한다.

② 현장안전점검관 또는 현장지휘관은 제반사정을 고려하여 해당 소방공무원 등의 소방활동을 중지시킬 수 있다.

표 3-7 소방현장활동 안전사고 기본원인

요 인	원 인
개인적 요인	① 심리적 원인 : 장면행동, 망각, 주연적 동작, 걱정거리, 무의식 행동, 위험감각, 지름길 반응, 생략행위, 판단, 착오 등 ② 생리적 원인 : 피로, 수면부족, 신체기능 저하, 질병, 나이, 식사 등 ③ 사회적 원인 : 직장 내 인간관계, 커뮤니케이션, 리더십
근무 환경적 요인	① 현장출동인원의 부족 (2교대 근무체제의 과중한 근무시간) ② 비상출동의 긴장감, 피로누적 등의 스트레스 가중 ③ 안전관리 전담요원 미 배치 (형식적 현장안전관리 교육) ④ 현장지휘부서의 중복 (적성배치의 불충분) ⑤ 안전사고사례 정보의 공유 부족 (보건관리 규정 미비) ⑥ 경직된 직장분위기
불안전한 현장 요인	① 확대 위험성과 불안정성 ② 신속한 현장제어의 필요성 ③ 활동의 장애와 행동의 위험성 ④ 정신적 · 육체적 피로의 가중
현장 활동 대원의 행동 요인	① 현장지휘관의 신속 · 정확한 의사결정 부족 ② 단독행동 및 개인적 결함 ③ 안전의식 결여 및 교육의 부족 ④ 개인안전장비의 미사용 및 불량 ⑤ 조직적 결함 및 안전관리 매뉴얼의 미활용

자료 : 상희선 · 문재현(2007)

4) 안전사고 시의 응급조치

① 안전사고가 발생하였을 때에는 동료대원, 현장지휘관 등 관계자는 부상자에 대한 필요한 응급조치를 최우선으로 하여야 한다.

② 현장지휘관은 안전사고 발생의 급박한 위험이 있을 때에는 즉시 소방활동을 중지시키고 현장내의 대원을 대피시키는 등 필요한 조치를 취하여야 한다.

5) 안전사고 통계관리의 기준

① 안전사고의 유형은 다음 기준에 따른다.

- 충돌사고
- 추락사고
- 압착매몰사고

- 화염노출사고
- 유해물질노출사고
- 전도사고
- 감금고립사고
- 그 밖의 안전사고

3.2.2 국내 안전사고 발생현황 및 분석

(1) 1945년 이후 순직자 및 공상자 발생현황

1945년부터 2008년까지의 전체 소방공무원 순직자 및 공상자 현황을 조사한 결과 우리나라는 소방업무가 시작된 1945년부터 2008년까지 순직자 275명, 공상자 4,945명으로 총 5,220명이다.

1) 1945년 이후 순직자 발생현황

① 순직자 유형인 사망원인으로는 1998년 이후 10년간 현장순직자를 조사결과, 매몰로 인한 순직이 가장 많았고, 질식 · 익사사고, 추락 · 교통사고의 순서로 조사되었다.

② 화재현장을 비롯한 직접적인 소방활동 중 발생한 사망사고는 100% 순직처리 되었으나 간접적인 원인에 의한 사망사고의 경우는 일반사망으로 처리되었다.

③ 2001년에 서울특별시 서대문구 홍제동 주택화재로 인해서 소방공무원이 6명이 순직한 사건이 발생해서 많은 현장순직자가 발생하였다.

④ 따라서 현장 순직자나 일반 순직자가 매년 감소하거나 증가하는 것이 아니라 어떠한 특정 재난이 발생하였을 때 순직사례가 나타난 것으로 분석되었다.

표 3-8 순직자 발생현황(1945~2008) (단위 : 명)

구분	1997 이전	98	99	00	11	02	03	04	05	06	07	00	합계
현장 순직자	56	10	3	5	10	–	2	5	3	5	4	7	110
일반 순직자	111	11	10	5	6	5	5	3	3	1	3	2	165
합계	167	21	13	10	16	5	7	8	6	6	7	9	275

2) 1945년 이후 공상자 발생현황

① 공상자의 발생현황에서 2003년에 360명으로 가장 많이 발생하였는데, 순직자 발생현황과 마찬가지로 매년 감소하거나 증가하는 것이 아닌 것으로 분석되었다.

표 3-9 공상자 발생현황(1945~2008) (단위 : 명)

구분	1997 이전	98	99	00	01	02	03	04	05	06	07	08	합계
현장 공상자	1,192	142	143	138	164	185	218	192	173	205	202	189	3,143
일반 공상자	641	109	77	75	92	95	142	135	118	93	77	148	1,802
합계	1,833	251	220	213	256	280	360	327	291	298	279	337	4,945

(2) 2008년도 순직자 및 공상자 발생현황

1) 순직자는 화재진압에서 6명, 구조에서 1명, 기타에서 2명으로 총 9명인데, 서울특별시 은평구 대조동 나이트클럽 2층 무대부에서 원인미상의 화재가 발생하여 천상으로 연소하면서 건물 일부가 붕괴된 화재였는데, 화재진압 중이던 소방공무원 3명이 순직하였다.
2) 공상자는 화재진압에서 83명, 구조에서 27명, 구급에서 79명, 교육훈련에서 34명, 기타에서 114명으로 총 337명이다.
3) 기타를 제외하고 화재진압에서 가장 많은 순직자와 공상자가 발생한 것으로 나타났다.

표 3-10 2008년도 순직자 및 공상자 발생현황 (단위 : 명)

구분		화재진압	구조	구급	교육훈련	기타	합계
순직자		6	1	–	–	2	9
공상자		83	27	79	34	114	337
합계	인원	89	28	79	34	116	346
	비율(%)	25.7	8.1	22.8	9.8	33.6	100

(3) 최근 5년간 순직자 및 공상자 발생현황

1) 2004년부터 2008년까지 순직자 및 공상자 현황을 조사한 결과, 2008년에 가장 많은 순직자와 공상자가 발생한 것으로 나타났다.
2) 또한 최근 5년간 평균 연간 순직자는 7.2명, 공상자는 306.4명으로 총 313.6명으로 분석되었다.

표 3-11 최근 5년간 순직자 및 공상자 발생현황 (단위 : 명)

구분	'04	'05	'06	'07	'08	합계	평균
순직자	8	6	6	7	9	36	7.2
공상자	327	291	298	279	337	1,532	306.4
합 계	335	297	304	286	346	1,568	313.6

(4) 최근 5년간 업무유형별 순직자 발생현황

1) 순직자는 화재진압에서 17명, 구조에서 4명, 구급에서 2명, 교육훈련에서 1명, 기타에서 12명으로 총 36명이다.
2) 화재진압이 47.2%로서 가장 많은 순직자가 발생한 것으로 나타났다.
3) 화재진압에서 가장 많은 순직자가 발생한 것으로 조사되어 화재진압에서의 안전사고 대책이 강구된다.

표 3-12 최근 5년간 업무유형별 순직자 발생현황 (단위 : 명)

구 분	'04	'05	'06	'07	'08	합계	비율(%)
화재진압	2	2	3	4	6	17	47.2
구 조	1	1	1	–	1	4	11.1
구 급	1	–	1	–	–	2	5.6
교육훈련	1	–	–	–	–	1	2.8
기 타	3	3	1	3	2	12	33.3
합 계	8	6	6	7	9	36	100

(5) 최근 5년간 업무유형별 공상자 발생현황

1) 공상자는 화재진압에서 376명, 구조에서 164명, 구급에서 301명, 교육훈련에서 154명, 기타에서 537명으로 총 1,532명이다.
2) 기타를 제외하고 화재진압이 24.5%로서 가장 많은 공상자가 발생한 것으로 조사되어 화재진압에서의 안전사고 대책이 강구된다.

표 3-13 최근 5년간 업무유형별 공상자 발생현황 (단위 : 명)

구 분	'04	'05	'06	'07	'08	합계	비율(%)
화재진압	74	60	89	70	83	376	24.5
구 조	33	35	37	32	27	164	10.7
구 급	52	44	56	70	79	301	19.6
교육훈련	33	34	23	30	34	154	10.1
기 타	135	118	93	77	114	537	35.1
합 계	327	291	298	279	337	1,532	100

(6) 최근 5년간 순직자 및 공상자 계급별 발생현황

1) 순직자는 소방장이 13명, 공상자는 소방교가 629명으로 가장 많이 발생한 것으로 나타났다.
2) 화재 등 재난현장에서 현장을 지휘하는 간부(소방위 이상)보다는 현장에 직접 투입되는 비간부(소방장 이하)에서 대부분의 순직자 및 공상자 발생한 것으로 나타났다.

표 3-14 최근 5년간 순직자 및 공상자 계급별 발생현황(2003~2007년) (단위 : 명)

구분	소방사	소방교	소방장	소방위	소방경	소방령	소방정	기타	합계
순직자	4	11	13	3	1	–	2	–	34
공상자	408	629	367	73	48	24	1	5	1,555
합계	412	640	380	76	49	24	3	5	1,589

(7) 최근 5년간 순직자 및 공상자 연령별 발생현황

30~40세 미만이 순직자가 18명, 공상자가 855명으로 가장 많이 발생한 것으로 나타났다.

표 3-15 최근 5년간 순직자 및 공상자 연령별 발생현황(2003~2007년) (단위 : 명)

구분	30세 미만	30~40세 미만	40~50세 미만	50세 이상	합계
순직자	1	18	9	6	34
공상자	203	855	383	114	1,555
합계	204	873	392	120	1,589

(8) 최근 5년간 순직자 및 공상자 근무년수 발생현황

1) 10~15년 미만이 순직자 17명, 공상자 501명으로 가장 많이 발생한 것으로 나타났다.
2) 소방공무원으로 10년 이상을 근무하여도 이와 같이 안전사고가 가장 많이 발생하는 것은 소방공무원 직업 특성상의 여러 가지 원인이 있겠지만, 무엇보다도 철저한 안전교육이 필요하다고 판단된다.

표 3-16 최근 5년간 순직자 및 공상자 근무년수 발생현황(2003~2007년) (단위 : 명)

구분	5년 미만	5~10년 미만	10~15년 미만	15~20년 미만	20~25년 미만	25년 이상	합계
순직자	4	2	17	5	2	4	34
공상자	369	358	501	174	93	60	1,555
합계	373	360	518	179	95	64	1,589

(9) 최근 10년 간 순직자 유형별 발생현황

1) 화재현장에서의 매몰이 순직자 16명(30.8%)으로 가장 많이 발생한 것으로 나타났다.
2) 또한 질식과 익사가 각각 8명(15.4%), 추락과 교통사고가 7명(13.5%)으로 발생한 것으로 나타났다.

표 3-17 최근 10년간 순직자 유형별 발생현황(사망원인) (단위 : 명)

구분	화재		구조/구급		교육훈련	합계	비율(%)
	출동/귀소	현장	출동/귀소	현장			
매몰	−	16	−	−	−	16	30.8
질식	−	8	−	−	−	8	15.4
익사	−	−	−	8	−	8	15.4
추락	−	3	−	−	4	7	13.5
교통사고	4	−	3	−	−	7	13.5
심장마비	−	1	−	1	−	2	3.8
소방차미끄러짐	−	2	−	−	−	2	3.8
면체이탈	−	1	−	−	−	1	1.9
화상	−	1	−	−	−	1	1.9
합계	4	32	3	9	4	52	100

3.3.3 서울특별시 소방공무원 공상 및 순직현황 분석

(1) 공상현황분석

2000~2008년까지 서울특별시 소방공무원 공상현황에 대해서 분석하였는데, 전체 공상자는 484명으로 연간 약 54명의 공상자가 발생하였다.

공상유형은 화재 시에 발생할 수 있는 화재출동, 화재현장, 화재귀소로 분류하였고, 그 외에 구조활동, 구급활동, 장비점검, 교육훈련, 체육활동, 일반업무로 분류하여 분석하였다.

1) 화재활동 시 공상현황 분석

① 화재출동 시 공상현황 분석 및 대책

- 화재출동 시 공상자는 실족이 8명, 소방차량 승차 및 하차가 7명, 교통사고가 3명이 발생하여 총 18명으로 분석되었다.
- 전체 비율로 분석해보면 공상자의 전체 484명 중 18명이 발생하여 3.7%의 낮은 비율로 분석되었다.
- 해당 비율로 분석해보면 실족, 소방차량 승차 및 하차의 누적비율이 83.3%로 화재출동 시 공상원인의 대부분을 차지하였다.
- 실족은 화재출동 중 본서 2층 중앙계단에서 넘어져 좌측 무릎부분이 계단모서리에 부딪쳐 다친 경우, 화재출동 시 지휘차의 탑승을 위해 1층 계단으로 내려가

던 중 발을 헛디뎌 우측무릎에 충격을 입고 부상을 당한 경우, 화재현장 출동 중 대기실 문턱에 발을 잘못 짚어 부상을 당한 경우 등으로 너무도 긴박한 순간이라 급한 마음과 성급한 행동으로 안전사고가 발생되는 것이기 때문에 출동 명령에 따른 마음가짐, 소방서 내의 안전한 출동 경로 확보 등의 안전사고 예방을 위한 대책 등이 필요하다.

- 소방차량 승차 및 하차는 화재출동 시 지휘차량에 오를 때 허리를 삐끗하여 다친 경우, 장비 검열 준비 중 화재출동 지령을 듣고 굴절차에서 내려오다가 추락한 경우 등으로 소방차량 승차 및 하차 시 각별한 주의가 요구된다.
- 교통사고는 화재출동 중 사거리에서 지휘차가 좌회전 중 과속 오토바이와 충돌로 인한 부상을 당한 경우, 화재출동 중 차량과의 충돌로 인한 부상을 당한 경우 등으로 위험한 교차로에서는 차량을 안전한 속도로 운행하여야 한다.

표 3-18 화재출동 시 공상현황(2000~2008년) - 서울

공상원인	공상자	해당 비율	전체 비율
실족	8명	44.4%	1.7%
소방차량 승차 및 하차	7명	38.9%	1.4%
교통사고	3명	16.7%	0.6%
합계	18명	100%	3.7%

② 화재현장의 공상현황 분석 및 대책

- 화재현장의 공상자는 구조물 · 장애물이 32명, 천장 · 벽체 · 바닥붕괴에 의한 매몰이 14명, 열 · 유독가스가 14명, 가스폭발에 의한 낙상 · 매몰 · 화상이 11명, 낙하물이 8명, 유리가 7명, 수관이 6명, 겨울철 결빙된 노면이 4명, 허리부상이 2명, 그리고 낙상, 시민에게 밀려 넘어짐, 실족, 협심증이 각각 1명이 발생하여 총 102명으로 분석되었다.
- 전체 비율로 분석해보면 공상자의 전체 484명 중 102명이 발생하여 21.1%의 높은 비율로 분석되었다.
- 해당 비율로 분석해보면 구조물 · 장애물, 천장 · 벽체 · 바닥붕괴에 의한 매몰, 열 · 유독가스, 가스폭발에 의한 낙상 · 매몰 · 화상의 누적비율이 69.6%로 화재현장 공상원인의 대부분을 차지하였다.
- 구조물 · 장애물은 화재진압 중 장애물에 걸려 넘어지거나 부딪쳐 부상을 당한

경우 등으로 화재현장에서는 주변 환경에 더욱 집중하여 행동을 하여야 한다.

- 천장 · 벽체 · 바닥붕괴에 의한 매몰은 화재현장에서 2층 벽체가 넘어져 부상을 당한 경우 등으로 붕괴가 우려되는 건물로의 내부 진입 시 통제를 철저히 하여야 한다.
- 열 · 유독가스는 화재진압 중 유독가스를 흡입하여 부상을 당하는 경우, 화재현장에서 옥내진입 중 농연을 동반한 열기의 흡입으로 부상을 당한 경우, 잔화정리 중 탈진하여 탈출도중 공기호흡기 소진으로 약 1분간 유독가스를 흡입하여 부상을 당한 경우 등으로 화재진압을 하기 위해서 이동 할 때는 자세를 반드시 낮추고, 항상 퇴로를 확보하여야 하며, 화재실내부에 대원이 있을 때에는 외부에서 방수를 하지 않아야 한다.
- 가스폭발에 의한 낙상 · 매몰 · 화상은 화재진압 중 LPG 용기 폭발로 가건물이 붕괴 · 매몰로 인한 부상이나 화상을 당한 경우 등으로 화재현장지휘자의 정확한 현장상황 판단과 명령에 따라서 행동하여야 한다.
- 낙하물은 화재현장에서 낙하물에 의해 좌수 골절을 당한 경우, 펌프차 작동 중 낙하물에 머리를 맞아 충격으로 넘어져 부상을 당한 경우, 잔화정리 중 기와가

표 3-19 화재현장의 공상현황(2000~2008년) – 서울

공상원인	공상자	해당 비율	전체 비율
구조물 · 장애물	32명	31.4%	6.6%
천장 · 벽체 · 바닥붕괴에 의한 매몰	14명	13.7%	2.9%
열 · 유독가스	14명	13.7%	2.9%
가스폭발에 의한 낙상 · 매몰 · 화상	11명	10.8%	2.3%
낙하물	8명	7.8%	1.7%
유리	7명	6.9%	1.4%
수관	6명	5.9%	1.2%
겨울철 결빙된 노면	4명	3.9%	0.8%
허리부상	2명	2.0%	0.4%
낙상	1명	1.0%	0.2%
시민에게 밀려 넘어짐	1명	1.0%	0.2%
실족	1명	1.0%	0.2%
협심증	1명	1.0%	0.2%
합계	102명	100%	21.1%

대원에게 낙하하여 부상을 당한 경우 등으로 화재건물의 주변에서는 낙하물과 그 비산범위 등을 예측하여 행동에 주의를 하여야 한다.

- 유리는 화재진압 중 요구조자를 구조하기 위하여 탁자를 딛고 나가려다 탁자가 부서지면서 유리에 찔려 부상을 당한 경우, 화재현장에서 공기호흡기 교체 중 유리조각을 밟아 부상을 당한 경우 등으로 화재현장에서는 유리파편을 완전히 제거한 후 화재진압을 하여야 한다.
- 수관은 화재현장에서 화재현장 지원활동 중 수관연장과정에서 수관카프링이 튀어 입 부근에 부딪혀서 부상을 당한 부상, 수관에 걸려 넘어져 부상을 당한 경우 등으로 화재현장에서는 수관과정작업에 있어서 특별한 주의가 요구된다.
- 허리부상은 화재진압 중 염화칼슘을 빙판에 뿌리던 중 허리부상을 당하거나 뒤로 넘어져서 허리부상을 당한 경우 등으로 화재현장에서는 신중하게 행동하여야 한다.

③ 화재귀소 시 공상현황 분석 및 대책

- 화재귀소 시 공상자는 소방차량 승차 및 하차가 8명, 실족이 2명, 그리고 교통사고가 1명이 발생하여 총 9명으로 분석되었다.
- 전체 비율로 분석해보면 공상자의 전체 484명 중 9명이 발생하여 1.9%의 낮은 비율로 분석되었다.
- 해당 비율로 분석해보면 소방차량 승차 및 하차가 66.7%로 화재귀소 시 공상원인의 대부분을 차지하였다.
- 소방차량에서 승차 및 하차는 화재귀소 후 차고에서 하차 중 발을 헛디뎌 부상을 당한 경우, 실족은 화재귀소하여 차고 내에서 하차하다가 우측발목이 꺾이면서 골절되는 부상을 당한 경우 등으로 소방활동은 출동에서 귀서까지 안전관리에 있어서 대원의 안전이 최우선으로 화재귀서 단계까지 긴장감을 늦추지 않아야 한다.

표 3-20 화재귀소 시 공상현황(2000~2008년) - 서울

공상원인	공상자	해당 비율	전체 비율
소방차량에서 승차 및 하차	6명	66.7%	1.2%
실족	2명	22.2%	0.4%
교통사고	1명	11.1%	0.2%
합계	9명	100%	1.9%

2) 구조활동 시 공상현황 분석 및 대책

① 구조활동 시 공상자는 탄저균 의심이 12명, 장애물이 11명, 구조장비 사용이 7명, 낙하물이 6명, 허리부상이 6명, 동물에게 손가락을 물림이 3명, 구조차량에서 승차 및 하차가 2명, 골절이 2명, 그리고 구조출동 시 미끄럼봉 하강, 연기흡입, 범인의 칼, 헬기 투입, 화상, 실족이 각각 1명이 발생하여 총 55명으로 분석되었다.

② 전체 비율로 분석해보면 공상자의 전체 484명 중 55명이 발생하여 11.4%의 비율로 분석되었다.

③ 해당 비율로 분석해보면 탄저균 의심, 장애물, 구조장비 사용, 낙하물, 허리부상의 누적비율이 76.3%로 구조활동 시 공상원인의 대부분을 차지하였다.

④ 탄저균 의심은 러시아 대사관에서 우편물의 백색가루 이송조치 후 탄저균 의심으로 치료를 받은 경우이다.

⑤ 장애물은 옥내에 진입해서 인명검색 후 내려오다 계단참 장애물에 걸려 넘어져 부상을 당하는 경우, 시건개방 출동 중 현장진입과정에서 출입문과 벽사이의 돌출부분에 얼굴을 부딪쳐 부상을 당하는 경우, 구조활동 중 천장에서 등이 깨지면서 손을 다친 경우 등으로 인명검색 및 구조활동 시 모든 감각을 동원하여 낮은 자세를 유지하면서 조심스럽게 이동하여야 한다.

⑥ 구조장비 사용은 시건개방 출동 중 복식사다리가 넘어지면서 부상을 당하는 경우, 유압스프레다 작업 중 어깨를 다친 경우, 교통사고 현장에서 요구조자의 구조작업 중 유압스프레다에 오른쪽 엄지손가락 말단 부분이 끼여 다친 경우 등으로 유압스프레다 사용 전에 충분한 사용법 숙지 등의 대책이 요구된다.

⑦ 낙하물은 구조작업 도중에 낙하물에 우측어깨 부위와 상박근 부위에 타박상 및 찰과상을 당한 경우 등으로 안전평가 후에 구조작업을 위한 현장으로 진입을 하여야 한다.

⑧ 허리부상은 전복된 승용차의 안전조치를 위해 유압전개기 사용 시 승용차 문짝 제거 중 유압전개기에서 흘러내린 유압유에 미끄러져 허리를 다친 경우, 구조작업 중 유압구조장비 작동 중 허리를 다친 경우, 환자를 들것으로 옮기던 중 허리를 다친 경우 등으로 유류 등의 미끄럼방지를 위해서 모래 등을 뿌리고 구조작업을 실시한다.

⑨ 구조차량에서 승차 및 하차는 구조출동 종료 후 귀소하여 펌프차량에서 하차 중 오른쪽 발목인대가 파열된 경우 등으로 구조를 마친 이후에 긴장감이 다소 완화되어 안일한 마음가짐이 안전사고로 이어지므로 귀서까지 구조활동으로 항상 긴장을

늦추지 말아야 한다.

표 3-21 구조활동 시 공상현황(2000~2008년) - 서울

공상원인	공상자	해당 비율	전체 비율
탄저균 의심	12명	21.8%	2.5%
장애물	11명	20.0%	2.3%
구조장비 사용	7명	12.7%	1.4%
낙하물	6명	10.9%	1.2%
허리부상	6명	10.9%	1.2%
동물에게 손가락을 물림	3명	5.5%	0.6%
구조차량에서 승차 및 하차	2명	3.6%	0.4%
골절	2명	3.6%	0.4%
구조출동 시 미끄럼봉 하강	1명	1.8%	0.2%
연기흡입	1명	1.8%	0.2%
범인의 칼에 의한 부상	1명	1.8%	0.2%
헬기 투입 중 부상	1명	1.8%	0.2%
화상	1명	1.8%	0.2%
실족	1명	1.8%	0.2%
합계	55명	100%	11.4%

3) 구급활동 시 공상현황 분석 및 대책

① 구급활동 시 공상자는 환자 이송 중 허리부상이 30명, 환자 이송이 26명, 구급출동 중 교통사고가 18명, 타 차량에 의한 교통사고가 12명, 구급활동 도중이 10명, 구급귀소 중 교통사고가 4명, 시민에게 폭행당함이 4명, 구급차량에서 승차 및 하차가 3명, 환자에게 폭행당함이 2명, 그리고 협심증이 1명이 발생하여 총 110명으로 분석되었다.

② 전체 비율로 분석해보면 공상자의 전체 484명 중 110명이 발생하여 22.7%의 높은 비율로 분석되었다.

③ 해당 비율로 분석해보면 환자 이송 중 허리부상, 환자 이송, 구급출동 중 교통사고, 타 차량에 의한 교통사고, 구급활동 도중의 누적비율이 87.3%로 구급활동 시 공상원인의 대부분을 차지하였다.

④ 환자 이송 중 허리부상은 구급활동으로 환자를 들것으로 이송 중 허리를 다친 경

우, 노환으로 거동이 불편한 환자 이송 중 허리를 다친 경우, 환자를 들것으로 이송 중 계단에서 발을 헛디뎌 허리를 다친 경우이고, 환자 이송은 응급환자를 차량으로 이송하면서 또는 병원 응급실로 내리던 중 부상을 당한 경우 등으로 응급환자 이송 시 신중히 행동하여야 한다.

⑤ 구급출동 중 교통사고는 신호위반 차량과 충돌하면서 부상을 당한 경우, 교차로에서 직진 중 다른 방향으로 진행하던 차량과 충돌하여 부상을 당한 경우, 지하차도에서 역주행을 하던 승용차와 정면충돌하여 부상을 당한 경우, 타 차량이 갑자기 급차선으로 변경하여 부상을 당한 경우, 택배차량과 충돌하여 부상을 당한 경우, 중앙선을 침범한 차량과 충돌하여 부상을 당한 경우, 버스와 측면 충돌하여 부상을 당한 경우 등으로 교차점을 통과 할 때에는 확성기(사이렌) 등을 활용하여 신중히 통과한다.

⑥ 타 차량에 의한 교통사고는 교통사고 현장에 출동하여 환자 이송 준비 중 타 차량이 구급차 후미를 충돌하면서 부상을 당한 경우, 환자이송 중 시내버스가 구급차의 뒤쪽을 충돌하여 부상을 당한 경우, 뒤 따르던 1톤 트럭이 후미를 충돌하여 부상을 당한 경우 등으로 탑승자 전원은 안전벨트를 착용하여야 한다.

⑦ 구급활동 도중은 환자를 들것으로 이송 중 경사로에서 무릎부분에 통증이 온 경우, 환자 이송 중 오른쪽 약지가 뒤로 젖혀진 경우, 계단을 오르던 중 넘어져 제5중수솔 기저부 분쇄골절을 당한 경우, 환자를 들것에 실고 이송 중 들것 바퀴에 좌측

표 3-22 구급활동 시 공상현황(2000~2008년) – 서울

공상원인	공상자	해당 비율	전체 비율
환자 이송 중 허리부상	30명	27.3%	6.2%
환자 이송	26명	23.6%	5.4%
구급출동 중 교통사고	18명	16.4%	3.7%
타 차량에 의한 교통사고	12명	10.9%	2.5%
구급활동 도중	10명	9.1%	2.1%
구급귀소 중 교통사고	4명	3.6%	0.8%
시민에게 폭행당함	4명	3.6%	0.8%
구급차량에서 승차 및 하차	3명	2.7%	0.6%
환자에게 폭행당함	2명	1.8%	0.4%
협심증	1명	0.9%	0.2%
합계	110명	100%	22.7%

발이 깔려 제2족지가 골절된 경우, 들것으로 환자 이송 중 벽에 부딪혀 부상을 당한 경우 등으로 들것 이송에 대한 철저한 훈련이 요구된다.

⑧ 구급귀소 중 교통사고는 부상자 1명을 이송 후 귀소 중 승용차 및 택시 2대와 연쇄적으로 출동하여 부상을 당한 경우, 구급지리조사 후 오토바이를 타고 귀소 중 가로수에 충돌하여 부상을 당한 경우 등으로 차량 등으로 교통 확인이 나쁠 때에는 차선을 따라서 안전하게 통행하여야 한다.

⑨ 협심증은 야간에 잦은 구급업무수행으로 인해 발생한 협심증이다.

⑩ 환자, 시민, 보호자 폭행에 대해서 음주여부를 파악하고 마음의 준비를 통해서 시비에 휘말리지 않도록 하여야 하고, 구급대원의 신변을 보호할 수 있는 법제도적인 대처방법이 필요하다.

4) 장비점검 시 공상현황 분석 및 대책

① 장비점검 시의 공상자는 허리부상이 12명, 차량점검이 9명, 절단기가 3명, 화상이 3명, 시설물 탈착이 2명, 그리고 공기호흡기 점검, 카메라조명 수리, 교통사고, 소화전 점검, 수중펌프 낙하, 드럼통에 손가락이 낌이 각각 1명이 발생하여 37명으로 분석되었다.

② 전체 비율로 분석해보면 공상자의 전체 484명 중 37명이 발생하여 7.7%의 낮은 비율로 분석되었다.

③ 해당 비율로 분석해보면 허리부상, 차량점검의 누적비율이 56.7%로 장비점검 시 공상원인의 대부분을 차지하였다.

④ 허리부상은 해빙기 일제 소방용수시설조사 중 소화전을 들어 올리던 중 허리를 다친 경우, UPS 고장수리 중 밧데리를 들고 이동 중 허리를 다친 경우, 공기호흡기 점검 후 세척 시 양동이 물을 버리다 허리를 다친 경우, 장비검열 수검종료 후 펌프차에 이동용 조명등발전기를 재적 중 허리를 다친 경우 등으로 무거운 장비를 취급할 시 사전에 준비운동 등의 대책이 필요하다.

⑤ 차량점검은 작키 사용 중에 부상을 당한 경우, 카메라 조명 수리 중 바닥에 미끄러지면서 독크 하단에 안면부위 부상을 당한 경우, 소방차량 정비용 이동수레 타이어의 공기충압 중 타이어 파손으로 인한 부속파편이 오른손에 강타하면서 부상을 당한 경우, 차량에 물 보수 시 차량이동으로 수관에 끼이면서 늑골이 골절된 경우 등으로 차량점검 시 위험요소를 세부적으로 파악하여야 한다.

⑥ 절단기는 구조장비의 개발관계로 공기호흡기 분해조립 중 다용도 칼에 부상을 당

한 경우, 장비검열준비 중 절단기의 날을 핸드그라인더로 갈던 중 쇠브러쉬가 안구공막에 박혀 부상을 당한 경우, 동력절단기 날이 파손되어 우측발등에 떨어지면서 부상을 당한 경우, 시건개방장비공구함의 개조작업 중 핸드그라인더 날에 부상을 당한 경우 등으로 절단기 사용방법에 대해서 철저히 숙지한다.

⑦ 화상은 빈드럼통을 동력절단기로의 절단작업 중 드럼통 내부의 유증기폭발로 인해 부상을 당한 경우 등으로 유증기폭발 여부 등을 확인하여 작업을 하여야 한다.

⑧ 시설물 탈착은 수중펌프가 우측발목으로 떨어져 부상을 당한 경우, 공작차의 에어매트 송풍기가 떨어지면서 얼굴을 다친 경우 등으로 장비를 단단히 고정시켜야 한다.

표 3-23 장비점검 시 공상현황(2000~2008년) – 서울

공상원인	공상자	해당 비율	전체 비율
허리부상	12명	32.4%	2.5%
차량점검	9명	24.3%	1.9%
절단기	3명	8.1%	0.6%
화상	3명	8.1%	0.6%
시설물 탈착	2명	5.4%	0.4%
공기호흡기 점검	1명	2.7%	0.2%
카메라조명 수리	1명	2.7%	0.2%
교통사고	1명	2.7%	0.2%
소화전 점검	1명	2.7%	0.2%
수중펌프 낙하	1명	2.7%	0.2%
드럼통에 손가락이 낌	1명	2.7%	0.2%
실족	1명	2.7%	0.2%
낙상	1명	2.7%	0.2%
합계	37명	100%	7.7%

5) 교육훈련 시 공상현황 분석 및 대책

① 교육훈련 시의 공상자는 낙상이 11명, 실족이 8명, 허리부상이 6명, 수관이 2명, 그리고 스킨스쿠버교육, 청각장애, 소방호스에 손가락이 낌, 교통사고, 낙하물, 화상, 어깨통증, 문틈에 손가락이 낌이 각각 1명이 발생하여 총 35명으로 분석되었다.

② 전체 비율로 분석해보면 공상자의 전체 484명 중 35명이 발생하여 7.2%의 낮은 비율로 분석되었다.

③ 해당 비율로 분석해보면 낙상, 실족, 허리부상의 누적비율이 71.4%로 교육훈련 시 공상원인의 대부분을 차지하였다.

④ 낙상은 신임교육 중 훈련탑 4층에서 미끄럼봉을 이용한 하강훈련 중 1층과 2층 사이에서 추락한 경우, 고층건물 인명구조훈련 중 핸드록 핀이 돌면서 잡은 손이 미끄러져 추락한 경우, 소방학교 4층 훈련탑에서 미끄럼봉을 타고 내려오는 훈련 중 추락한 경우 등으로 미끄럼봉을 이용한 훈련에 철저한 주의가 요구된다.

⑤ 실족은 야간 불시훈련 중 굴절차 탑승대에서 미끄러지면서 부상을 당한 경우, 소방학교 4층 훈련탑에서 미끄럼봉을 타고 내려오는 훈련 중 착지 시 미끄러져 중심을 잃고 매트리스 사이에 빠져 부상을 당한 경우, 옥상에서 로프하강훈련 중 착지할 때 미끄러져 다친 경우 등으로 하강로프마다 안전요원을 배치하여야 하는데, 특히 지면의 안전요원은 2명 이상을 배치하여야 한다.

⑥ 허리부상은 화재진압기술훈련 중 계단을 오르내리다가 공기호흡기 충격으로 허리를 다친 경우, 에어매트 전개 훈련 중 허리가 삐끗하여 다친 경우 등으로 사용 장비의 무게를 고려하여 훈련에 임해야 한다.

표 3-24 교육훈련 시 공상현황(2000~2008년) - 서울

공상원인	공상자	해당 비율	전체 비율
낙상	11명	31.4%	2.3%
실족	8명	22.9%	1.7%
허리부상	6명	17.1%	1.2%
수관	2명	5.7%	0.4%
스킨스쿠버교육	1명	2.9%	0.2%
청각장애	1명	2.9%	0.2%
소방호스에 손가락이 낌	1명	2.9%	0.2%
교통사고	1명	2.9%	0.2%
낙하물	1명	2.9%	0.2%
화상	1명	2.9%	0.2%
어깨통증	1명	2.9%	0.2%
문틈에 손가락이 낌	1명	2.9%	0.2%
합계	35명	100%	7.2%

⑦ 수관은 방수시범을 보이는 중 수관연결 부위의 파열로 강한 압력의 물이 가슴을 때려 다친 경우 등으로 수관의 철저한 점검을 하여 수관연결을 하여야 한다.

⑧ 어깨통증은 구조훈련 중 구조대원의 로프안전근무자로 근무하던 중 과도한 힘을 어깨관절에 받아 통증을 느낀 경우 등으로 안전근무자의 신체 상태를 세심히 파악하여 피로도를 완화시켜야 한다.

6) 체육활동 시 공상현황 분석 및 대책

① 체육활동 시의 공상자는 족구가 11명, 달리기 · 제자리멀리뛰기가 7명, 축구가 6명, 체력단련이 5명, 줄넘기 · 줄다리기가 4명, 배드민턴이 2명, 그리고 배구가 1명이 발생하여 총 36명으로 분석되었다.

② 전체 비율로 분석해보면 공상자의 전체 484명 중 36명이 발생하여 7.4%의 낮은 비율로 분석되었다.

③ 해당 비율로 분석해보면 체육활동 시 공상원인으로 족구가 30.6%로 가장 많이 차지하였다.

④ 족구는 오른발이 네트에 걸려 왼쪽 상체가 떨어져 호흡이 곤란한 경우, 왼쪽발목을 다치는 경우, 왼쪽 무릎을 다쳤으나 경미하게 생각하였으나 악화된 경우, 발을 헛디뎌 넘어져 다친 경우, 공이 담장을 넘어가자 공을 줍고, 수돗가 난간에서 뛰어내리다가 바지가 봉걸레에 걸려 넘어져 다친 경우, 뒤쪽으로 이동하기 넘어져서 다친 경우 등이다.

⑤ 달리기 · 제자리멀리뛰기는 체력검정 시 50m 달리기에서 넘어져 부상을 당한 경우, 제자리멀리뛰기 시 불안전한 착지로 부상을 당한 경우 등이다.

⑥ 축구는 상대편과 충돌로 부상을 당한 경우, 미니축구 중 우족관절 분쇄골절 부상을 당한 경우 등이다.

⑦ 체력단련은 왼쪽다리에 부상을 당한 경우, 무릎이 비틀리면서 다친 경우 등이다.

⑧ 줄넘기 · 줄다리기는 의용소방대 체력검정 및 체육대회에 참석하여 단체 줄넘기 시 부상을 당한 경우, 줄다리기 중 로프가 끊어져 우측손이 강타한 경우 및 뒤로 넘어지면서 앞 직원의 엉덩이에 우측무릎이 눌려서 부상을 당한 경우 등이다.

⑨ 배드민턴은 넘어오는 배드민턴공을 받아 넘기려가 같은 팀 직원 라켓에 눈 주위를 맞아 다친 경우, 공을 받다 넘어져 배드민턴장 방음재 몰딩부분에 왼손손바닥이 부딪혀 인대와 신경이 끊기는 부상을 당한 경우 등이다.

⑩ 배구는 인대파열 부상을 당한 경우 등이다.

⑪ 체육활동 시에 과도한 승부욕의 자제와 사전에 충분한 준비운동을 실시하고, 체력단련을 무리하게 하지 않는다.

표 3-25 체육활동 시 공상현황(2000~2008년) - 서울

공상원인	공상자	해당 비율	전체 비율
족구	11명	30.6%	2.3%
달리기 · 제자리멀리뛰기	7명	19.4%	1.4%
축구	6명	16.7%	1.2%
체력단련	5명	13.9%	1.0%
줄넘기 · 줄다리기	4명	11.1%	0.8%
배드민턴	2명	5.6%	0.4%
배구	1명	2.8%	0.2%
합계	36명	100%	7.4%

7) 일반업무 시 공상현황 분석 및 대책

① 일반업무 시의 공상자는 출퇴근 중 교통사고가 20명, 실족이 20명, 교통사고가 13명, 허리부상이 10명, 통증 · 마비 증세가 7명, 과로가 5명, 손가락 골절이 2명, 무릎골절이 2명, 그리고 톱날, 안구손상, 낙상이 각각 1명이 발생하여 총 82명으로 분석되었다.

② 전체 비율로 분석해보면 공상자의 전체 484명 중 82명이 발생하여 16.9%의 비율로 분석되었다.

③ 해당 비율로 분석해보면 출퇴근 중 교통사고, 실족, 교통사고, 허리부상의 누적비율이 76.9%로 일반업무 시 공상원인의 대부분을 차지하였다.

④ 출퇴근 중 교통사고는 자전거로 출근 중 인도에서 미상의 오토바이에 부딪혀 넘어지면서 다친 경우, 자전거로 퇴근 중 넘어지면서 무릎을 다친 경우, 오토바이로 출근 중 승용차와 교통사고로 다친 경우 등으로 출퇴근 시에 대중교통을 이용한다.

⑤ 실족은 교육과정 등교차 숙소를 나서 계단을 내려오다가 굴러 떨어져 다친 경우, 추레라 입고작업 중 미끄러지면서 다친 경우, 수관걸이에서 내려오다 발을 헛디뎌 미끄러지면서 다친 경우, 문서수발 후 귀소하여 차고에서 하차 중 차량정비도크로 미끄러지면서 다친 경우 등으로 위급한 화재현장이 아닌 평상 시 활동에도 주의하여야 한다.

⑥ 교통사고는 공무업무로 행정차량으로 이동하다가 신호대기 중 승합차량이 뒤에서 충돌하여 다친 경우, 오토바이 순찰 중 신호위반 승용차가 측면로에 충돌하여 다친 경우, 기동순찰 중 중앙선을 침범한 시내버스와 충돌하여 다친 경우, 교육입교 중 빗길에서 좌회전 할 때 상대차량과 충돌하여 다친 경우 등으로 일반업무를 위한 운전 시에도 주의가 요구된다.

⑦ 허리부상은 당직자로서 철제신호등 처리 중 허리를 다친 경우, 의자에 올라 책장의 문서를 옮기는 도중 중심을 잃고 직하추락하여 허리를 다친 경우, 고가차량에서 하차 도중 허리를 다친 경우 등으로 주의가 요구된다.

⑧ 통증 · 마비 증세는 업무 중 사무실에서 심한 두통으로 사무실에서 쓰러진 경우, 사무실 근무 중 두통과 좌반신 마비증세로 병원에 이송하여 치료한 경우, 출동대기근무 중 심한 통증으로 이송된 경우, 과로는 사무실 근무 중 과로로 인한 두통 및 구토증세로 이송된 경우, 청사내외 순찰근무 종료 후 사무실에서 근무일지를 쓰고 일어나다 쓰러져 병원으로 이송된 경우 등으로 일정한 주기로 종합건강검진을 실시하여야 한다.

⑨ 손가락 골절은 불법주차된 차량이 뒤로 밀리는 것을 두 손으로 저지하던 중 오른손이 뒤로 꺾여 골절되어 다친 경우 등으로 주의가 요구된다.

표 3-26 일반업무 시 공상현황(2000~2008년) – 서울

공상원인	공상자	해당 비율	전체 비율
출퇴근 중 교통사고	20명	24.4%	4.1%
실족	20명	24.4%	4.1%
교통사고	13명	15.9%	2.7%
허리부상	10명	12.2%	2.1%
통증 · 마비 증세	7명	8.5%	1.4%
과로	5명	6.1%	1.0%
손가락 골절	2명	2.4%	0.4%
무릎골절	2명	2.4%	0.4%
톱날	1명	1.2%	0.2%
안구손상	1명	1.2%	0.2%
낙상	1명	1.2%	0.2%
합계	82명	100%	16.9

8) 공상현황 전체 결과

① 서울특별시 소방공무원의 공상원인별 공상자 및 비율은 화재출동이 18명(3.7%), 화재현장이 102명(21.1%), 화재귀소가 9명(1.9%), 구조활동이 55명(11.4%), 구급활동이 110명(22.7%), 장비점검이 37명(7.7%), 교육훈련이 35명(7.2%), 체육활동이 36명(7.4%), 일반업무가 82명(16.9%)로 분석되었다.

② 따라서 화재활동(화재출동 · 화재현장 · 화재귀소) 시 공상자의 비율이 129명(26.7%)으로 가장 많이 차지하였고, 다음으로 구급활동이 110명(22.7%)으로 차지하였다. 따라서 소방공무원의 본연업무인 화재활동 및 구급활동에서 공상자가 가장 많이 발생하여 이에 대한 안전관리 대책이 시급한 것으로 분석되었다.

표 3-27 전체 공상유형(2000~2008년) - 서울

공상원인	화재출동	화재현장	화재귀소	구조활동	구급활동	장비점검	교육훈련	체육활동	일반업무	총계
공상자	18명	102명	9명	55명	110명	37명	35명	36명	82명	484명
비율	3.7%	21.1%	1.9%	11.4%	22.7%	7.7%	7.2%	7.4%	16.9%	100%

(2) 순직현황분석

서울특별시 소방공무원 순직자는 1946~2008년까지 79명이 발생하였다.
순직유형은 화재활동, 구조 · 구급활동, 일반업무, 기타 등으로 분류하여 분석하였다.

1) 화재활동 시 순직현황 분석

① 화재활동 시 순직자는 화재출동 중 교통사고가 8명, 건물 · 담장붕괴가 7명, 화재진압이 6명, 공기호흡기가 3명, 화재현장 소방차량이 3명, 낙하물이 3명이 발생하여 총 30명으로 분석되었다.

② 전체 비율로 분석해보면 순직자의 전체 79명 중 30명이 발생하여 38%의 높은 비율로 분석되었다.

③ 해당 비율로 분석해보면 화재출동 중 교통사고, 건물 · 담장붕괴, 화재진압의 누적비율이 70%로 화재활동 시 공상원인의 대부분을 차지하였다.

④ 교통사고는 화재출동 시 운전 중 차량사고 및 차량전복으로 순직한 경우, 방화순찰 근무 중 교통사고로 순직한 경우, 입초근무 중 차량사고로 순직한 경우 등으로

위험한 교차로에서는 차량을 안전한 속도로 운행하여야 한다.

⑤ 건물 · 담장붕괴는 화재현장에서 발화건물 및 담장붕괴로 순직한 경우 등으로 붕괴가 우려되는 건물로의 내부 진입 시 통제를 철저히 하여야 한다.

표 3-28 화재활동 시 순직현황(1946~2008년) - 서울

순직원인	순직자	해당 비율	전체 비율
교통사고	8명	26.7%	10.1%
건물 · 담장붕괴	7명	23.3%	8.9%
화재진압	6명	20.0%	7.6%
공기호흡기	3명	10.0%	3.8%
화재현장 소방차량	3명	10.0%	3.8%
낙하물	3명	10.0%	3.8%
합계	30명	100%	38%

2) 구조 · 구급활동 시 순직현황 분석

① 구조 · 구급활동 시 순직자는 구급귀소 중 교통사고가 8명, 인명구조 중 건물붕괴 1명, 하천 인명구조가 1명이 발생하여 총 10명으로 분석되었다.

② 전체 비율로 분석해보면 순직자의 전체 79명 중 10명이 발생하여 12.6%의 비율로 분석되었다.

③ 해당 비율로 분석해보면 구조 · 구급활동 시 순직 원인으로 구급귀소 중 교통사고가 80%로 가장 많이 차지하였다.

④ 구급귀소 중 교통사고는 차량 충돌사고로 순직한 경우 등으로 교차점을 통과할 때에는 확성기(사이렌) 등을 활용하여 신중히 통과한다.

표 3-29 구조 · 구급활동 시 순직현황(1946~2008년) - 서울

순직원인	순직자	해당 비율	전체 비율
구급귀소 중 교통사고	8명	80.0%	10.1%
인명구조 중 건물붕괴	1명	10.0%	1.3%
하천 인명구조	1명	10.0%	1.3%
합계	10명	100%	12.6%

3) 일반업무 시 순직현황 분석

① 일반업무 시의 순직자는 과로가 22명, 교통사고가 4명, 추락이 1명이 발생하여 총 27명으로 분석되었다.

② 전체 비율로 분석해보면 순직자의 전체 79명 중 27명이 발생하여 34.2%의 높은 비율로 분석되었다.

③ 해당 비율로 분석해보면 일반업무 시 순직원인으로 과로가 81.5%로 가장 많이 차지하였다.

④ 과로는 방화 순찰 근무 중 업무상 과로, 소방훈련 중 업무상 과로, 비상근무 중 업무상 과로 등으로 순직한 경우 등으로 소방공무원의 인원 확충 등의 대책이 필요하다.

표 3-30 일반업무 시 순직현황(1946~2008년) - 서울

순직원인	순직자	해당 비율	전체 비율
과로	22명	81.5%	27.8%
교통사고	4명	14.8%	5.1%
추락	1명	3.7%	1.3%
합계	27명	100%	34.2%

4) 기타 순직현황 분석

① 기타 순직자는 간암 · 뇌출혈 · 심장마비가 7명, 퇴근 중 교통사고가 2명, 체육활동 중 과로가 1명, 교육 훈련 중 추락이 1명, 살해가 1명이 발생하여 총 12명으로 분석되었다.

② 전체 비율로 분석해보면 순직자의 전체 79명 중 12명이 발생하여 15.2%의 비율로 분석되었다.

표 3-31 기타 순직현황(1946~2008년) - 서울

순직원인	순직자	해당 비율	전체 비율
간암 · 뇌출혈 · 심장마비	7명	58.3%	8.9%
퇴근 중 교통사고	2명	16.7%	2.5%
체육활동 중 과로	1명	8.3%	1.3%
교육훈련 중 추락	1명	8.3%	1.3%
살해	1명	8.3%	1.3%
합계	12명	100%	15.2%

③ 해당 비율로 분석해보면 기타 순직원인으로 간암 · 뇌출혈 · 심장마비가 58.3%로 가장 많이 차지하였다.

5) 순직현황 전체 결과

① 서울특별시 소방공무원의 순직 원인별 순직자 및 비율은 화재 활동이 30명(38%), 구조 · 구급활동이 10명(12.6%), 일반업무가 27명(34.2%), 기타가 12명(15.2)로 분석되었다.

② 따라서 화재활동 시 순직자 및 비율이 30명(38%)으로 가장 많이 차지하였고, 다음으로 일반업무가 27명(34.2%)으로 차지하였다. 따라서 소방공무원의 본연업무인 화재활동에서 순직자가 가장 많이 발생하여 이에 대한 안전관리 대책이 시급한 것으로 분석되었다.

표 3-32 전체 순직유형(1946~2008년) – 서울

순직유형	화재활동	구조 · 구급활동	일반업무	기타	총계
순직자	30명	10명	27명	12명	79명
비율	38%	12.6%	34.2%	15.2%	100%

③ 순직자 연도별 현황이 다음과 같다.

표 3-33 순직자 연도별 현황

연도 / 인원	84 이전	85	87	88	90	92	93	94	95	96	97	98	99	00	01	02	03	04	05	06	07	08	합계
계	25	2	1	4	2	1	2	4	1	1	2	5	4	5	7	1	4	2	1	2	0	3	79

3.3.4 경기도 소방공무원 공상 및 순직현황 분석

(1) 공상현황분석

2000~2009년까지 경기도 소방공무원 공상 현황에 대해서 분석하였는데, 전체 공상자는 558명으로 연간 약 56명의 공상자가 발생하였다.

공상유형은 화재 시에 발생할 수 있는 화재출동, 화재현장, 화재귀소로 분류하였고, 그 외에 구조활동, 구급활동, 장비점검, 교육훈련, 체육활동, 일반업무로 분류하여 분석하였다.

1) 화재활동 시 공상현황 분석

① 화재출동 시 공상현황 분석

- 화재출동 시 공상자는 실족이 13명, 교통사고가 3명이 발생하여 총 16명으로 분석되었다.
- 전체 비율로 분석해보면 공상자의 전체 558명 중 16명이 발생하여 2.9%의 낮은 비율로 분석되었다.
- 해당 비율로 분석해보면 화재출동 시 공상원인으로 실족이 81.3%로 가장 많이 차지하였다.
- 실족은 화재 출동시 계단에서 미끄러져 넘어지면서 다리골절 부상을 당한 경우, 화재현장 교대차 출동하려던 중 넘어져 다친 경우, 화재진압 위해서 차량 탑승 중 미끄러져 다친 경우 등으로 출동 명령에 따른 마음가짐, 소방서 내의 안전한 출동 경로 확보 등의 안전사고 예방을 위한 대책 등이 필요하다.
- 교통사고는 교차로에서 승합차와 충돌하여 다친 경우 등으로 교차로에서는 차량을 안전한 속도로 운행하여야 한다.

표 3-34 화재출동 시 공상현황(2000~2009년) - 경기도

공상원인	공상자	해당 비율	전체 비율
실족	13명	81.3%	2.3%
교통사고	3명	18.8%	0.5%
합계	16명	100%	2.9%

② 화재 현장에서의 공상현황 분석

- 화재현장의 공상자는 열 · 유독가스가 35명, 낙상이 31명, 실족이 21명, 가스폭발에 의한 낙상 · 매몰 · 화상이 18명, 구조물 · 장애물이 11명, 천장 · 벽체 · 바닥 붕괴에 의한 매몰이 9명, 허리부상이 9명, 낙하물이 8명, 유리가 8명, 골절이 8명, 수관이 5명이 발생하여 총 163명으로 분석되었다.
- 전체 비율로 분석해보면 공상자의 전체 558명 중 163명이 발생하여 29.2%의 높은 비율로 분석되었다.
- 해당 비율로 분석해보면 열 · 유독가스, 낙상, 실족, 가스폭발에 의한 낙상 · 매몰 · 화상의 누적비율이 64.4%로 화재현장 공상원인의 대부분을 차지하였다.
- 열 · 유독가스는 화재진압 중 좌족부의 심부 열상을 당한 경우, 철판에 의한 열

상을 당한 경우, 고온의 화염에 의하여 얼굴, 손에 화상을 당한 경우, 뜨거운 열기로 양쪽 손에 화상을 당한 경우 등으로 화재진압을 하기 위해서 이동 할 때는 자세를 반드시 낮추고, 열기로 인한 화상에 주의하여야 한다.

- 낙상은 목욕탕 화재진압 중 부상을 당한 경우, 공장화재 진압작업 중 2층에서 1층으로 낙상한 경우, 맨홀로 추락한 경우, 화재현장 도착 후 펌프차에서 내리다가 미끄러져 다리 인대파열의 부상을 당한 경우, 화재진압 중 3m 구덩이에 추락하여 다친 경우 등으로 화재 주변 환경에 대한 철저한 숙지가 요구된다.
- 실족은 화재 현장에서 넘어져 전두부 타박상 및 찰과상, 경추부 염좌를 당한 경우, 화재진압 중 넘어지며 도로경계석에 머리를 부딪쳐 부상을 당한 경우 등으로 반드시 개인 보호장구를 착용하여야 한다.
- 가스 폭발에 의한 낙상 · 매몰 · 화상은 화재진압 중 가스통 화염분출로 인한 안면부 2도 화상을 당한 경우, LPG통 폭발로 얼굴 화상을 당한 경우, 변압기 폭발화재로 인한 화상을 당한 경우 등으로 화재현장 지휘자의 정확한 현장 상황 판단과 명령에 따라서 행동하여야 한다.
- 구조물 · 장애물은 블록에 넘어져 방수모에 치아와 목을 다친 경우, 화재진압 중 목재진열장 붕괴로 부상을 당한 경우, 화재현장에 있는 PVC 파이프를 밟아 중심을 잃고 넘어져 다친 경우, 화재현장 내에 폐기름으로 인해 미끄러져 다친 경우 등으로 화재 현장에서는 주변 환경에 더욱 집중하여 행동을 하여야 한다.
- 천장 · 벽체 · 바닥붕괴에 의한 매몰은 화재진압 중 열에 견디지 못한 블록 외벽이 무너지면서 다친 경우 등으로 붕괴가 우려되는 건물로의 내부 진입 시 통제를 철저히 하여야 한다.
- 허리부상은 건축자재 야적장 화재 진압 도중 허리를 다친 경우 등으로 화재현장에서는 신중하게 행동하여야 한다.
- 낙하물은 타워크레인 붕괴현장에서 철 구조물이 발등에 떨어져 다친 경우, 화재진압 중 천장 함석이 떨어져 머리에 맞아 다친 경우, 천장에서 비닐이 녹아 안면부에 떨어져 화상을 입은 경우 등으로 화재 건물 주변에서는 낙하물과 그 비산범위 등을 예측하여 행동에 주의를 하여야 한다.
- 유리는 화재진압 중 유리창 파편에 의한 흉부를 다친 경우, 발바닥 관통의 부상을 당한 경우, 손가락 부상을 당한 경우, 지상 4m 높이의 창문 유리파편이 떨어지면서 부상을 당한 경우 등으로 화재현장에서는 유리파편을 완전히 제거한 후 화재를 진압하여야 한다.

- 골절은 화재진압 도중에 우측늑골 골절을 당한 경우 등으로 주의가 요구된다.
- 수관은 화재진압 현장 보조활동 중 수관에 걸려 넘어져 무릎 연골이 파열된 경우, 펌프차량에 연결된 수관 커플링과 호스부분이 이탈되면서 부상을 당한 경우 등으로 화재 현장에서는 수관 과정작업에 있어서 특별한 주의가 요구된다.

표 3-35 화재현장에서의 공상현황(2000~2009년) - 경기도

공상원인	공상자	해당 비율	전체 비율
열 · 유독가스	35명	21.5%	6.3%
낙상	31명	19.0%	5.6%
실족	21명	12.9%	3.8%
가스폭발에 의한 낙상 · 매몰 · 화상	18명	11.0%	3.2%
구조물 · 장애물	11명	6.7%	2.0%
천장 · 벽체 · 바닥붕괴에 의한 매몰	9명	5.5%	1.6%
허리부상	9명	5.5%	1.6%
낙하물	8명	4.9%	1.4%
유리	8명	4.9%	1.4%
골절	8명	4.9%	1.4%
수관	5명	3.1%	0.9%
합계	163명	100.%	29.2%

③ 화재귀소 시 공상현황 분석

- 화재귀소 시 공상자는 실족이 2명, 교통사고가 2명이 발생하여 총 4명으로 분석되었다.
- 전체 비율로 분석해보면 공상자의 전체 558명 중 4명이 발생하여 0.7%의 낮은 비율로 분석되었다.
- 실족은 화재 출동 후 귀소하여 현관문에서 발이 접질러 다친 경우, 교통사고는 교차로에서 타 차량과의 충돌로 다친 경우 등으로 소방활동은 출동에서 귀서까지 안전관리에 있어서 대원의 안전이 최우선으로 화재귀소 단계까지 긴장감을 늦추지 않아야 한다.

표 3-36 화재귀소 시 공상현황(2000~2009년) - 경기도

공상원인	공상자	해당 비율	전체 비율
실족	2명	50%	0.35%
교통사고	2명	50%	0.35%
합계	4명	100%	0.7%

2) 구조활동 시 공상현황 분석 및 대책

① 구조활동 시 공상자는 실족이 10명, 허리부상이 9명, 골절이 5명, 연기흡입이 4명, 낙상이 4명, 교통사고가 4명, 동물에게 손가락을 물림이 3명, 장애물이 2명, 낙하물이 2명, 구조출동 시 미끄럼봉 하강 2명, 그리고 구조장비 사용, 화상, 감염이 각각 1명이 발생하여 총 48명으로 분석되었다.

② 전체 비율로 분석해보면 공상자의 전체 558명 중 48명이 발생하여 8.6%의 비율로 분석되었다.

③ 해당 비율로 분석해보면 실족, 허리부상, 골절의 누적비율이 50%로 구조활동 시 공상원인의 대부분을 차지하였다.

④ 실족은 구조출동 시 계단에서 넘어지면서 다리가 골절된 경우, 산악구조 중 넘어지며 우측 관절 연골판이 파열된 경우, 산악구조 하산 시 암벽 부위에서 미끄러져 다친 경우, 엘리베이터 구조출동 시 차량에서 내리는 순간 미끄러지면서 오른쪽 무릎이 지면에 부딪혀 다친 경우 등으로 산악구조활동을 위한 실제 산악구조훈련이 요구된다.

⑤ 허리부상은 물류창고 붕괴현장에서 인명구조 중 허리를 다친 경우, 구조활동을 위한 유압장비를 차량에서 내리던 중 허리에 하중이 실려 부상을 당한 경우, 구조장비를 운반하면서 허리를 다친 경우, 구조활동 중 무거운 장비 착용 및 부적당한 자세로 인해 허리를 다친 경우 등으로 무거운 장비 운반 시 본인의 능력을 과대평가하지 말고 2인 1조로 옮겨야 한다.

⑥ 골절은 구조출동 중 우제3지원 위지부 압제상 및 골절을 당한 경우 등으로 주의가 요구된다.

⑦ 연기흡입은 구조현장에서 공사장 지하 인명구조 중 연기흡입으로 인해 질식한 경우 등으로 지하공간에 남아 있는 연기에 주의하여 구조활동을 실시하여야 한다.

표 3-37 구조활동 시 공상현황(2000~2009년) - 경기도

공상원인	공상자	해당 비율	전체 비율
실족	10명	20.8%	1.8%
허리부상	9명	18.8%	1.6%
골절	5명	10.4%	0.9%
연기흡입	4명	8.3%	0.7%
낙상	4명	8.3%	0.7%
교통사고	4명	8.3%	0.7%
동물에게 손가락을 물림	3명	6.3%	0.5%
장애물	2명	4.2%	0.4%
낙하물	2명	4.2%	0.4%
구조출동 시 미끄럼봉 하강	2명	4.2%	0.4%
구조장비 사용	1명	2.1%	0.2%
화상	1명	2.1%	0.2%
감염	1명	2.1%	0.2%
합계	48명	100%	8.6%

3) 구급활동 시 공상현황 분석 및 대책

① 구급활동 시 공상자는 환자 이송 중 허리부상이 31명, 실족이 13명, 구급귀소 중 교통사고가 12명, 타 차량에 의한 교통사고가 10명, 구급출동 중 교통사고가 7명, 환자이송 중 교통사고가 7명, 시민 · 보호자에게 폭행당함이 6명, 환자에게 폭행당함이 5명, 구급활동 도중이 4명, 환자 이송이 3명이 발생하여 총 98명으로 분석되었다.

② 전체 비율로 분석해보면 공상자의 전체 558명 중 98명이 발생하여 17.6%의 비율로 분석되었다.

③ 해당 비율로 분석해보면 환자 이송 중 허리부상, 실족, 구급귀소 중 교통사고, 타 차량에 의한 교통사고의 누적비율이 67.3%로 구급활동 시 공상원인의 대부분을 차지하였다.

④ 환자이송 중 허리부상은 환자를 구급차로 옮기는 과정에서 허리를 다친 경우, 환자가 움직여서 중심 잡던 중 허리를 다친 경우 등으로 응급환자 이송 시 신중히 행동하여야 한다.

⑤ 실족은 구급귀소 후 장비를 들고 내리다가 빙판길에 넘어져 다친 경우, 구급활동 중 환자를 업고 내려오다 미끄러지면서 다친 경우 등으로 겨울철 빙판길에 대한 주의를 하여야 한다.

⑥ 구급귀소 중 교통사고는 환자이송 후 귀서 중 교통사고로 뇌진탕, 경추부 염좌를 당한 경우, 2차선으로 구급출동 중 갓길에 환자를 발견하여 3차선으로 변경하던 중 뒤따르던 차에 충돌당해 다친 경우 등으로 교통 확인이 나쁠 때에는 차선을 따라서 안전하게 통행하여야 한다.

⑦ 타 차량에 의한 교통사고는 구급현장 활동 중 뒤에서 차량이 충돌하여 다친 경우 등으로 탑승자 전원은 안전벨트를 착용하여야 한다.

⑧ 구급출동 중 교통사고는 반대차선에서 운행 중인 차량이 중앙선을 침범하여 운행 중인 구급차량과 정면충돌하여 다친 경우, 화물트럭이 구급차량을 충돌하여 다친 경우, 역주행 차량과 정명 충돌하여 다친 경우 등으로 교차점을 통과 할 때에는 확성기(사이렌) 등을 활용하여 신중히 통과한다.

⑨ 환자이송 중 교통사고는 짙은 안개와 차량 정체로 대기 중 트레일러 차량을 추월하는 과정에서 충돌하여 다친 경우, 버스와 충돌하여 다친 경우 등으로

⑩ 환자, 시민, 보호자 폭행에 대해서 음주여부를 파악하고 마음의 준비를 통해서 시비에 휘말리지 않도록 하여야 하고, 구급대원의 신변을 보호할 수 있는 법제도적인 대처방법이 필요하다.

표 3-38 구급활동 시 공상현황(2000~2009년) - 경기도

공상원인	공상자	해당 비율	전체 비율
환자 이송 중 허리부상	31명	31.6%	5.6%
실족	13명	13.3%	2.3%
구급귀소 중 교통사고	12명	12.2%	2.2%
타 차량에 의한 교통사고	10명	10.2%	1.8%
구급출동 중 교통사고	7명	7.1%	1.3%
환자이송 중 교통사고	7명	7.1%	1.3%
시민 · 보호자에게 폭행당함	6명	6.1%	1.1%
환자에게 폭행당함	5명	5.1%	0.9%
구급활동 도중	4명	4.1%	0.7%
환자 이송	3명	3.1%	0.5%
합계	98명	100%	17.6%

4) 장비점검 시 공상현황 분석

① 장비점검 시의 공상자는 실족이 13명, 허리부상이 4명, 차량점검이 4명, 시설물 탈착이 4명, 낙상이 4명, 손가락 골절이 3명, 수중펌프 낙하가 2명, 부딪힘이 2명, 그리고 절단기, 화상이 각각 1명이 발생하여 37명으로 분석되었다.

② 전체 비율로 분석해보면 공상자의 전체 558명 중 37명이 발생하여 6.6%의 낮은 비율로 분석되었다.

③ 해당 비율로 분석해보면 장비점검 시 공상원인으로 실족이 32.4%로 가장 많이 차지하였다.

④ 실족은 펌프차량 점검 후 하차 중에 미끄러져 오른쪽 아킬레스건이 부상 당한 경우, 장비점검 중 소방차량에 오르자 발을 헛디뎌 부상을 당한 경우 등으로 주의가 요구된다.

⑤ 허리부상은 고장차량 자체수리 후 하차하는 순간 허리에 통증이 온 경우 등으로 주의가 요구된다.

⑥ 차량점검은 유압스프레다 시동 시 왼손 검지손가락이 다친 경우 등으로 차량점검 시 위험요소를 세부적으로 파악하여야 한다.

⑦ 시설물 탈착은 수방장비 시동연료체크 등 점검을 마치고 이송 중 동력소방펌프를 놓쳐 발등에 떨어져 골절을 당한 경우 등으로 무거운 장비는 2명 이상이 운반한다.

표 3-39 장비점검 시 공상현황(2000~2009년) - 경기도

공상원인	공상자	해당 비율	전체 비율
실족	12명	32.4%	2.2%
허리부상	4명	10.8%	0.7%
차량점검	4명	10.8%	0.7%
시설물 탈착	4명	10.8%	0.7%
낙상	4명	10.8%	0.7%
손가락 골절	3명	8.1%	0.5%
수중펌프 낙하	2명	5.4%	0.4%
부딪힘	2명	5.4%	0.4%
절단기	1명	2.7%	0.2%
화상	1명	2.7%	0.2%
합계	37명	100%	6.6%

⑧ 낙상은 화재출동 후 귀소하여 진압장구정리 중 펌프차량에서 낙상한 경우, 차량점검을 마치고 내려오다 다리가 난간에 걸리면서 낙상한 경우, 자체집무검열 중 차량에서 낙상한 경우 등으로 주의가 요구된다.

⑨ 손가락 골절은 장비점검 도중 손가락 골절을 당한 경우, 부딪힘은 소방안전교실 행사준비 중 순간 진화기 끝부분에 얼굴을 부딪쳐서 다친 경우 등으로 주의가 요구된다.

5) 교육훈련 시 공상현황 분석

① 교육훈련 시의 공상자는 실족이 15명, 낙상이 11명, 허리부상이 9명, 위탁교육 가는 중 교통사고가 2명, 그리고 스킨스쿠버교육, 문틈에 손가락이 낌, 골절이 각각 1명이 발생하여 총 40명으로 분석되었다.

② 전체 비율로 분석해보면 공상자의 전체 558명 중 40명이 발생하여 7.2%의 낮은 비율로 분석되었다.

③ 해당 비율로 분석해보면 실족, 낙상, 허리부상의 누적비율이 87.5%로 교육훈련 시 공상원인의 대부분을 차지하였다.

④ 실족은 불시출동훈련 중 차고내의 훈련차량에서 하차도중 발을 헛디어 발판에 미끄러지면서 발목 부상을 당한 경우, 신임소방사반 교육 시 구보 도중 미끄러져 다친 경우 등으로 주의가 요구된다.

⑤ 낙상은 119체험교실 낙하시험 도중 부상을 당한 경우, 급수지원 중 논두렁에서 떨어져 다친 경우 등으로 주의가 요구된다.

⑥ 허리부상은 최강소방공무원 경기 중 허리를 다친 경우 등으로 주의가 요구된다.

표 3-40 교육훈련 시 공상현황(2000~2009년) - 경기도

공상원인	공상자	해당 비율	전체 비율
실족	15명	37.5%	2.7%
낙상	11명	27.5%	2.0%
허리부상	9명	22.5%	1.6%
위탁교육 가는 중 교통사고	2명	5.0%	0.4%
스킨스쿠버교육	1명	2.5%	0.2%
문틈에 손가락이 낌	1명	2.5%	0.2%
골절	1명	2.5%	0.2%
합계	40명	100%	7.2%

6) 체육활동 시 공상현황 분석

① 체육활동 시의 공상자는 축구가 24명, 체력단련이 15명, 달리기 · 제자리멀리뛰기가 5명, 족구가 2명, 배드민턴이 2명, 농구가 2명, 그리고 씨름이 1명이 발생하여 총 51명으로 분석되었다.

② 전체 비율로 분석해보면 공상자의 전체 558명 중 51명이 발생하여 9.1%의 낮은 비율로 분석되었다.

③ 해당 비율로 분석해보면 축구, 체력단련의 누적비율이 76.5%로 체육활동 시 공상원인의 대부분을 차지하였다.

④ 축구는 소방가족체육대회 축구 연습 중 다친 경우, 우측 아킬레스건 파열된 경우 등이고, 체력단련은 체력단련 도중에 미끄러지면서 우측 팔꿈치 골절을 당한 경우 등이고, 달리기 · 제자리멀리뛰기는 달리기 중에 다리를 겹지르면서 넘어져 다친 경우 등이고, 배드민턴은 셔틀콕에 의한 안구손상을 당한 경우 등이고, 농구는 농구시합 도중 동료직원과 부딪혀 다친 경우 등이다.

⑤ 체육활동 시에 과도한 승부욕의 자제와 사전에 충분한 준비운동을 실시하고, 체력단련을 무리하게 하지 않는다.

표 3-41 체육활동 시 공상현황(2000~2009년) - 경기도

공상원인	공상자	해당 비율	전체 비율
축구	24명	47.1%	4.3%
체력단련	15명	29.4%	2.7%
달리기 · 제자리멀리뛰기	5명	9.8%	0.9%
족구	2명	3.9%	0.4%
배드민턴	2명	3.9%	0.4%
농구	2명	3.9%	0.4%
씨름	1명	2.0%	0.2%
합계	51명	100%	9.1%

7) 일반업무 시 공상현황 분석

① 일반업무 시의 공상자는 출퇴근 중 교통사고가 41명, 실족이 11명, 과로가 11명, 허리부상이 9명, 교통사고가 7명, 통증 · 마비 증세가 6명, 손가락 골절이 4명, 낙상이 4명, 무릎골절이 2명, 부딪힘이 2명, 화상이 2명, 감염이 2명이 발생하여 총

101명으로 분석되었다.

② 전체 비율로 분석해보면 공상자의 전체 558명 중 101명이 발생하여 18.1%의 비율로 분석되었다.

③ 해당 비율로 분석해보면 출퇴근 중 교통사고, 실족, 과로의 누적비율이 62.4%로 일반업무 시 공상원인의 대부분을 차지하였다.

④ 출퇴근 중 교통사고는 타 차량에 의해 접촉된 교통사고의 경우, 뒤에 오던 차량과 교통사고로 인한 경추 부위 손상된 경우 등으로 출퇴근 시에 대중교통을 이용한다.

⑤ 실족은 출근 중 집앞 계단에서 넘어져 좌측늑골부위 및 다발성좌성 손상의 경우 등으로 위급한 화재현장이 아닌 평상 시 활동에도 주의하여야 한다.

⑥ 과로는 업무과로로 비번일에 갑자기 심근경색을 일으킨 경우 등으로 일정한 주기로 종합건강검진을 실시하여야 한다.

⑦ 허리부상은 타이어를 들다가 허리를 다친 경우, 화상은 청사환경관리를 위해 쓰레기 소각 중 부탄가스 폭발로 안면부 2도 화상, 우측전완부 1도 화상을 당한 경우 등으로 주의가 요구된다.

표 3-42 일반업무 시 공상현황(2000~2009년) – 경기도

공상원인	공상자	해당 비율	전체 비율
출퇴근 중 교통사고	41명	40.6%	7.3%
실족	11명	10.9%	2.0%
과로	11명	10.9%	2.0%
허리부상	9명	8.9%	1.6%
교통사고	7명	6.9%	1.3%
통증 · 마비 증세	6명	5.9%	1.1%
손가락 골절	4명	4.0%	0.7%
낙상	4명	4.0%	0.7%
무릎골절	2명	2.0%	0.4%
부딪힘	2명	2.0%	0.4%
화상	2명	2.0%	0.4%
감염	2명	2.0%	0.4%
합계	101명	100%	18.1%

8) 공상현황 전체 결과

① 경기도 소방공무원의 공상원인별 공상자 및 비율은 화재출동이 16명(2.9%), 화재현장이 163명(29.2%), 화재귀소가 4명(0.7%), 구조활동이 48명(8.6%), 구급활동이 98명(17.6%), 장비점검이 37명(6.6%), 교육훈련이 40명(7.2%), 체육활동이 51명(9.1%), 일반업무가 101명(18.1%)로 분석되었다.

② 따라서 화재활동(화재출동 · 화재현장 · 화재귀소) 시 공상자 및 비율이 183명(32.8%)으로 가장 많이 차지하였고, 다음으로 일반업무 101명(18.1%), 구급활동이 98명(17.6%)으로 차지하였다. 따라서 소방공무원의 본연업무인 화재활동에서 공상자가 가장 많이 발생하여 이에 대한 안전관리 대책이 시급한 것으로 분석되었다.

표 3-43 전체 공상현황(2000~2009년) – 경기도

공상원인	화재출동	화재현장	화재귀소	구조활동	구급활동	장비점검	교육훈련	체육활동	일반업무	총계
공상자	16명	163명	4명	48명	98명	37명	40명	51명	101명	558명
비율	2.9%	29.2%	0.7%	8.6%	17.6%	6.6%	7.2%	9.1%	18.1%	100%

(2) 순직현황분석

1) 경기도 소방공무원 순직자는 2000~2009년까지 11명이 발생하였다.
2) 순직자는 화재진압이 3명, 과로가 3명, 화재현장 소방차량이 1명, 소방차량 하차 시 교통사고가 1명, 인명구조 시 급류가 1명, 폐암이 1명, 체력검정이 1명으로 분석되었다.
3) 비율로 분석해보면 화재진압, 과로의 누적비율이 54.6%로 가장 많이 차지하였다.
4) 화재진압은 화재현장작업 중 뒤로 넘어져 순직한 경우 등으로 철저한 순직원인 조사가 요구된다.
5) 과로는 구조훈련을 마치고 소내근무 중 화장실에서 의식을 잃고 쓰러져 병원으로 옮겨진 후 순직한 경우, 민원업무 처리 및 각종 출동 등으로 인한 과로가 누적되어 건강이 악화되어 신부전으로 순직한 경우 등으로 일정한 주기로 종합건강검진을 실시하여야 한다.
6) 소방간부체력검정 1,200m 달리기를 하던 중 심장마비로 인해 순직한 경우 등으로 주의가 요구된다.

표 3-44 순직현황(2000~2009년) - 경기도

순직원인	순직자	비율
화재진압	3명	27.3%
과로	3명	27.3%
화재현장 소방차량	1명	9.1%
소방차량 하차 시 교통사고	1명	9.1%
인명구조 시 급류	1명	9.1%
폐암	1명	9.1%
체력검정	1명	9.1%
합계	11명	100%

3.3.5 소방공무원 안전사고사례

(1) 서울특별시 서대문구 홍제동 주택화재

1) 화재발생현황

① 일시 : 2001년 3월 4일(일) 03시 46분 ~ 09시 28분(5시간 42분)

② 장소 : 서대문구 홍제1동 312-135

③ 화재원인 : 건물소유주 아들의 방화 추정

④ 인명피해 : 소방공무원 9명(사망6명, 부상3명)

⑤ 재산피해 : 1억 2백만원(부동산 39백만원, 동산 63백만원)

⑥ 소방력 : 인원 509명, 장비 70대

2) 건물구조 및 일반현황

① 건물구조 : 양식 벽돌조 스라브가 2/1층 1동 4호 102.71 m^2 - 1967 준공

② 화기취급상황

- 도시가스사용
  - · 지하 1층 : 가스보일러 1대
  - · 지상 1층 : 주방취사용
  - · 지상 2층 : 가스보일러 2대

③ 지리상황 : 화재현장은 대로변으로부터 약 240m 거리의 지점으로 도로폭이 5~6m 의 협소한 이면도로이며 상습적인 지그재그식 주차로 소방차의 진입이 상당히 곤

란한 지역 임

3) 순직자 및 공상자 발생 경위

① 붕괴상황

- 홍제1동 주택화재 2층 건물이 초기 화재진압 및 인명검색, 구조작업 시 사전 아무런 징후 없이 건물 전체가 순식간에 붕괴된 이유는 철근 콘크리트 기둥없이 벽돌 및 브록 벽 위에 슬라브 지붕을 설치한 2층 건물로서 1967년 11월 8일에 1층 및 지층을 신축함
- 그 후 4년 이후인 1971년 12월 13일에 2층을 증축한 이후 34년이 경과된 노후된 건물로서 화재발생 시 발생한 열과 진화를 위한 방수작업으로 인하여 건물이 붕괴된 것으로 추정됨

② 순직자 및 공상자 발생 상황

- 선착대 홍은대의 화재진압대원 소방교 ○○○은 건물전면에 위치한 현관 앞에서 화재진압활동 중 무너진 건물더미에 매몰 순직하고, 화재진압대원 소방사 ○○○은 건물 붕괴 당시 무너진 건물더미에 깔리면서 어깨화상, 가슴 등 전신 타박상을 입음.(어깨, 가슴 골절 및 화상)
- 2착대 녹번 2소대의 소대장 소방장 ○○○, 화재진압대원 소방교 ○○○ 및 화재진압대원 소방교 ○○○은 건물 좌측 뒷쪽 출입구로 진입하여 건물 중앙 거실 부분에서 화재진압활동 중 건물이 붕괴되면서 매몰되어 순직함
- 구조대소대장 소방교 ○○○, 구조대원 소방사 ○○○ 및 구조대원 소방사 ○○○는 건물 현관으로 진입 건물 중앙 거실 부분에서 인명검색 중 건물이 붕괴되면서 매몰되어 순직함
- 구조대의 구조대원 소방사 ○○○는 인명검색을 하려고 녹번 2소대가 방수작업 중인 건물 좌측 뒷쪽 출입구 쪽으로 이동 중 건물이 붕괴되면서 하반신이 건물더미에 깔려 목 및 허리부상을 입음

4) 문제점

① 건물구조상 문제점

- 건물의 기둥이 R/C조가 아닌 벽돌로서 내구력이 매우 약함
- 주택 슬라브 등의 붕괴에 대한 구조기법 및 상응한 구조장비 미확보

② 지리적 여건상 문제점

- 도로의 폭이 4~6 m로 협소하고 지그재그식 주차로 인한 진입이 지연됨

- 대로변에서 화재현장에 이르는 주택가 이면도로(약 200 m 가량)에 승용차 등 다수의 차량들이 양렬로 주차되어 있어 대형 소방차가 화재 현장까지 진입하는데 막대한 지장으로 신속한 진입에 장애를 초래함

③ 장비확보 및 응급상의 문제점

- 건물 붕괴사고 시 건축물잔해 등을 신속히 제거할 수 있는 굴삭기 등 중장비 확보가 절실하나 현재 서울소방방재본부 산하에서 보유하고 있는 2대의 굴삭기는 대형으로써(18.5 ton) 주택가 이면도로 등에는 진입이 불가하여 활용치 못하며 또한 원거리에 있을 시에는 출동에 많은 시간이 소요되므로 긴급사항에 대처하기에 부적절함
- 인명구조 후 효과적인 응급처치가 이루어지지 못함

(2) 서울특별시 영등포구 여의도 지하공동구 화재

1) 사고개요

① 일시 : 2000년 2월 18일(화) 20 : 34 ~ 2.19(토) 04 : 07(453분 소요)

② 장소 : 여의도 지하철역 주변 지하공동구 270m 구간

③ 사고원인 : 전기에 의한 화재(154 kV 송전선의 접속함 내부에서 절연열화 등에 의해 단락이 발생하고 유출된 절연유에 착화)

2) 피해내용

① 인적피해 : 부상 4명(소방공무원 3명, 구청기능직 1명)

② 물적피해 : 62억원 6천만원(공동구 270m 피해)

3) 재난발생 신고 · 접수 및 조치

① 신고자 : 여의도 우체국 직원

② 접수일시 : 2000년 2월 18일 20시 3분 6 소방방재본부 상황실 접수

③ 보고 및 전파 : 여의동 우체국앞 여의도 지하철역 환기구에서 연기발생(확인출동)

4) 사고수습상황

① 현장지휘 운영 : 소방방재본부

② 구조구급활동

- 구조구급인력 : 520명(소방 489, 의소대 31)
- 장비동원 : 156대(펌프 33, 탱크 36, 배연 4, 화학 11, 구조 12, 구급 3, 기타 57)

5) 수습상황(사고대책본부운영)

① 설치운영

- 장소 : 여의도 종합상가 앞 (여의도동 35-5)
- 반편성 : 52명(소방방재본부 22명, 소방서 30명)

② 사고현장 정리

- 2월 19일 04시 07분 화재 완전진압

6) 재난수습 결과 평가

① 상황유지관리

- 현장지휘본부 운영
  - · 2000년 2월 18일 21시 07분 자체현장지휘소 설치
  - · 구로, 양천, 강서 화학차 추가출동을 기점으로 화재의 중요성을 감안 자체 현장지휘소 설치
- 사고대책본부 운영
  - · 2000년 2월 18일 23시 33분 본부 현장지휘소 설치
  - · 화재 3호 출동을 기점으로 현장지휘소 설치 지휘본부장 지휘 하에 각 팀별 활동전개

② 수습 및 복구에 대한 반성

- 진압활동을 위한 소방정보 확보 및 활용곤란
- 지하공동구 화재에 대한 진압경험 부족으로 각 대원 초기형태가 소극적임
- 필요장비 적시공급 차질(고발포용홈액, 전등, 무전기 등)
- 진입구간이 긴 지하공동구에 대한 화재진압에 적절한 장비의 부재
- 대규모 출동대에 대한 부대 운영 미흡

③ 교훈

- 지하공동구 등에 대한 경방계획 수립 시 철저한 현황파악과 가능한 진압작전을 포함한 화재전 계획 작성
- 설치장소, 위치, 구조, 내부 수용시설 등 정밀 파악으로 풍부한 소방정보 확보
- 유관기관, 단체와의 상호 협조체계 구축
- 화재진압작전의 한계성 극복
- 지하공동구내 폭발을 이용한 차단방법 등을 사용할 수 있는 작전전개 능력 및 방법 강구

- 화재 시 발생되는 연기에 대한 기술적인 연구노력 필요

(3) 서울특별시 은평구 대조동 나이트클럽 화재

1) 발생개요

① 발생시간 : 2008년 8월 20일 05시 25분경

② 발생장소 : 서울특별시 은평구 대조동 197-3번지 성인나이트클럽

③ 건물규모 : 지상 3층, 지하 1층 (연면적 301.1m^2)

④ 구조형식 : 철골조 인슈판넬지붕

⑤ 사고개요 : 나이트클럽 2층 무대부에서 원인미상의 화재가 발생하여 천장으로 연소하면서 건물 일부가 붕괴된 화재로 화재진압 중이던 소방공무원 3명이 사망함

2) 발생원인

① 사고원인 : 전기단락에 의한 발화추정

② 피해확대원인

- 사고시설은 1992년도에 지층 및 1층을 신축하고, 1999년도에 화재에 취약한 샌드위치 패널조로 2·3층을 증축한 시설임
- 주요 마감재료로 사용된 샌드위치 패널이 화재 시 급격한 연소확대를 일으키고, 고열 및 농연을 발생시켜 화재진압에 어려움을 겪음
- 화재 시 나이트클럽 천정에 설치된 대형 조명 · 음향시설(약 3톤)이 천장과 같이 붕괴되면서 화재진압 중이던 진압대원이 낙하물에 압사됨

③ 인명피해 : 사망 3명

④ 재산피해 : 270백만원(부동산 : 190백만원, 동산 : 80백만원)

3) 재난 및 사고 발생에 따른 교훈

① 건축물 구조에 따른 층간 최대적재하중 제한필요

- 재난발생 시 안전한 소방·방재활동을 위해서는 건축물의 구조적 안전성이 담보되어야 함
- 건축물의 안전한 성능유지를 위해서는 적절한 층간 적재하중을 관리할 필요가 있음

② 영업인 · 허가 시 철저한 안전성능확인 필요 및 안전시설관리감독 철저

- 다중이용시설의 경우 현재 '다중이용시설의 안전관리에 관한 특별법'이 제정되어

관리되고 있으며, 이에 따른 철저한 안전관리가 필요함

- 유흥주점과 같은 다중이용시설은 출입구 반대편에 별도의 비상구를 확보해야 하며, 비상구는 피난안전 성능에 공백이 발생하지 않도록 철저한 관리가 필요함

③ 난연 및 불연성 샌드위치 패널 사용의 의무화

- 샌드위치 패널의 경우 화재에 취약하여 일정규모 이상의 시설에서는 사용을 금지하도록 하고 있음
- 그러나 화재안전성 확보를 위해서 난연성·불연성 샌드위치 패널의 사용을 의무화하는 것이 바람직할 것으로 판단됨

(4) 서울특별시 금천구 풍한공업창고 화재

1) 사고개요

① 일시 : 1998년 3월 29일 14시 43분경

② 장소 : 서울특별시 금천구 독산본동 951-4번지

2) 피해현황

① 인명피해 : 사망자 2명(소방공무원) 부상자 3명(소방공무원)

3) 사건경위

① 화재창고 전면에서 진압활동 도중 폭발물과 함께 건물 전면 벽체 상단부가 외부로 도괴되면서 진압대원 2명이 사망함

(5) 서울특별시 송파구 삼양빌딩 지하볼링장 화재

1) 사고개요

① 일시 : 1998년 5월 26일 09시 10분경

② 장소 : 서울특별시 송파구 송파 1동 24-7

2) 피해현황

① 인명피해 : 사망자 1명(소방공무원), 부상자 1명(소방공무원)

3) 사건경위

① 플래시오버 현상이 일어나자 인명검색중이던 대원 4명이 긴급대피를 하다 넘어지면서 1명을 공기호흡기 마스크 연결부분이 절단되어 질식 사망, 1명은 양손 2도

화상을 입음

(6) 서울특별시 송파구 삼전동 복합건물 화재

1) 사고개요

① 일시 : 1995년 10월 16일 01시 25분경

② 장소 : 서울특별시 송파구 삼전동 53-19 정균양 복합건물

2) 피해현황

① 인명피해 : 사망자 1명(소방공무원)

3) 사건경위

① 화재진압 중 미상의 장애물에 걸려 넘어지면서 공기호흡기 안면부가 이탈되면서 유독가스에 질식 사망함

(7) 강원도 속초시 동명동 로얄빌딩 화재

1) 사고개요

① 일시 : 1996년 4월 14일 21시 30분경

② 장소 : 속초시 동명동 73번지 복합건물 7층 단란주점

2) 피해현황

① 인명피해 : 사망자 1명(소방공무원)

3) 사건경위

① 발화장소인 7층 단란주점까지 단독으로 승강기를 타고 도착하여 종업원을 대피시킨 후 농연과 화염에 고립되어 탈출을 시도하다 추락 사망함

(8) 부산광역시 화신산업사공장 화재

1) 사고개요

① 일시 : 1997년 3월 31일 20시 23분경

② 장소 : 부산광역시 사상구 모라동 657-1(화신산업사 공장화재)

2) 피해현황

① 인명피해 : 사망자 1명(소방공무원)

3) 사건경위

① 화신산업사 공장화재 시 20시 19분경 현장도착 1층에서 2층으로 방주하던 중 화재가 인접건물로의 연소확대 우려되어 인근 2층 건물의 30cm 정도 협소한 베란다에 올라가 40 mm 호스로 방수하던 중 20시 23분경 중심을 잃고 1층바닥으로 실족으로 왼쪽다리 골절이후 ○○병원에서 치료 중 사망함

(9) 부산광역시 (주)금성사 감전창고 화재

1) 사고개요

① 일시 : 1991년 11월 29일 22시 20분

② 장소 : 부산광역시 북구 감전동 126 (주)금성사 감전창고

2) 피해현황

① 인명피해 : 사망자 1명(소방공무원)

3) 사건경위

① 1991년 11월 29일 21시 53분경 부산시 북구 감전동 (주)금성사 창고 화재진압 중 22시 20분경 정문 방향으로 이동 진압하던 중 지상 약 7m 높이에 있는 벽돌담이 가열되어 넘어지면서 압상을 당함

② 부산광역시 동구 초량동 ○○병원 치료 중 사망함

(10) 서울특별시 동대문구 답십리주택 화재

1) 사고개요

① 일시 : 1994년 1월 27일 13시 38분경

② 장소 : 서울 동대문구 답십리 일반주택 화재현장

2) 피해현황

① 인명피해 : 사망자 1명(소방공무원)

3) 사건경위

① 화재진압 중 골목길 경사로의 소방차량 호스연결을 확인하는 순간 넘어 미끄러져

내려오는 차량을 미처 대피하지 못하고 현장에서 순직함

(11) 서울특별시 영등포구 내셔널 플라스틱공장 화재

1) 사고개요

① 일시 : 1994년 6월 1일 20시 15분경

② 장소 : 서울특별시 영등포구 대림3동 630 내셔널 플라스틱 공장

2) 피해현황

① 인명피해 : 사망자 1명(소방공무원)

3) 사건경위

① 내셔널 플라스틱 제품 창고1층으로 진입하여 화재 진압 중 3층 천장에서 낙하한 철재 구조물에 두 개골이 파손되어 명지 ○○병원에서 수술 중 순직함

(12) 서울특별시 이화빌딩 누출 LPG 폭발사고

1) 사고개요

① 일시 : 2007년 1월 6일 01: 53분경

② 장소 : 서울특별시 종로구 묘동 195번지(이화빌딩 5층 귀금속 세공 작업장)

2) 피해현황

① 인명피해 : 부상자 3명(소방공무원)

3) 사건경과

① 금세공작업장 내 출입물 앞 부분의 플라스틱 물통속의 통전상태로 담겨 있던 씨즈 히터가 물이 증발한 후 과열되어 플라스틱 물통 및 인근 가연물에 착화되면서 상부 천장으로 연소확대 되었음

② 이 과정에서 물통 옆 벽면에 놓여 있던 LPG용기(20 kg)의 압력조정기 및 비닐호스가 열에 의해 녹으며 유출된 가스가 폭발하여 소방대원 3명이 부상을 당한 화재임

③ 이화빌딩 5층에 위치한 금세공작업장 화재발생으로 종로소방대 출동 및 화재진압 과정에서 5층 계단참에 진입대기중인 경방요원 3명이 갑작스런 가스폭발로 부상(1~2도 화상)을 당함

(13) 서울특별시 강남구 신사동 에르메스사옥공사장 화재

1) 사고개요

① 일시 : 2006년 4월 17일

② 장소 : 서울특별시 강남구 신사동 에르메스사옥 신축 공사장

2) 피해현황

① 인명피해 : 사망자 1명(소방공무원)

3) 사고경과

① 사건 당일 사고자는 에르메스사옥 신축공사장 화재수보즉시 현장 출동하여 인명구조 및 화재진압에 주력하던 중 11시 32분경 완진수보를 들음

② 잔화정리중인 12시 15분경 지하1층 천장부분에서 다량의 연기가 분출하여 지하층에서 작업중이던 대다수의 직원들이 지상으로 대피하였음

③ 그러나 14시경 사고자는 화점을 확인하기 위해 현장 탐색 중 아직 안전조치가 이루어지지 않은 지하1층 카리프트 공사현장 쪽으로 시야 미확보 상태에서 이동 중 지하4층으로 추락 사망한 사고임

(14) 구급차 출동 중 교통사고

1) 사고개요

① 일시 : 2006년 4월 16일 7시경

② 장소 : 서울특별시 노원구 상계2동 197-9. 상계119안전센터 차고 앞

2) 피해현황

① 인명피해 : 사망자 1명(소방공무원), 부상자 3명(소방공무원)

3) 사고경과

① 상계관내 화재출동으로 구급차, 펌프차, 탱크차 순으로 출동함(구급차가 관내 지리여건의 능숙함과 신속한 이동성으로 선도차 출동)

② 출동당시 안전센터 앞 교통통제 직원은 없었음

③ 구급차와 승용차 정면충돌 시 충격으로 구급차가 1m정도 후방으로 밀려 펌프차 조수석에 추돌하여 펌프차 앞 범퍼 2차 피해발생

④ 구급차와 승용차 충돌로 인한 파편이 1차선내 집중적으로 떨어져 있음

⑤ 상대 승합차량은 충돌당시 스키드마크 흔적이 전혀 없음(감속없이 정면충돌)
⑥ 사고당시 구급차 운전 직원 사망 및 구급대원 2명 중경상 발생(구급차 승차자 안전벨트 미착용으로 인명피해 크게 발생)
⑦ 사고 직후 상대운전자에게서 술 냄새가 나서 경찰이 혈액채취 후 국립수사과학연구소 분석실시 및 음주운전 판정

(15) 부산광역시 강서구 대저2동 섬유원단 화재

1) 사고개요

① 일시 : 2007년 1월 14일(일) 14시 30분경
② 장소 : 부산 강서구 대저2동 4603번지 대성상사 등 4개소

2) 피해현황

① 인명피해 : 부상자 3명(소방공무원)

3) 사고경과

① 부직포 원단을 보관 중이던 장소(대성상사) 인근에서 폐컨테이너 재활용 작업을 위해 산소절단작업을 하던 중 비산된 불티에 의해 화재발생(추정)되었고 다량의 가연물을 통해 화염이 급격히 확대되자 현장지휘관이 간부직원 등 비상소집을 발령함
② 화재 확대로 인해 가연물이 용융되면서 그 물질이 확산, 야적장 주변 고르지 못한 지형으로 인해 고열의 액체웅덩이가 형성됨
③ 비상소집 응소직원이 위험장소임을 인지 못하고 웅덩이에 발이 빠지면서 화상을 당함
④ 현장활동 중이던 직원 동일 장소에서 동일 상황에 의해 화상을 당함

(16) 부산광역시 금정구 주택화재 붕괴 · 매몰 사고

1) 사고개요

① 일시 : 2006년 11월 14일(화) 19시 52분경
② 장소 : 부산광역시 금정구 서2동 308-71번지 2층 주택건물

2) 피해현황

① 인명피해 : 사망자 1명(소방공무원), 부상자 2명(소방공무원)

3) 사고경과

① 거주하는 ○○○씨가 신병을 비관하여 자살하려고 실외에 있던 LPG통에 호스관 고정 볼트를 풀어 빼내어 방안으로 가져온 후 가스를 틀어놓은 상태에서 소주 2병을 마시고 담배를 피우려고 라이터를 켜는 순간 가스가 폭발한 것임

② 소방장 ○○○은 주택 1층 부분붕괴 상황에서 요구조자 1명 발견, 인명구조를 하였으나 순차적으로 2층 건물 전체가 붕괴, 미처 대피하지 못하고 매몰됨

③ 사고 직후 인명검색 실시 중 현장 붕괴로 매몰 순직함

(17) 광주광역시 임동체육관 화재

1) 사고개요

① 일시 : 1997년 2월 13일 2시 7분

② 장소 : 광주광역시 북구 임동 8번지 서림초교 실내체육관

2) 피해현황

① 인명피해 : 사망자 1명(소방공무원), 부상자 1명(소방공무원)

3) 사고경과

① 광주광역시 북구 임동소재 서림초교 체육관 화재현장에서 화재진압 중 체육관 현관 위벽이 무너지면서 무너진 벽돌더미에 소방관 1명이 두개골 골절의 부상을 입고 전남대학교 병원에 이송되어 응급처치를 받던 중 순직함

② 순직자는 상황실로부터 광주광역시 북구 임동소재 서림초교 체육관 화재출동 지령을 받고 현장에 도착 현관 안쪽으로 들어가보니 먼저 도착한 북부소방서 직원들이 진화 중이었음

③ 당일 화재조사요원과 체육관 현관 안쪽에서 화재진압 활동을 돕고 있었는데, 그 후 내부에서 도괴의 징후가 보여 신속히 대피하였으나, 순직자는 미처 피하지 못해 현관 위벽이 무너지면서 순직, 부상하는 사고를 당함

(18) 경기도 안산시 아파트 화재

1) 사고개요

① 일시 : 2004년 4월 12일 01시 23분

② 장소 : 안산시 상록구 사동 1344번지 욱일아파트 502동 1301호

2) 피해현황

① 인명피해 : 사망자 1명(소방공무원)

3) 사고경과

① 2004년 4월 12일 01시 23분경 안산시 상록구 사동 욱일아파트 화재 접보 후 출동함

② 1301호 화재 진압 과정에서 출입문을 통해 이미 연기가 스며든 1302호 인명검색 실시함

③ 농연으로 시야 확보가 어려운 상황에서 공기호흡기를 착용한 채로 홀로 인명 검색 중 주방 식탁의 다리에 걸려 넘어지며 안면부의 면체가 분리되어 유독가스에 의한 질식사함

(19) 경기도 연천 돈사 화재

1) 사고개요

① 일시 : 2007년 9월 08일(토), 00시 55분

② 장소 : 경기도 연천군 청산면 대전리 “호성농장”(돈사)

2) 피해현황

① 인명피해 : 사망자 1명(소방공무원)

3) 사고경과

① 펌프차에 3명(운전1, 경방2)이 탑승하여 선착대로 현장 도착 후 경방요원이 운전석 앞, 뒤 바퀴에 고임목을 고임

② 운전직원은 고임목을 확인 후 사이드 브레이크를 하고 차에서 내려 방수 준비를 하고 있던 중 뒷좌석에 있던 경방요원(사고자)이 차량 우측으로 가서 셔터문을 열고 관창을 꺼내어 호스를 전개하려고 하는데 갑자기 고임목이 파괴 되면서 차량이 경사진 후방으로 약 15m 미끄러져(경사도 30%) 차량 하체 (하우징)에 깔려 사망한 사고임(도로폭 2.7m)

(20) 경기도 일산 골프연습장 화재

1) 사고개요

① 일시 : 2008년 2월 26일(화) 3시 10분 ~ 3시 30분경

② 장소 : 경기도 고양시 일산동구 문봉동 269-1번지 타워골프클럽

2) 피해현황

① 인명피해 : 사망자 1명(소방공무원)

3) 사고경과

① 화재장소의 옆 건물인 골프연습장 3층에서 건물 상호간 임시통행을 위해 걸쳐진 널빤지를 옥내소화전 호스를 잡고 화재를 진압코자 건너던 중 쌓인 눈 때문에 미끄러지면서 지하1층으로 추락, 사망함

② 사고당일 기상상황은 영하 1.3℃로 눈이 내리고 있었음

③ 화재건물은 무단증축으로 3층 출입이 불가능하고 건물을 분리하여(폭 1,8m) 옆 건물에서 널빤지(폭 80cm, 길이 245cm)를 건너야 진입이 가능한 구조

④ 눈이 쌓인 널빤지를 건너던 중 미끄러져 추락함

(21) 경기도 이천 공장 화재

1) 사고개요

① 일시 : 2007년 11시 27분 23시

② 장소 : 경기도 이천시 마장면 덕평리 소재 CJ제일제당(주)공장내

2) 피해현황

① 인명피해 : 사망자 1명(소방공무원)

3) 사고경과

① 소방사 ○○○는 2007년 11월 27일 15시 30분경 화재출동 지령을 받고 탱크차량 탑승하여 현장으로 출동 및 현장에 도착하였음.

② 화재진화 작업하던 중 2007년 11월 28일(수) 1시 55분경 진화 작업하던 소방사 ○○○ 실종확인, 전 소방공무원 인명 검색작업 중 화재 최초 발생한 건물 중심부에서 철골로 된 철제빔과 1cm 두께의 지붕 6겹이 고열에 못 견디고 갑자기 붕괴되면서 덮쳐 탈출치 못하고 전신이 소사된 상태로 동일 7:55분경 구조대원에 의해 발견됨.

(22) 경기도 안산시 피혁공장 집진기 화재

1) 사고개요

① 일시 : 2008년 3월 24일(월) 09시 40분경

② 장소 : 경기도 안산시 단원구 성곡동 616-3(반월공단 18B-36L) (주)미창

2) 피해현황

① 인명피해 : 부상자 6명(소방공무원 4명, 회사관계자 2명)

3) 사고경과

① 피혁공장 집진설비에서 불길이 수직관통 덕트를 타고 내려와 2층 작업장 덕트 내부 분진 및 고온의 기름찌꺼기 등에 착화되어 기체 체적 팽창에 따른 압력상승으로 추정되는 폭발(덕트 파열)로 순식간에 화염이 확산분출 되면서 소방공무원 4명과 회사 관계자 2명이 부상(화상)을 당함

② 불가항력적 화재상황으로써 폭발사고 발생 직전 2층 작업장은 불꽃과 연기가 없는 상태로 화재는 완진단계 상황으로 전개되었음

③ 2차적 돌발상황에 대비 2층으로 진입한 소방관 4명이 경계관창 배치 작업 중 순식간에 폭발하여 화염 분출(획신)로부터 대피 불가능

(23) 경기도 안성시 공장 화재

1) 사고개요

① 일시 : 2007년 4월 23일(월) 3시 00분경

② 장소 : 안성시 원곡면 칠곡리 산 93-8번지 (주)LCI

2) 피해현황

① 인명피해 : 부상자 5명(소방공무원)

3) 사고경과

① (주)LCI 작업장은 수영장 등 수질 소독하는 염소계 약품을 생산하거나 수입하여 출하하는 작업장으로서 2007년 4월 23일 02시 25분경 미확인 전기적 단락에 의한 화원에 의해 2층 건물 작업장에서 발화, 연소 확대된 후 공장 본 건물 후면에 설치된 비닐 차양막을 매개로 옥외에 보관된 하이포-아염소산 적재소 부근에 재연소되는 과정에서 119에 신고된 것으로 추정됨

② 본동 2층에 연소중인 화재를 진압하기 위해 구조대원등 5명이 공장 1층 인명검색 후 옥내계단을 이용하여 2층 옥내로 약 10보 진입하던 중 선임자인 구조대 부대장이 열기가 몰려옴을 느끼고 철수 지시를 하고 퇴각하는 순간, 뜨거운 열기가 급습하여 얼굴옆면 부위와 손에 화상을 당한 사고임.

(24) 경기도 군포시 건물 화재

1) 사고개요

① 일시 : 2005년 5월 13일 02시 50분경

② 장소 : 경기도 군포시 당정동 523번지 근처

2) 피해현황

① 인명피해 : 부상자 1명(소방공무원)

3) 사고경과

① 화재로 인한 고압선 절단으로 인해 건물 외벽에 고압의 전기가 흐르고 있는 상태에서 내부진입을 위해 복식사다리 전개 후 창문으로(건물 외벽) 진입하려는 순간 전기 감전으로 인해 밑으로 떨어짐

② 화재로 인해 건물 근처에 있던 고압선이 절단되어 건물외벽에 떨어짐

③ 소방용수 및 비로인해 건물 전체에 전기가 흐름

④ 내부로 진입하기 위해 복식사다리 전개 후 창문으로 진입하려는 순간 전기에 감전되어 밑으로 떨어짐

(25) 경남 진주시 주택 화재

1) 사고개요

① 일시 : 2008년 5월 11일 19시 42분

② 장소 : 경남 진주시 장재동 하촌마을

2) 피해현황

① 인명피해 : 부상자 1명(소방공무원)

3) 사고경과

① 창고 화재 시 내부에 진입하여 잔화정리 중 지붕의 흙더미 낙하로 인하여 매몰됨

② 방수 중 잔화정리를 위해 창고에 진입하여 연소 가능물질을 창고 밖으로 운반하는 순간 슬레이트 지붕의 붕괴로 인하여 흙 및 잿더미에 매몰됨
③ 진압대 지휘 중 발견되어 구조되어 현장에서 병원으로 이송됨

(26) 경남 진해시 화학공장 폭발

1) 사고개요

① 일시 : 2004년 12월 29일 3시 58분경
② 장소 : 경남 진해시 남양동 363-2번지 소재 신성산업

2) 피해현황

① 인명피해 : 부상자 2명(소방공무원)

3) 사고경과

① 경남 진해시 남양동 363-2 소재 신성산업의 알루미늄 재생공장에서 발생한 사고임
② 주용광로에서 1차 재생 분리한 용융재를 재처리하는 과정에서 주변의 초석과 규불화소다, 염화칼슘 등의 화학반응으로 폭발로 인해 1명 안면부 및 손등 등 2도 화상, 1명 청력손실 등을 당함

(27) 경기도 광주시 곤지암천 수중보 소용돌이 익사사건

1) 사고개요

① 일시 : 2008년 7월 20일(일) 16:24경
② 장소 : 경기도 광주시 실촌읍 오향리 곤지암천

2) 피해현황

① 인명피해 : 사망자 1명(소방공무원)

3) 사고경위

① 곤지암천 강폭 40~50m에 설치된 수중보(폭 2~3m)를 건너던 중 트렉터가 급류에 휩쓸려 물에 빠져 구조를 기다리는 중
② 탑승객 2명중 1명은 급류에 휩쓸려 떠내려가는 것을 구조하였으나 사망하였고 요구조자 1명은 트렉터 위에 매달려 구조를 기다리는 중
③ 트렉터 위에 매달려있는 요구조자 1명을 구조하는 과정에서 구조대원이 수중보 아래

수심 2m 가량의 소용돌이에 휘말려 의식과 호흡이 없는 상황에서 병원으로 이송

3.3.6 일본의 안전사고 동향분석

(1) 소방안전교육

1) 소방에 있어서 안전관리규정 등을 작성하고 안전 관리자를 배치하여 위험예지훈련시 안전 주임자를 배치하고 있다.
2) 매년 '소화기에 의해 발을 다쳤다'등 똑같은 사고가 동일본부 내에서 일어나 전국적으로 동일경향에서 벗어나지 못하고 있으며, 이로 인해 제로, 우선 확보, 참가의 3원칙에 입각하여 대원간에 안전교육이 제일 중요하다는 것을 보여주고 있는 것이다.

(2) 소방안전관리

1) 소방활동은 소방전투(fire fighting)라고 이야기되는 것 같이 적군인 화재 등의 재해와 싸우고 철저하게 상대(재해 등)에 타격을 주고 이것을 굴복시키는 것이 목적이다.
2) 소방전투에서는 현장의 관계자나 부근의 주민은 협력적이고 소방을 방해하려는 인간은 없으므로 소방활동 중에 안전에 대한 배려를 하면 할수록 안전사고의 경감을 기대할 수 있다.
3) 소방 활동은 개인의 생명, 신체, 재산, 공공의 안전질서라고 하는 일상생활의 시민적 이익을 대상으로 하고 있고, 소방 목적을 위하여 소방대원이 사상되는 것은 용인될 수 없다.
4) 소방활동은 극한의 한계에 다가가는 행동이 요구되는 특수성이 있다. 그러나 안전을 가장한 소극적 행동으로는 임무의 수행을 할 수 없지만, 목적달성과 안전 확보의 어느 쪽인가 한편에 치우친 발상이 아니라 안전에 자각한 지휘 및 활동을 목표로 하여야 한다.

(3) 불완전한 행동의 종류

안전을 생각하는데 있어 구조 및 경방기자재 등의 활동용 기자재나 훈련 시설 등의 하드웨어, 안전관리규정, 안전관리체제 등의 소프트웨어, 인간행동의 관리의 휴먼웨어의 3측면에서 생각해야 한다.

1) 인간이 불완전한 행동을 일으키는 4대 원인

① 경방활동, 훈련내용, 작업위험에 대한 지식부족

② 경방활동, 훈련, 작업을 완전하게 추진하는 기능부족
③ 안전에 대한 태도부족(완전에 대한 의욕, 일에 대한 의욕불량)
④ 인간의 특성으로서의 휴먼에러(인간오류)

2) 지식의 부족

소방훈련의 부족, 목표, 내용이나 경방활동에 대한 충분한 지식이 없으면 효율적으로 안전하게 훈련하는 것이나 경방활동을 하는 것은 어려운 것이다.

① 훈련, 경방활동의 업무내용, 작업등의 지식이 부족한 경우
- 사다리를 오를 때는 사다리 계단을 잡지 않고 옆의 사다리 양 축을 잡고 오른다.
- 물건을 가지고 올라갈 때는, 사다리 계단을 잡고 오른다.
- 높은 곳에서의 활동 시에 안전띠, 헬멧의 착용, 부주의하게 발밑에 카메라 등의 물건을 두지 않는다.
- 물호수를 갑작스레 막는다.(워터해머의 발생)
- 두 개의 방출구 사용 중 한쪽의 방출구를 급격하게 막는다.(반동력의 증가)
- 기본매듭을 잊어버린다.
- 먼지 마개(방신)안경 없이 엔진 커터의 조직을 실시하였다.

② 훈련·경방활동 등의 업무, 조작, 작업상의 위험에 대한 지식이 부족한 경우
- 공기호흡기 활동시간의 시산식을 모른다.(자신의 호흡기량 또는 소비량을 모른다)
- 연기가 황색기미를 보인다든가(플래쉬오버), 연기가 개구부로부터 건물 내로 들어가는 상황을 볼 수 있는(백 드래프트)등의 전조현상을 모르고 실내로 진입한다.(화상)
- 도어의 앞에 진입하여 화상을 입는다.(맞바람에 의한 화상)
- 간이내화조의 몰타르벽에 금이 있거나 부풀어 있다.(붕괴위험)
- 바닥이 물렁물렁 견고하지 않은데도 방 중앙으로 진입한다.(낙하위험)
- 창 글래스가 깨진 상태로 남아있다.(글래스에 의한 절창)

3) 기능부족

불안전한 행동에 의한 재해는 훈련, 활동, 작업에 대한 기술미숙과 경험이 없는 직원에게 자주 일어난다. 어떠한 작업과 훈련, 그리고 활동에서 안전에 대해 배려할 필요가 있다.

이것들에 관하여는 어느 정도 경험과 숙련에 의하여 훈련 등에 대한 준비부족, 훈련 등의 방법에 대한 부적절함이 없어지고 무리, 변동(불균형), 낭비가 없는 안전한 훈련 등을 할 수 있게 된다. 기술 미숙 등으로 안전한 행동을 '취하지 않거나 취하지 못하게 되는' 것을 생각하여야 하는데, 구체적으로 다음과 같다.

① 안전에 대한 감수성 부족

안전에 대한 기준은 인간마다 다르다. 그러나 같은 직장에서 똑같은 안전에 대한 교육을 실시하고 있는 상황이라면 같은 안전에 대한 감수성을 가지고 있지 않으면 사고가 발생한다.

- 높이에 대한 감각
  - 인간이 높이에 대하여 공포심을 가지는 것은 약 7m라고 한다. 높은 곳에서는 안전띠를 매라고 지시하여도 A대원은 이 정도라면 괜찮아 라고 하고, B대원이라면 3m에서 안전띠를 매고 안전한 자세를 확보 한다. 라고 하는 것에 주의하여야 한다.
  - 최근에 높은 곳에서도 평상심을 유지하는 인간들이 많이 늘고 있다. 그들은 높은 곳에서 자랐기 때문에 높은 곳에 대한 위험감각이 마비되어 있다.(높이에 대하여 공포심을 느끼지 않는다) 이와 같은 인간이 많아지면 추락사고의 위험성이 많아진다.
- 낙하물·붕괴 등에 대한 감각
  - 인간이 여러 가지 정보를 수집하는 것은 눈에 의하여 80%, 코로 10% 그리고 귀로 10%라고 한다. 이것에 대해서 각각의 경위, 관계서적에서의 정보가 그 판단기준이 된다.
  - 판단기준이 다르면 당연히 안전에 대한 배려조치도 차이가 생긴다.
- 훈련장소의 환경에 대한 감각
  - 안전관리를 조금 공부하면 '못을 줍는 데서는 사고 없다'는 말을 종종 듣는데 이것은 위험에 대한 감각을 단적으로 나타낸 말이다.
  - 인간에 따라서 훈련장에 떨어진 못을 보고 전혀 문제시하지 않는 인간, 못이 있는 것을 인식하였으나 아무것도 하지 않는 인간, 위험하다고 마음에 걸려하지만 아무 것도 하지 않는 인간, 못을 줍고 소정의 장소를 치우는 인간 등 여러 가지 감각의 인간이 있다.
  - 안전하게 소방활동을 할 수 있는 소방대원을 교육시키는 것은 하나의 못에서 많은 위험을 감지하고 대책을 세우는 것을 몸에 익히게 하는 것이다.

- 위험한 상황을 위험이라고 생각하지 않는 감각
  - · 소방의 세계에도 컴퓨터의 하이테크 기구가 많이 도입되고 있다. 이것들을 잘 활용하고 있는가 하면 이것들에 휘둘려 있는 상황도 적지 않을지 모른다.
  - · 컴퓨터의 수치가 어떻고 매뉴얼에는 이렇게 써있다고 하여 자신의 경험이나 감각과 달라도 그것을 믿어 버리는 경향이 있다.
  - · 안전은 관념적으로 보여 지는 경향에 있다. 잠시 사고가 없으면 모든 것이 잘 되고 있고, 자신들의 안전관리는 완벽하다. 라는 이상한 믿음에 빠져든다. 항상 이것으로 괜찮은가 하는 감각을 갖지 않으면 사고는 줄지 않는다고 생각해야 한다.

② 능력이 불충분

- 구조대원으로서 필요한 지식 및 기술, 경방직원으로서 필요한 지식 및 기술, 구급대원으로서 필요한 지식 및 기술, 예방직원으로서 필요한 지식 및 기술 등 소방직원으로서 필요한 지식 및 기술이 부족한 경우이다.
- 이것은 훈련시간이 적기 때문에 반복훈련을 할 수 없으므로 인한 미정착(자신의 것이 되어 있지 않음), 새로운 기술취득을 위한 교육훈련이 되어 있지 않은 경우에도 발생한다.

③ 능력이상의 것 요구

- 직원의 능력은 각각 다르다. 그 능력 지식 기술을 정확하게 파악하지 않으면 직원이 가지고 있는 능력이상의 것을 요구하게 된다. 예를 들면 다음과 같다.
- 기본 매듭을 할 수 없는, 혹은 잘하지 못하는 직원에 대하여 응급사다리 훈련을 실시한다.
- 경험이 부족한 직원에 대하여 경험이 풍부한 직원과 같은 일을 실시하게 한다.
- 경험 연수만으로(경방력 ○○년, 구조력 ○○년 등)만으로 직원을 판단하여 버린다.

④ 능력이 있지만 전적으로 발휘할 수 없는 상황

- 지식이나 능력이 있음에도 불구하고 필요로 되는 기자재가 매일 다른 것을 사용하지 않으면 안되는 상황이 되어 버린 경우나 활동공간이 한정되어 있는 경우, 직원의 성격(흥분을 잘하거나 지레짐작 주먹구구) 등이다. 예를 들면 다음과 같다.
- 평소에 사용하던 엔진 커터가 사용불능이라 다른 소대에서 빌려 현장활동을 한다.

- 대형크레인을 필요로 하는 재해 현장에서 대원이 면허가 있다고 하여 매일 사용하는 것과 같은 조작양식의 크레인을 빌려 구조활동에 임한다.
- 대규모재해가 발생하였기에 긴급원조소대로서 출동하여 현장에서 구조기자재를 빌려 활동에 임한다.
- 과음, 감기 등의 체력불량의 경우
- 활동시간이 상당히 긴 경우(피곤, 집중력부족)
- 직원 능력이상의 과중한 업무수령

4) 태도불량

① 지식, 능력이 있어도 하지 않음

- 이것이 가장 큰 문제이다. 직장환경의 문제, 일의 성과를 상사가 인정하지 않고 성격(귀찮아 함, 소심함, 교활함) 등으로 사기가 저하한다.
- 이러한 자는 지식이 이미 있어도 하지 않는다고 하는 단순한 교육의 문제가 아니라, 마음의 문제이고 동기부여가 되어 있지 않은 곳에 문제가 있는 것이다.

② 규율이 느슨함

- 안전관리의 기본은 각 개인에게 있다고 하는 것을 전원이 이해하여도 그 직장에서 모범을 보이는 관리자가 하지 않는다든가, 혹은 직장관계를 잘 하기 위하여 항상 불안전한 행동을 하고 있는 직원에 대하여 즉시 시정을 주저하는 경우 등이다.

③ 교육지도가 저조하기 때문에 하지 않음

- 안전관리에 대한 규정은 있지만, 교육지도가 되어 있지 않기 때문에 못하는 상황을 만들고 있다.
- 사고는 전원이 잘 알고 있다. 와 이상한 오해를 하여 할 수 있는 교육을 하지 않는다. 하려고 하는데 하지 않는 것 같은 분위기를 만들어 버리는 경우에 일어난다.
- 안전관리에 대한 교육은 지나치게 한다는 것은 있을 수 없다. 오히려 너무 안하는 일이 있을 뿐이니 주의를 요한다.

5) 휴먼 에러

① 휴먼에러에 관하여는 아직 그 정체가 모두 해명되어 있지 않다. 에러는 정체가 복잡하기 때문에 실수, 과오, 과실, 착오, 실패, 실책, 깜박 등과 같은 여러 가지 명

칭으로 불린다.

② 인간은 에러를 고의로 일으키는 것은 아니다. 경방, 예방, 구급 등의 지식이 없었기 때문에 이러한 기술을 습득하지 못하거나, 경험이 적어 할 수 없는 훈련, 능력 이상의 현장 활동 등을 실시하지만 실패하여 사고를 일으킨 불안전한 행동은 에러에 들어가지 않는다.

③ 에러는 '알고 있다.', '하려면 할 수 있다.', '할 작정이었다.'등의 경우에도 불구하고 못한 경우를 에러라고 한다.

④ 인간은 아무리 주의를 하여도 아무리 주의가 깊은 인간이라고 하여도 에러를 일으키는 동물이다. 이것을 휴먼에러라고 한다.

⑤ 휴먼에러의 타입

- 휴먼에러를 대뇌정보처리의 프로세스로부터 설명하면, 휴먼에러가 어떠한 상황, 환경이 작용하여 일어났는가, 에러의 직접원인은 어떠한 상황, 환경이 작용하여 일어났는가? 라고 하는 심리적 혹은 생리적 분석을 할 수 있다.
- 인간이 활동을 일으키는 데는 다음과 같은 과정이 있다고 이야기 되는데, 이 과정에서 인간은 에러를 일으킨다. 이 에러를 발생단계에서 분류하면, 다음과 같이 분류할 수 있다.

  · 실수

  이것은 인지와 판단의 과정에서 자주 발생한다. 경방활동과 같은 긴급활동은 순식간에 그 판단을 요구받는다.

  이와 같은 경우, 인간은 자신이 과거에 경험한 것을 축으로 하여 판단한다. 통상 하고 있는 대로 골몰하여 실수를 일으키는 것이다.

  · 간과

  이 에러는 판단과 동작의 과정에서 발생한다. 이 에러는 일련동작의 흐름 속에서 실시하고 있는 일이나 일련의 흐름을 몸으로 기억하는 것은 거의 기억하지 않는 것이라는 것이다.

  일의 흐름, 흐름 속에서 아무렇지도 않은 동작 등은 무언가의 장단으로 그 흐름이 중단 된 후에 원래의 일로 돌아와도 머리에서 흐름의 일은 이미 종료하였다고 처리함으로써 생기는 에러이다.

⑥ 휴먼에러의 방지

- 일상의 사무적인 일·작업, 경방활동, 훈련 속에서 많은 공무재해가 발생하고 있다. 사고가 발생하면 사실관계를 파악하기 위하여 사실조사를 실시한다.

- 이때에 왕왕 사고를 일으킨 자를 비난하게 되는 일을 하기 쉽다. 사고를 일으키면 당사자를 비난하는 것이 아니라, 휴먼에러로서 파악하고 왜 그런 일이 일어났는가를 분석하는 것이다.
- 가령, 이러한 사고를 당사자의 부주의로서 파악한다면 유사사고에 대한 대책을 취할 수 없게 된다.
- 그러나 이러한 사고를 휴먼에러로서 파악하고 그것에 대응할 수 있는 처치를 하면 새로운 유사사고는 발생하지 않게 된다.

(4) 불안전한 행동의 배후요인

1) 인적요인

① 심리적 요인

- 장면행동 : 화재현장 등에서 돌발사고가 발생하면, 인간은 그것에 의식이 집중되어 다른 일을 자각하지 못하고 전후의 계산이 없는 채로 행동을 하는 일이 있다. 인간은 어떤 방향으로 강한 욕구가 있으면 그 방향에 직선적으로 행동한다. 이것을 장면행동이라고 하는데, 장면행동에 있어서는 위험을 의식하고 있지 않으므로 중대한 사고를 일으킬 가능성이 있다. 예를 들면 다음과 같다.
  - · 화재현장에 있어서 지붕이 전락하기 시작하여서 황급하게 뛰쳐나가더니 연못에 빠져버린다.
  - · 구급을 요하는 인간을 검색하는 중에서 활동시기 종료에 임박하여 구조를 요하는 인간을 발견하였기 때문에 구조자의 구출활동을 실시하였더니 공기호흡기의 잔압이 없어져버렸다.
  - · 달걀을 한창 찌고 있을 때에 달걀 껍질이 들어가 있는 것을 모르고 무심코 손으로 달걀 껍질을 빼려고 하다가 화상을 입었다.
  - · 구출하는 것에 의식이 집중하여 플래시오버의 시간이 임박하였는데도 지체 없이 화재실로 뛰어 들었다.

- 망각 : 인간은 망각하는 동물이다. 그러나 훈련이나 경방활동에서 활동상 필요한 기본적 지식, 기구의 취급을 망각하면 사고에 연결되는 일이 있다. 인간은 20분이 경과하면 반을 잊어버리므로 중요한 요건은 문서화하고, 메모하는 습관이 필요하다. 예를 들면 다음과 같다.
  - · 압력과 반동력의 관계를 잊어버리기 쉽고 다른 방출구에서 방수 활동을 하고

있는데도 방출구를 급격하게 막아버린다.

· 공기호흡기의 활동시간의 시산식을 잊어버린다.

· 방수수조를 사용하여 자연수의 흡수나 소화훈련 중에 화재지령이 들어와 출동하는데 방수수조를 충수하는 것을 잊어버린다. 그 이후에 이 방수수조의 가까운 곳에서 생긴 화재에서 물을 사용하지 못한다.

- 주변적 동작 : 인간은 어떤 일을 열심히 하고 있을 때, 일상적인 습관동작을 의식의 주변에서 행하는 일이 있다. 이와 같은 행동을 하지 않고는 거의 대부분이 주위의 상황을 안보고 행하여지게 되어 주위에 있는 위험을 지각하지 못하는 일이 많고 사고를 유발하는 일이 많다. 예를 들면 다음과 같다.

· 높은 훈련에 있어서 카라비나, 미끄럼차 등의 기자재를 발아래에 두고 매듭 등의 작업을 하고 있으면 기자재를 발로 낙하시켜버린다.

· 차량의 점검을 하고 일어나다가 열린 문에 머리를 부딪혀버린다.

· 조사하러 나간 직원이 몸의 방향을 바꾸다가 바닥의 돌기에 걸려 배전판에 닿을 뻔하게 된다.

- 생각 등 : 인간은 '내일은 골프 치러 가는데..', '어제 근사한 성적을 낸 게임...' 등의 생각에 빠지는 잡념이 의식을 점유하면, 의식이 집중되지 않는다. 그래서 불안전한 행동을 하고 사고를 일으키는 일도 적지 않다. 지도자나 상사는 매일 아침 자신의 대원이나 직원에게 주의를 기울이고 이상한 기색이 있으면 말을 걸어 이야기를 듣고 상담을 하든지 전문상담자에게 상담을 받게 하는 등의 배려가 필요하다.

- 무의식 동작 : 인간은 일상생활에서 주위의 사물을 객관적으로 보고 있는가 하면 의외로 주위의 상황을 의식하여 보지 않는 일이 많다. 예를 들면 다음과 같다.

· 화재현장에서 창유리가 깨져 있는데도 창틀을 움켜쥔다.

· 식사시간에 뜨거운 차를 탔는데 무심코 마셔 화상을 입는다.

· 동료와 잡담을 하면서 계단을 내려가다가 발을 헛디뎌 넘어질 뻔하다.

- 위험감각

· 대원이나 직원의 불안전한 행동을 방지하기 위해서 대원이나 직원이 어디에 기준을 두고 '위험하다.', '안전하다.'라고 판단하는가가 상당히 중요한 일이다.

· 예를 들면 높은 곳에서 작업할 경우, 안전띠를 착용하고 활동하지만, 이 높이

에 대한 감각도 인간마다 다르다. 어떤 인간은 3m이고 어떤 인간은 5m가 되는 등 차이가 있다.

· 같은 직장에서 똑같은 활동, 훈련을 하여도 어떤 인간이 위험이라고 느끼고 어떤 인간은 아무 것도 느끼지 않은 직장에서는 반드시 사고가 일어난다.

· 위험감각은 각각 다르다 하여도 이상할 것은 없지만, 똑같은 활동, 똑같은 훈련에서는 어디가 위험하고 어디가 안전한가에 대한 판단은 같아야 한다.

- 근도반응(지름길반응) : 뜻은 말 그대로 이다. 즉 다니는 길이 있는데도 그 길을 가지 않고 지름길을 걸어 목적의 장소에 도달하는 것이다. 한 대원이 지름길행동을 일으킴으로써 활동전체를 불안전한 상태로 만들 가능성이 있다.

- 생략행위 : 근도반응과 똑같은 행동이고 기본적으로는 대원이나 직원의 예의 등이 문제가 된다. 소정의 용구를 사용하지 않고 근처의 용구로 대처하거나 보호구의 미사용, 작업수순의 결함 등이다. 예를 들면 다음과 같다.

· 차량 정비 등으로 드라이버 등의 공구가 가까이에 없으므로 다른 것을 대신 사용하였다.

· 높은 곳에서 작업하는데 안전띠를 착용하지 않고 작업하였다.

· 화재현장에서 젖은 작업 장갑으로 토탄의 제거작업을 하였다.

· 생략행위를 방지하는 방법은 지휘자나 감독자의 리더십의 발휘와 직장에서의 규범을 높이고 직장의 안전에 배려하는 분위기를 만들어내는 것이 중요하다.

- 억측판단 : 긴급자동차로 빨간 신호를 통과할 경우에 상대가 우리방향을 의식하고 있을 거라고 자기 맘대로 주관적으로 판단하거나 희망적인 관측에 근거하여 일단 정지하지 않고 통과하는 행위이다. 안전한 행동을 하게 하는 데는 다음과 같다.

· 활동에 대한 위험정보 등은 정확하게 입수한다.

· 활동 등에서 얻은 정보는 정확하게 전달한다.

· 과거의 경험에 얽매이지 않고 선입관을 가지고 판단하지 않는다.

· 자신의 사정이 좋은 대로 희망적인 억측을 하지 않는다.

- 착각

· 인간은 자주 착각한다. 안전에 대한 정보는 시각, 청각, 촉각에서 입수하는데, 이 감각이 착각되면서 사고를 발생시킨다.

· 눈의 착각에 관하여 말하면, 실제로는 같은 길이인데 세로 방향이 길고 가로 방향이 짧게 보인다. 물건의 대소 판단에도 같은 일이 생긴다.

· 사다리차를 대상물에 걸쳐 놓았을 때 공중선으로서 정체의 관계를 상상하여 보면 공중선이 건물과 평행이 되어 원근감이 없어지는 것 같은 착각을 일으키므로 주의를 요한다.

- 익숙함

· 불안전한 행동을 취하는 것은 신임자나 지식이 부족한 인간에게만 한정할 수 없다.

· 소위 베테랑이라고 불리는 직원도 실수를 범한다. 베테랑은 훈련이나 경방활동 등에 관하여 안전하게 신속하게 실시한다. 그러나 훈련이나 경방활동의 개개의 움직임 속에서의 생략행위, 지사호칭(손가락차호칭)등의 확인호칭 생략 등 무의식적, 자동적으로 연속동작으로서 진행하여 버리기 때문에 가령 매일의 현상과 다른 이상한 점이 있어도 놓쳐버리고 마는 것 같은 지나친 일상적 반복에 의한 에러를 만든다.

· 항공업계의 신인 조종사의 경우, 조종기술에 관한 에러를 많이 일으키고 베테랑이 되면 익숙한 반복행위나 억측에 의하여 항법이나 판단에 관한 에러가 많다는 자료도 있다.

· 구조 훈련 등에서의 안전환을 잠그는 것을 잊어버리고 카라비나의 오류 등에 의한 전락, 혹은 소화전의 점검이나 소화활동에서 소화전의 뚜껑을 황급하게 열어 발을 헛디디는 사고예도 있다.

- 성격

· 성격은 백인백색이라고 이야기 되는 것 같이 인간은 원래 타고난 성격이 있다. 성격과 공무재해와의 관계에 관하여는 그다지 명확하게 되어 있지 않다.

· 화재 현장, 구조현장, 구급현장 등의 재해 현장은 일반의 사업 장소에 비하여 불안전한 장소이다. 이와 같은 장소에서는 대원을 활동하게 하는 지휘자는 대원의 성격을 파악하고 적재적소에 직원을 배려하도록 생각할 필요가 있다.

② 생리적 요인

- 피로 : 피로에는 육체적 피로, 정신적 피로 등 2종류가 있다. 정신적 피로는 감정이나 의욕의 기능에 영향을 주고 육체피로에 비하면 회복하기 어려운 것이 특

징이다. 피로의 3대 특징은 작업을 행하는 것에 동반하여 능률의 저하, 생체감각적인 기능의 변화, 피곤의 자각 등의 변화가 일어나는 것이다. 피로의 정도를 분류하면 다음과 같다.

· 그 날 당일에 회복하고 다음날에 가져가지 않는다.
· 다음날에 가져가지만 정규 휴일에 회복한다.
· 정규 휴일이 아니라 연휴 등의 휴일을 가지지 않으면 회복할 수 없다.
· 피로, 공무재해, 착각, 노이로제, 수면부족 등이 나쁜 상태를 일으킨다.
· 피로는 해결하지 않으면 재해현장에서 사고가 발생하는 확률이 높아지므로 주의를 요한다.
· 피로는 시각, 청각, 후각 등의 인간의 신체적 기능을 저하시키고 일속의 긴장감과 작업의 정확함을 저하시킨다. 따라서 불안전한 행동이나 휴먼에러를 유발하여 공무재해의 발생에 직결하는 것이다.

● 수면 부족 : 인간은 하루 밤 정도 안자도 바로 병이 난다고 한정할 수 없지만 공무재해방지를 위해서는 수면시간도 하나의 포인트가 된다. 수면부족의 상태에서는 다음과 같은 병상이 나온다.

· 졸리다고 느낀다. 특히 오후에 이 감각이 강해진다.
· 식욕부진, 구토감, 설사 등의 자율신경계에 장애가 생긴다.
· 의욕이 생기지 않는다. 주의력이 산만하고 끈기가 지속되지 않는 등 정신기능에도 영향을 미친다.
· 수면부족에 의한 영향을 다음과 같이 정리할 수 있다.

가. 피로 증대
나. 능률저하
다. 재해를 일으킴
라. 병에 걸리기 쉬움
마. 결근이 증가
바. 계획성의 소실
사. 새로운 사태에 대응하지 못함
아. 오인, 간과, 수치의 오류, 타성 등에 걸릴 위험이 증가
자. 평상시 일어나기 어려운 부주의나 망각에 가까운 과실을 일으킨다.
차. 평상시 억눌렀던 자신의 버릇이 나온다.
카. 보고 있고 지각하는 부분이 국한되어져 그 때문에 생각지 않은 충돌이

나 전도 등으로 부상을 입는다.

타. 장단에 맞춰 순간적으로 해야 할 일을 오랫동안 계속하지 못한다.

파. 타인과의 연락이 원활하지 않게 된다. 타인과 이야기를 하고 있어도 생각지도 않은 것을 말하거나 중요한 것을 잊어버리거나 침묵을 하기도 한다.

하. 전신의 조화를 잃고 부자연스러운 자세를 타성적으로 계속하여 국소적 피로의 원인이 된다.

- 알코올
  - 알코올에 따라 신체기능이 저하하는 것은 잘 알려져 있다. 훈련, 재해활동, 작업 등에 있어서 안전 확보와 알코올은 관계가 깊다.
  - 혈중 알코올이 소실되기까지의 소실시간은 실험에 의하면 64g의 알코올을 마시면, 대개 8시간 이상이 걸린다. 알코올 163g이라면 24~25시간 정도 경과하지 않으면 혈중 알코올의 농도는 제로가 되지 않는다는 것이다.
  - 개인의 차이, 마시는 방법 등에 다르지만, 음주량 180cc당, 안전하게 취기가 깨기까지의 시간은 약 5시간이라고 한다.
  - 과음하여 540cc이상 마시고 15시간이 경과하지 않으면 완전히게 알코올은 손실되지 않는다. 요컨대 이 정도의 양을 밤중 12시 넘어서까지 마신다면 다음날 오후 2시쯤까지도 알코올이 남아있다고 하는 것이다. 이 상태에서 훈련, 재해 활동, 작업 등을 실시하면 불안전한 행동을 일으켜 공무재해를 발생시키는 가능성이 높아진다.

- 질병
  - 병이 있는 인간이 훈련, 재해활동에 종사하는 것은 있을 수 없다고 생각하기 쉽지만, 실제로 그렇지 않으므로 주의를 요하는 것이다. 직원 중에는 요통, 고혈압 질환 등을 갖고 있거나 그것을 감추고 훈련, 재해 활동, 작업에 종사하고 있는 자도 있다.
  - 예를 들어 감기에 걸려 있을 때, 수난구조로 잠수작업을 하여 고막을 손상하는 일도 있다. 안전관리 면으로부터 직원의 체조, 건강에 대한 관찰은 지휘자나 관리감독자로서의 중요한 포인트이다.

2) 외적(환경적) 요인

① 인간관계요인

- 소방직원은 혼자서 일하고 있는 것은 아니다. 직장에 있어서는 자신 이외의 인간과 항상 관계를 가지고 있다. 인간관계가 나쁜 직장은 당연히 팀워크도 나쁘고 사기도 저하하고 안전의식도 저하한다.
- 또한 인간관계에서 고민하는 직원은 견딜 수 없는 바늘 위에 앉아 있는 것과 마찬가지이다.
- 직원에게 영향을 주는 인간환경요인으로서는 가정의 문제, 연인의 문제, 가정 내의 불화 등도 있다.
- 관리 감독자는 직장에서 자유롭게 이야기 할 수 있을 것 같은 분위기나 가볍게 상담할 수 있는 분위기를 만든다. 또한 직원의 행동을 충분히 고찰하고 고민이 있을 것 같다면 이야기를 들어 주는 것이 중요하다.

② 작업적 요인

- 정리 정돈
  - 정리정돈이 나쁜 직장은 반드시라고 하여도 좋을 정도로 불안전한 행동에 의한 공무재해가 발생하고 있다.
  - 훈련, 활동현장 등에 있어서 정리정돈이 나쁘면 나쁠수록 넓은 공간이 좁아져 버린다. 좁아진 장면에서의 활동은 물건 접촉하고 충돌하는 등 다양한 위험요인을 만들어 낸다.
  - 현장활동에서 특히 많은 기자재를 사용하는 경우는 기자재 사용 장소와 기자재 집결장소를 구별하여 필요한 것을 필요한 때에 꺼내어 사용한다고 하는 정리정돈을 생각하면 기자재가 원인이 되는 공무재해도 적어지게 된다.

- 활동 공간 : 활동공간은 장소, 기후, 시간 등에 의하여 커지거나 작아지기도 하는 것을 머릿수에 넣어둘 필요가 있다. 예를 들면 다음과 같다.
  - 비가 내리는 국도와 날씨가 좋은 국도에서는 그 활동 공간에 차이가 있다.
  - 눈이 내리는 경우, 활동공간은 넓어진다.
  - 같은 국도라도 낮과 밤은 그 활동공간에 차이가 있다.
  - 전망이 좋은 도로와 전망이 나쁜 도로에서는 그 활동범위에는 차이가 있다.
  - 비가 내리고 있는 야간은 당연하게 시야불량이 되므로 활동범위는 넓게 취하거나 활동범위 장소에의 차량 진입금지를 위해 활동 후방에 차량을 배치하는 등

약간의 배려에 의해 대원이나 부대가 안전하게 활동할 수 있다.

(5) 공무재해 제로의 원칙

1) 공무재해 제로는 직원 한 인간 한 인간을 인간으로 중시하며 다룬다는 것으로 결국 인간존중이라고 바꿔 말할 수 있다.
2) 소방직원이 활동하는 현장은 불안전한 환경 속에 있기 때문에, 공무재해를 제로로 하는 것은 어려울 지도 모른다.
3) 직원의 신체와 생명을 지키고, 부상이 없는 직장이 된다고 하는 것이 공무재해 제로의 원칙이다.
4) 2005년 일본소방백서에 의하면, 2004년 일본전역에서 소방직원이 공무재해로 사상자가 1,494명이 발생하였다. 그 중에 화재현장에서의 사상자가 607명, 연습 훈련에서의 사상자가 409명이었다.
5) 연습훈련은 공무재해 발생건수의 27.40%에 해당하고, 재해현장 이외의 비교적 안전이 보장되어 있는 특별경계, 수색, 기타를 포함하면 공무재해 전체의 60%나 해당된다.

표 3 45 일본소방직원의 공무재해 수(2004년)

재해 종별	부상자	순직자	비율
화재	308명	–	20.6%
풍수해 등의 재해	36명	–	2.4%
구급	262명	1명	17.6%
연습훈련	407명	2명	27.4%
특별경계	3명	–	0.2%
수색	4명	–	0.3%
기타	469명	2명	31.5%
합계	1,489명	5명	100%

자료 : 소방백서(2005년).

(6) 안전 최우선(확보)의 원칙

1) 이 원칙은 말하자면 위험을 알아차리고, 회피하는 위험예지의 원칙이다. 이것은 작업이나 훈련을 실시하기 전, 활동하기 전에, 생각할 수 있는 위험을 예지하고, 공무재해 발생 원인을 찾아내어 행동하는 것이다.

2) 위험을 예지하는 행동은 평소의 일상생활에 있어서 우리들이 무의식적으로 행동하고 있는 것이다.
3) 예를 들면 뜨거운 차를 마시려 할 때, 조금씩 식히면서 차를 마시는 것은 입안을 데이지 않도록 행하고 있는 무의식의 위험예지행동이다. 이것은 어렸을 적에 입 안을 데었던 경험이나, 부모님들의 행동을 보고 자연스럽게 몸에 베인 것이고, 무의식의 행동으로서 행해지도로 되어있는 것이다.
4) 이러한 일상생활에서 행하고 있는 것은 현장활동에서 "무언가 이상하다", "이상태 대로는 위험하다"고 느끼는 감각을 만드는 것이 위험예지훈련의 근본을 이루는 사고방식이다.

(7) 전원 참가의 원칙

1) "안전관리는 자기관리" 라고 하듯이, 안전으로의 또 다른 의미는 자기책임인 것이다. 그러나 안전관리는 개인이 아닌 조직전체를 고려해보면 쉬운 일은 아닐 것이다.
2) 소방백서에 의하면 불안전한 상태로 되면 될수록 주위인간이 주의를 하고, 조직적으로 활동하고, 이에 안전한 상황으로 이동하여 공무재해의 발생도 적어지게 된다.
3) 이와 같이 고려해보면 일상 업무에 있어서 사고방지를 위해 한 인간 한 인간이 적당한 긴장감을 갖고, "자신은 결코 부상입지 않겠다.", "동료에게서 부상자를 내지 않겠다."를 위해서, "이렇게 해야지", "이렇게 하겠다." 라는 안전관리에 대한 배려가 생길 수 있게 되는 것이다.
4) 이를 위해서, 재해활동과 작업을 행하는 소방대원 자신뿐만 아니라, 지시를 하는 대장과 각 계급 지휘자를 포함해서 전원이 안전관리에 참여하는 것이 전원 참가의 원칙이다.

(8) 위험예지훈련

1) 위험예지훈련의 정의

① 위험요인이란 공무재해와 사고의 원인이 될 가능성이 있는 불안전한 행동과 불안전한 요인을 말한다.

② 위험예지훈련은 훈련 · 조사 · 재해현장 등의 상황 속에 잠재된 위험요인이 일으키는 현상을 훈련계획도, 재해현장의 실황도 또는 훈련작업의 상황을 그린 일러스트를 사용하여 찾아내는 훈련으로 위험 감수성의 향상을 목적으로 하고 있다.

③ 이 요인을 찾아내기 위해서는 위험을 예지하는 지식과 감각이 필요하고, 위험예지훈련을 실시하기 전에, 훈련에 사용되는 기자재를 사용해 도구를 취급하는 전시를

하면서 소집단에서 서로 이야기 나누고, 함께 생각하고 이해하고, 위험의 핵심이나 중점실시 항목을 손가락으로 가리켜 한인간이 말한 것을 서로 따라 말하고, 지적해 호칭하기도 하며, 행동하기 전에 안전의 최우선을 확보하는 방법이기도 하다.

④ 인간은 일상의 행동 중에서 수많은 위험을 무의식중에 알아차리고, 회피하는 일이 있다. 이것은 일상생활에서 얻는 지식, 정보 등을 유사한 체험을 함으로써, 본능적으로 회피하고 있기 때문이다. 결국, 잠재의식에 깊게 지배당하고 있다는 것이다.

⑤ 소방활동에 있어서도 선배로부터 들었던 것, 소방학교 등의 교육기간에서의 연수 중에 얻은 것과 여러 서적을 통해서 배운 지식과 소방활동현장에서 얻은 지식 등이 있는데, 이러한 위험예지훈련은 평소에 무심코 하고 있는 훈련과 재해 활동의 일러스트를 제3자 입장에서 관찰하는 것과, 여러 경험을 갖은 자가 같은 자리에서 서로 이야기를 나누고, 정보를 서로 공유하고, 거기서 나온 위험요인의 핵심과 그것을 회피하는 행동 목표를 정하는 것으로 위험의 회피 행동을 잠재의식 속에 강하게 새겨두고, 또한 인간의 제6감을 연마할 수도 있다.

2) 위험예지훈련의 종류

위험예지훈련은 소방활동이나 관련 업무에 있어서 "어딘가 이상하다.", "무언가 이상하다."라고 느끼게 하여 안전을 확보하는 훈련인데, 이 훈련을 소방 훈련에 있는 분류법으로 분류하면 다음과 같다.

① 4라운드 위험예지훈련(기초훈련)

- 4라운드 위험예지훈련은 위험예지훈련의 훈련방법과 사고방식을 익히게 하기 위해서 일러스트 시트와 훈련그림 등을 이용하여 단계적(도입, 제1라운드, 제2라운드, 제3라운드, 제4라운드, 확인)으로 불안전한 상태와 행동을 찾아내게 하여 위험에 대한 감수성을 높이기 위해 실시하는 것이다.

② 소대활동 위험예지훈련(응용훈련)

- 소대활동 위험예지훈련이란 4라운드 위험예지훈련 중 제1라운드, 제2라운드, 제4라운드를 중심으로 하여 실시하는 방법이다.
- 이 경우 모조지나 메모 용지를 사용하지 않고, 선 채로 말로 실시하는 것인데, 2~3분 정도면 가능하다. 특히 일러스트 시트에 구애받지 않고, 훈련 전에 실시할 수도 있다.

③ 개별 위험예지훈련(응용훈련)

- 개별 위험예지훈련이란 특히 위험성이 높은 직원(경험 연수가 적은 지식 및 기

술이 낮은, 지레 짐작하는 성격 등)에 대해 또는 특히 위험한 작업, 처음으로 하는 훈련을 시킬 경우에 있어서 소대장 등의 지휘자가 개별적으로 위험을 예지해서 지시를 추가하고, 세심한 충고를 소대원 또는 작업직원에게 하는 것이다.

④ 1인 위험예지훈련(응용훈련)

- 1인 위험예지훈련이란 대원이나 직원 한 인간 한 인간이 위험에 대한 감수성을 향상시켜서, 인간에 관한 사고 방지를 목표로 하는 것이다.
- 이것은 직원 한 인간 한 인간이 스스로 잠시의 시간을 내서 실시할 수가 있고, 또한 위험에 대한 감수성을 몸에 익힐 수 가 있는 획기적인 것이다.
- 4라운드 위험예지훈련에서 잘 트레이닝 받지 않으면, 이 훈련의 본질을 잃을 수가 있기 때문에 주의를 필요로 한다.

3) 위험예지훈련의 목표

① 알고 있는데, 할 수 있는데 등을 없앤다.

- 소방직원은 여러 가지 연수나 현장활동을 통해서 어떠한 것이 위험한지를 잘 알고 있다. 하지만 사고 발생 후의 검토회의나 사고보고서를 읽어보면, "그 단순한 일을 했더라면 이 사고는 예방 할 수 있었지 않은가?" 라는 의문이 생길 수가 있다. 왜 안 되었는지를 분석하면, 다음과 같다.
  · 감수성이 둔하고, 위험을 위험으로 느끼지 않아서 하지 않았다.
  · 그만 깜박하고, 멍하게 있다가 하지 않았다.
  · 처음부터 의욕이 없기 때문에 하지 않았다.
- 이러한 것을 방지하기 위해서는, 감수성을 강하게 만드는 일과 함께, 훈련·활동에 집중시켜, "탁상공론이 아닌 실제로 실행한다는 마음가짐"을 훈련을 통해서 갖도록 하는 것이다.

② 감수성을 강하게 한다.

- 활동현장이나 작업현장에서 "위험하군", "왠지 모르게 이상하다.", "아무래도 마음이 걸린다." 등 이상한 느낌이 든다.
- 이것이 위험에 대한 감수성이다. 위험예지훈련은 일러스트시트를 사용하여 제3자적으로 관찰하고, 위험요인을 이끌어 내는 훈련이기 때문에 이것을 계속하면 위험한 것을 위험하다고 느끼는 감각 즉, 위험에 대한 감수성이 강해진다.

③ 집중력을 높인다.

- 위험예지훈련은 정해진 시간에서 일러스트시트 내의 위험 포인트를 추출하여 대

책을 생각해내는 훈련이기 때문에 그 과정에서 집중력을 기를 수 있다.

④ 문제해결 능력의 향상과 시야를 넓힌다.

- 위험예지훈련은 일러스트시트 중의 위험요인을 좁혀 들어가서 그것에 대한 구체적인 대책을 수립하는 것에서 위험에 대한 문제의 해결 능력을 향상시킨다.
- 동시에 소대와 관계 기관에서 서로 토론하여 한 인간 한 인간의 사고방식과 사물에 대한 견해의 차이를 이해하고, 그것을 받아들이는 것에 의해 시야가 넓어진다.

⑤ 실천으로의 의욕을 높인다.

- 위험예지훈련은 일러스트시트 속의 위험요인에 대한 속마음을 토론하고, 그러한 가운데 "하겠다. 해야지" 등의 실천활동으로의 열의를 높인다.
- 위험예지훈련은 일반의 훈련, 지적호칭, 확인호칭과 같이 어쩔 수 없이 하는 활동이나 행동, 또는 멋쩍다. 부끄럽다. 가 아닌 프로로서 스스로 개척해 나간다. 라는 마음을 다잡고 열의로 실천되어 비로소 안전이 보장되는 것이다.

⑥ 팀워크 만들기

- 위험예지훈련은 하나의 일러스트시트와 함께 솔직한 분위기 속에서 활발한 발언을 이끌어 내어 전원의 지식과 경험을 소대활동이나 관계 기관내의 작업이 안전하게 활용하려고 하고, 참가자 전원이 브레인스토밍(진심으로 토론하기)에 참가하는 일로 팀워크 만들기에 효과가 있다.
- 특히 간부직원도 부하에게 명령하는 것 뿐 아니라, 스스로가 참가하면 동시에 다른 인간의 의견을 부정하지 않도록 주의할 필요가 있다.

⑦ 직장 풍토 만들기

- 위험예지훈련은 단순하게 일러스트내의 위험요인에 대한 대책이나 해결책의 수립을 목표로 하는 것이 아니고, 최종적으로는, 안전최우선 확보의 공무재해가 없는 직장풍토 만들기를 목표로 하는 것이다.
- 이 훈련 가운데 경험하는 4가지 단계의 문제해결 방법은 재해활동뿐만이 아니라, 일반사무나 주민 대응의 대해서도 활동할 수 있는 것이고, 위험을 예지하고, 예측하고, 안전 우선 확보하는 감수성이나 팀워크는 조직 전체의 위기관리능력의 향상에도 영향을 미친다.

(9) 지적호칭

1) 지적호칭의 개요

① 소방활동에 있어서 확인호칭은 일상적으로 잘 행해지고 있는 것이다. 예를 들면 공기호흡기의 압력 확인이라든지, 3중 사다리의 할부금의 확인 등은 그 좋은 예이다. 그러나 이러한 것들은 조작법 훈련에 있어서 호칭이 들어 있다는 점에서 자연스럽게 하는 행위이다.

② 호칭확인을 해서 안전을 확인하는 것이지만, 조작법으로는 행동의 흐름이 되어 버리고 있지 않겠는가? 실제의 안전행동을 생각하면 호칭 확인만으로 괜찮은지, 확인하는 장소를 손가락으로 가리키고, 그리고 호칭하는 것이 확실한 안전 확보로 이어진다.

③ 인간은 사물을 손가락으로 가리킴으로 해서 시선도 그쪽으로 향한다. 그리고 목소리를 내서 가리키면, 누구라도 그쪽을 향한다. 예전 TV에서 '새다, 비행기다, 슈퍼맨이다'하고 하늘을 가리켜 부르면 모두가 하늘을 보던 것을 떠올린다. 손가락을 가리켜 소리를 내는 것으로써 그곳에 주의력이 주목 되어지는 것이다.

④ 소방활동에 필요한 장소에서 지적호칭을 행하는 것으로 집중력을 높이고, 인간의 심리적 결함에 근거한, 그릇된 인지, 판단 오류, 조작 오류를 막고 사고를 미연에 방지 하는 데에 도움이 되는 것이다.

⑤ 확인할 대상에 시선을 두고, 가슴을 펴고, 손가락을 가리켜서 확실히 목소리를 내는 것으로 의식 레벨을 새롭게 바꾸어 그것에 대한 정당한 의식 레벨이 전환되어 주의력을 높게 한다.

2) 지적호칭이란

훈련이나 작업을 안전하게 사고 없이 실시해가기 위해서 작업이나 행동의 핵심으로 자신이 해야 할 행동이나 기자재를 「○○좋아!」라고, 사물에 팔을 뻗어 확실히 지적하고, 분명한 목소리로 호칭하여 확인하는 것을 「지적호칭」이라고 한다.

3) 지적호칭의 이념

① 안전관리에서는 인간존중 기본이념 3원칙(제로 · 우선 확보 · 참가)을 직장이나 작업에서 실현하기 위한 휴먼 에러사고방지의 구체적인 방법이 위험예지훈련이고 지적호칭이다.

② 인간존중 이념에 붙어 있는 전원 참가의 안전 우선확보의 활동으로서 직장전체에

서 전개되어 처음으로 정착하는 것이다.

③ 인간은 실수하는 동물이므로 다 같이 지적호칭을 하려고 하는 것이다. 손가락 끝으로 의식을 집중시키지 않고 하는 지적호칭은 실수 방지에 도움이 되지 않는다.

4) 지적호칭의 필요성

① 인간은 본래 심리학적으로는 결함투성이의 동물이고, 오작업, 오조작, 오판단 등 여러 가지 실수를 하는 것은 당연하다고 말해도 좋다.

② 그 불안전한 인간의 마음의 특성을 붙잡아 물적인 면이나 인적인 면에서 어떻게든 실수를 발생시키지 않도록 또한 실수하더라도 사고가 되지 않도록 해 가는 것이 필요하다.

③ 따라서 인간마음의 움직임 중에서 부주의, 착각, 생략행위· 지름길 반응의 3가지의 인간 특성에서 '지적호칭의 필요성'에 관해서 생각해보고 싶다.

- 부주의
  - · 사고나 화재가 발생하면, 그 원인을 '본인의 실수'라고 정해버리는 인간도 있지만, 누구도 좋아서 실수를 일으키고 있을 리는 없다. 일부러 실수를 일으키는 것은 인간에게 있어서 당연한 심리 현상이다.
  - · 심리학에서는 주의란 '특정의 대상을 한정· 선택하여 의식을 집중하는 것'을 말하고, 그 경우, 주의에는 몇 가지의 고유한 성질이 있다.
  - · 주의가 부주의로 변했을 때, 그것이 위험한 작업이나 상태와 중복 된다면 사고 발생의 원인이 된다. 안전한 작업을 하기 위해서는 위험과 부주의를 결합시키지 않도록 하는 일이 필요하고, 그것을 위해 작업행동의 요소요소에서 지적호칭에 의한 '의식레벨'을 바꾸어 깜박함 · 멍함의 부주의를 막는 것이 불가피해지고 있다.
- 착각
  - · 인간은 모든 것을 정확하게 지각하고, 정확하게 판단하여 행동 할 수는 없다. 정확히 지각해 얻는 범위에는 한계가 있고, 가끔 감각에 오류를 일으켜서 착각을 한다.
  - · 인간은 당연히 착각한다. 라는 것을 충분히 이해한 다음, 안전대책을 진행해 갈 필요가 있다. 유사한 스위치 등을 잘못 작동시키지 않도록 하드 면의 대책(색 구분이다 이름표 부착 등)을 진행하는 것과 동시에, 지적호칭으로 의식 레벨을 바꾸고, 확실하게 그 대상을 확인하여 조작 · 취급을 할 필요가 있다.

- 생략행위 · 지름길 반응
  - · 인간은 때때로 하지 않으면 안 되는 순서를 생략하거나, 금지되어있는 지름길을 선택하곤 한다. 정해져 있는 기구를 사용하지 않거나(생략행위), 발판을 사용하지 않고 높은 것의 물건을 꺼내거나(지름길 반응)해서, 그것이 사고의 원인이 되는 일이 있다.
  - · '괜찮겠지' 라는 억측 판단에서 그만 생략하거나, 지름길로 가거나 불안전한 상태를 만들어 내고 마는 것이다.

④ 지적호칭은 이러한 것들의 생략이나, 지름길을 따라가는 마음을 방지하기 위한 하나의 유효한 수단이다. 자기 마음대로 희망적 관측에 의한 행동을 시키지 않기 때문에 또한 하지 않기 위해서라도 작업의 요소요소에서 손가락을 가리키고 소리를 내어 안전한 작업을 확인하는 지적호칭을 습관화 하는 것이 필요하다.

5) 지적호칭 하는 방법

① 지적호칭은 보통 눈 · 팔 · 손가락 · 입 · 귀 등 신체의 각 기관을 총 동원하여, 자신작업의 정확성 · 안전성을 확인하는 것이다.

② 예를 들어 "눈은 확인해야 할 것을 눈으로 잘 본다.", "팔 · 손가락은 우측 팔을 뻗어서, 우측 손 검지로 대상을 가리킨다.", "입은 확실한 목소리로 ○○좋아!, 압력 ○○ 메가 패스컬 좋아! 등을 외친다." "귀는 자신의 목소리를 듣는다." 등 이다.

③ 지적호칭은 참가자의 의식을 집중시켜서 모든 인간이 해야지, 하자 등의 의식을 키울 수 있는 효과가 있다.

④ 실시상의 주의점

- 동작은 적당한 긴장이 필요한데, 바른 자세로, 절도 있게, 힘차게 하는 것이 매우 중요하다.
- 소리를 내는 것을 멋쩍어 해서 지적확인만으로 그치거나, 소리를 내더라도, 팔 · 손가락의 지적동작을 소홀히 한다면 정확도가 떨어지고 만다.
- 주의력을 가능한 한 집중시키기 위해서 "밧줄묶음 좋아!", "산소 농도 좋아!", 가 아니고 구체적으로 "밧줄 말아 묶음 좋아!", "산소 농도 ○% 좋아!", 라고 하듯이 호칭하는 것을 습관들이는 것이다.
- 훈련 참가자나 지휘자가 단독 호칭에 합세시켜 완전히 같은 것을 복창하거나 응답하는 것이 좋은 효과를 가져 오는 경우도 있다.
- 필요 이상으로 소리를 낼 필요는 없지만, 부끄러움이나 겸연쩍음 등을 떨쳐버리

기 위해서 다 같이 큰 소리를 내는 것이 필요하다.

- 지적호칭을 행할 때는, 한 발 앞으로 나가 대상물에 직접 손으로 만지면서 하는 방법이나 반대로 한 발 물러서서 하는 것도 의식의 레벨을 전환하는 효과 있는 방법의 하나이다.

6) 지적호칭의 확인 항목

① 인간의 확인

- 자기 자신
  - · 위치 (대상물과의 거리는 좋은가?, 주위는 좋은가?)
  - · 자세 (머리 · 팔 · 다리 · 허리 등의 위치는 좋은가?)
  - · 복장 (작업모 · 작업복 · 단추 · 소매불이 등)
  - · 보호구 (헬멧 · 턱근 · 안전화 · 신발끈 등을 제대로 착용하고 있는가?)
  - · 동작 (난간잡이 등)
  - · 훈련 참가자 상대의 위치 · 자세 · 복장 · 보호구 · 신호등

② 사물의 확인

- 계기류, 유량계 등의 지시계기나 경보설비
- 조작기구 핸들 (우로 돌리는지 좌로 돌리는지), 밸브 (열리는지 닫히는지), 레버 스위치 (on인지 off인지), 조작판넬 (자동인지 수동인지), 크레인, 작업 등의 확인 항목은 다양함
- 공구렌치 · 스패너 등 (규정된 것인가, 상태는 좋은가?)
- 기자재 등의 적재방법, 위치 · 방향 · 각도 (수평인가 평행인가)
- 표식 관계 위험물 · 유해물, 출입금지, 정지선, 화기엄금, 표시램프 (표식은 선명한가?)
- 보호구 헬멧, 방진안경, 장갑, 안전화 등 (성질이나 상태는 좋은가?)
- 그 외 각 작업, 훈련에 있어서 사용하는 기자재나 차량 등은 다르기 때문에 확인해야 할 것, 그 핵심은 여러 가지이다. 어디에 핵심이 있는지 생각할 필요가 있다.

3.4 안전사고 영상자료 분석

3.4.1 화재현상

(1) 플래시 오버(Flash over)

플래시오버(flash over)란 건축물의 실내에서 화재가 발생하였을 때 발화로부터 화재가 서서히 진행하다가 어느 정도 시간이 경과함에 따라 대류와 복사현상에 의해 일정 공간 내에 열과 가연성가스가 축적되고 발화온도에 이르게 되어 일순간에 폭발적으로 전체가 화염에 휩싸이는 화재현상을 말하며, 이를 순발연소 라고도 한다.

플래시오버(flash over)는 일반적으로 가연재료, 난연재료, 준불연재료, 불연재료의 순으로 완만하게 발생된다. 또는 불연재료로 내장이 되고 가연물의 양이 적은 경우에는 플래시오버(Flash over)에 이르지 않고 소화되는 경우도 있다.

플래시오버(Flash over)의 징후로는 일정 공간 내에서 전면적인 자유연소와 계속적인 열 집적으로 바닥에서 천정까지 고온상태이고, 두텁고 뜨거운 진한 연기가 아래로 쌓이며, 열 때문에 소방대원이 낮은 자세를 유지할 수밖에 없는 경우로 실내 모든 가연물이 동시에 발화하는 현상을 말한다.

화염이 실내 전체로 확대되는 플래시오버의 발생순간에는 바닥의 가연물이 일시에 큰 열원이 형성되고, 최고온도지점이 일시적으로 화재실의 아래쪽으로 옮겨가게 된다.

소멸 단계의 화재는 화재실 내의 천정 부근의 온도와 산소농도의 변화에 따라 백드래프트(Backdraft)가 발생할 수 있으며, 특히 개구부 개방 시 연기발생의 감지로 이의 발생을 예측 할 수 있다. 따라서 안전한 소화활동을 위해 이러한 발생기구를 잘 이해할 필요가 있다.

(2) 백드래프트(Backdraft)

백드래프트(Backdraft) 현상은 연소에 필요한 산소가 부족하여 훈소상태(燻燒狀態)에 있는 실내에 산소가 갑자기 다량 공급될 때 연소가스가 순간적으로 발화하는 현상이며, 강한 폭발력을 가진다.

백드래프트 현상은 화재가 발생한 공간에서 연소에 필요한 산소가 부족할 때 발생한다. 또한 화염이 폭풍을 동반하여 산소가 유입된 곳으로 갑자기 분출되기 때문에 폭발력 또한 매우 강하다. 주로 지하실이나 폐쇄된 공간에서 화재가 발생한 경우에는 산소가 부족해지면서 불꽃이 보이지 않고 타들어가는 훈소상태에 접어들며, 일산화탄소와 탄화된 입자, 연기 및 부유물을 포함한 가스가 공간에 축적되게 된다. 이러한 조건에서 건물 내부로 진입하기 위해 문을 열거나 창문을 파괴도면 산소가 갑자기 공급되고 백드래프트(Backdraft) 현상이 발생한다.

안전사고를 방지하기 위해서는 백드래프트의 징후를 발견해낼 수 있어야 합니다. 균열된 틈이나 작은 구멍을 통하여 건물 안으로 연기가 빨려 들어가는 현상이 목격되거나, 화염은 보이지 않지만 창문이나 문이 뜨거운 경우, 유리창의 안쪽으로 타르와 유사한 기름성분의 물질이 흘러내리는 경우, 창문을 통해 건물 내부를 들여다보았을 때 연기가 소용돌이 치고 있는 경우에는 백드래프트를 예상하고 준비해야 한다. 어떤 경우에는 압력의 차이로 인해 공기가 내부로 빨려 들어가는 것 같은 특이한 소리가 들리기도 한다.

그리고 건물의 내부에서 관찰할 수 있는 징후로는 압력의 차이로 인해 공기가 내부로 빨려 들어가는 듯한 특이한 소리가 들리는 경우, 연기가 건물 내부에서 소용돌이치거나 맴도는 경우를 들 수 있다.

(3) 플래시오버(Flash over)와 백드래프트(Backdraft)

화재 시 발생하는 이상현상 중 대표적인 것으로 화염이 일순간에 확대되는 플래시오버 현상과 소염된 화염이 산소가 공급되면서 순식간에 되살아나는 백드래프트 현상이 있다. 이러한 현상의 차이점은 플래시오버가 급격한 가연성 가스의 착화로 폭풍이나 충격파는 없으나, 백드래프트는 진행이 빠른 화학반응으로서 대기의 급격한 온도상승, 팽창, 압력상승 등을 일으키고 폭풍 또는 충격파를 수반한다.

플래시오버와 백드래프트의 차이점은 현존하는 산소의 량이다. 플래시오버는 연소에 필요한 충분한 산소가 있으며, 플래시오버가 발생하기 전의 화재는 자유연소 형태이다. 그러나 백드래프트는 연소에 필요한 산소가 부족하며, 화재는 훈소형태를 나타낸다. 즉 산소가 부족한 상태에서 일어난다.

또한 플래시오버는 화재성장 단계 중 성장기인 1단계에서 발생하나 백드래프트는 감쇠기인 제3단계에서 발생하며, 플래시오버의 발생은 열의 공급이 원인이 되나 백드래프트는 산소의 공급이 원인이 된다. 순발연소라고도 하는 플래시오버 현상은 고층건물 화재시 흔히 나타나는 현상으로 실내의 가연물이 연소에 의해 온도를 높게 올라가게 하고 동시에 다량의 가연성 가스를 수반하는 연기를 방출하며, 어느 시간에 그 실내의 온도상승에 의해서 일시에 연소하여 화재의 진행을 순간적으로 실내 전체에 확산 시키는 현상이다.

플래시오버는 구획 전체가 불꽃에 휩싸이는 급격한 연소현상으로 커다란 온도 상승이 관측된다. 구획내의 열적 조건이 만족되었을 때 발생하며, 경우에 따라서는 개구부에서 화염이 분출된다. 따라서 개구부에서의 화염분출현상만으로는 백드래프트와 플래시오버의 차이가 명확하지 않으며 이 둘을 혼동하기 쉽다.

한편 백드래프트가 발생하고 급격히 연소한 후 산소농도가 떨어진 상태에서 신선한 공기가 재유입 될 수 있으며, 가연물의 미연소 증기가 남아있다면 제2의 백드래프트가 발생할 수도 있다. 즉 온도저하와 상승, 산소농도의 증가와 감소가 반복되어 수차례의 백드래프트가 발생할 수 있다는 연구 결과도 있다.

이상에서 천정부근의 급격한 온도저하와 산소농도의 상승은 백드래프트 발생의 중요한 전조증상의 하나라고 할 수 있다.

백드래프트가 구획 내에서 발생하면 처음에 개구부에서 한 덩어리의 연기가 분출한다. 이어서 더 많은 연기가 분출되면서 작은 혀 모양의 화염이 성장한다. 이 화염에 의해 개구부 부근에 분출한 가연성 가스가 착화되어 럭비공 모양의 커다란 화이어볼(Fire Ball)이 형성된다. 이 파이어볼의 소멸 후에는 구획 내에서 분출하는 가연성 가스에 의한 연소가 계속되며, 구획 네의 가연성 가스와 산소가 반응하고 이 화염도 결국 소멸되어 간다.

즉 개구부에서의 연기 분출은 구획 외부에 형성되는 파이어의 전조현상임을 알 수 있다. 빠른 경우에는 연기 분출 후 1초 이내에 파이어볼이 형성되기 때문에 화재 진압 및 피난시 각별한 주의가 필요하다.

1) 개구부 파괴에 의한 백드래프트(Backdraft)

화재 현장에서 목격되는 백드래프트는 소방관에게 치명적인 안전사고를 유발 할 수 있으며, 다양한 전조 증상을 나타낸다.

아래 사진은 ① 문틈을 통해 연기가 밖으로 나왔다가 다시 빨려 들어간 후 ② 소방관이 도끼로 문을 파괴하자 화염이 폭발하듯이 외부로 분출됨으로 인해 ③ 소방관이 폭풍과 충격파로 날아가 건물 바닥으로 떨어지는 순간이다. 이 경우 필연적으로 소방대원은 상당한 신체적 손상을 입게 된다.

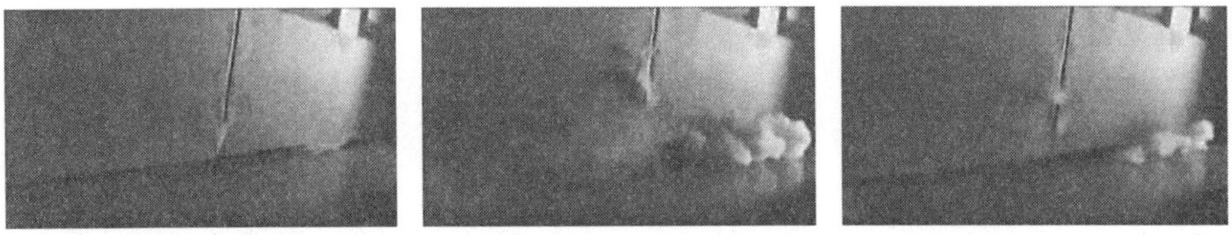

① 문틈을 통해 건물 안으로 연기가 빨려 들어가는 현상이 목격

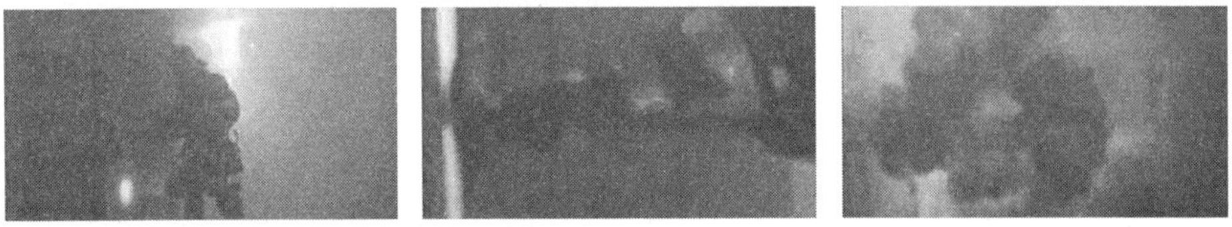

② 소방관이 개구부를 파손하자 화염이 분출

③ 분출 화염과 폭풍 및 충격파로 인해 소방관이 날아가 떨어짐

* 출처 : http://www.youtube.com/

사진 3-1 개구부 파괴에 의한 백드래프트(Backdraft)

2) 화재진압 중 백드래프트(Backdraft)

사진 3-2는 소방대원이 고가사다리차량 위에서 화재 진압 중 백드래프트 현상의 발생으로 추락하는 모습이다.

① 고가사다리차량 위에서 화재진압 중 흰색 연기가 분출되고 있으며, 점차 연기의 양이 증가되고 연기는 짙은 검은색을 띠고 있다. ② 급격하게 짙은 검은 연기의 양이 증대되고 약 1~2초 후에 붉은 화염이 소방대원을 덮치고 있다. ③ 소방대원은 땅 바닥으로 추락하였으며, 동료 소방대원에 의해 긴급히 후송되고 있다.

즉 검은 연기의 다량 유출 후 1~2초 후에 백드래프트가 발생하여 소방대원은 상당한 신체적 손상을 입게 된다.

① 화재 진압을 위해 고가사다리차에서 화재진압

② 검은 연기의 다량 분출 후 약 1초 후 백드래프트 발생

③ 화재진압 소방관의 추락과 긴급 후송 조치

* 출처 : http://www.youtube.com/

사진 3-2 화재 진압 중 백드래프트(Backdraft)

(4) 롤오버(Rollover) 현상

롤오버 현상이란 화재 초기단계에서 발생된 가연성가스가 산소와 혼합하여 천정부분에 집적 될 때 발생하며, 뜨거운 가스가 실내공기압의 차이에 따라 천정을 구르면서 화재가 발생하지 않은 지역으로 굴러가는 현상을 말한다. 가연성 가스가 발화온도에 도달하여 발화되면 화재의 선단부는 급속한 속도와 화염을 형성하면서 천정으로 지나가게 된다. 따라서 호스를 연장하거나 실내에 진압할 경우 낮은 자세를 유지하는 것은 바로 이러한 현상 때문이다.

플래시오버(Flash over)와 롤오버의 가장 큰 차이점은 롤오버의 경우 플래시오버와 같이 복사열에 의한 영향이 그리 크지 않다는 것과 한순간에 전체지역을 발화시키는 원인이 되지는 않는다는 것이다.

(5) 화재로 인한 건물 붕괴

일반적으로 철근콘크리트 등 내화구조 건축물은 화재로 인해 발생한 1000℃ 정도의 화열에 최소 1시간 이상 3시간까지 붕괴되지 않는다. 그러나 지난 1992년 11월 지하 1층, 지상 1층 건물로 건립됐다가 99년 7월 2, 3층을 증축해 나이트클럽으로 사용돼 왔던 건물은 나이트클럽 천장이 열에 약한 패널로 만들어진데다 여기에 무거운 조명등이 잔뜩 매달려 있던 것으로 인해 화재를 키우는 결과를 가져있다. “증축하는 경우엔 건물 하중을 줄이기 위해 천장을 패널로 하는 경우가 많다”면서 “패널을 사용하는 것 자체가 불법은 아니다”고 설명했지만. 패널은 불이 나자 열기를 이기지 못했고 매달려 있던 조명등과 함께 무너져 내렸다.

소방대원은 오전 5시 30분쯤 가장 먼저 사고 현장에 도착한 뒤 인명 피해 여부를 살피기 위해 건물 내부로 진입했다가 떨어지는 천장 일부와 조명 등에 깔려 사고를 당했다. 변○○(34) 소방사는 조○○ 소방장 등 동료 2명이 잔해에 깔리는 것을 보고 방으로 몸을 피했으나 차오르는 연기와 건물 잔해 때문에 퇴로가 막히면서 빠져나오지 못했던 것으로 추정된다.

지붕틀이 내화성능이 없는 철제 형강으로 되어 있고 여기에 중량의 조명장치가 매달려 있어 지붕의 붕괴와 조명장치의 추락은 예견될 수 있는 상황이다.

① 패널구조로의 지붕이 연소되면서 함몰 됨

② 건물 측면은 밀폐되어 화염의 분출이 없으나 지붕이 빠른 속도로 연소되었으며, 우레탄폼이 내뿜는 유독가스와 열기

③ 샌드위치 패널 구조의 3층 건물 지붕이 붕괴되면서 무대부 조명등과 내부구조물 낙하, 진입한 대원 6명중 3명 낙하물에 매몰 순직하였다. 문제점으로는 건축물 위험성 평가를 통한 소방대원의 진입 및 탈출 통제 미흡과 화재 평가를 고려한 건축물 안전기준 미흡 등을 들 수 있다. 대책으로서는 첫째, 화재 시 건물붕괴 위험의 징후를 조기에 파악하여 위 정보를 소방대원에게 전달하고 통제 조치를 취해야 한다. 둘째, 샌드위치 패널 건축물의 안전기준 강화, 무창층에 대한 소방시설 보강,

무대조명시설에 대한 구조안전기준 마련 등이 필요하다.

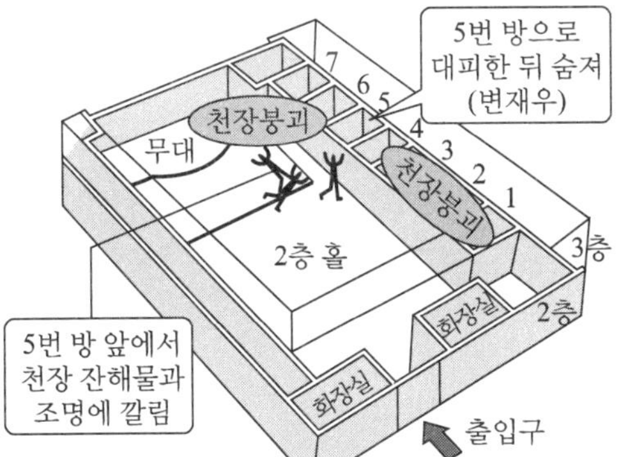

④ 지붕이 열에 취약한 패널로 되어 있고 여기에 다량의 조명장치가 매달려 있어 지붕과 함께 조명장치가 붕괴되어 소방대원이 매몰됨.

사진 3-3 화재에 의한 건물 붕괴로 인한 소방대원의 매몰

3.4.2 소용돌이

(1) 소용돌이(맴돌이) 현상의 개념

소용돌이 현상은 일명 맴돌이 현상이라고도 하며, 구조현장에서 중대한 안전사고의 원인이 되기도 한다.

소용돌이 현상이란 한마디로 소용돌이는 난류(亂流)의 회전이며, 임의의 닫힌 유선의 나선형 움직임은 소용돌이 흐름이다. 유체가 중심의 주위로 물결치는 움직임으로 유체의 속력과 회전속도는 중심에서 가장 크며 반경이 증가할수록 점차 감소한다.

소용돌이는 바다, 강, 하천 등에서 다양한 요인에 의해 발생된다. 소용돌이가 자주 일어나는 장소는 주로 강이나 하천 어귀의 외측으로 수심이 깊은 곳, 수중 바닥의 굴곡이 심한 곳, 교량의 교각 인근, 수중보 인근 등에서 자주발생하며 배가 지나간 후면에서도 자주 발생한다.

여러 가지 요인으로 소용돌이에 빠지게 되면 수영 능력에 관계없이 대부분 생명이 큰 위험에 처하게 되고 구조가 필요하게 된다. 그러나 일반적인 수난사고와 달리 소용돌이 빠진 경우 구조활동이 매우 어렵게 되며, 요구조자 뿐만 아니라 구조자도 위험에 처하기 쉽다.

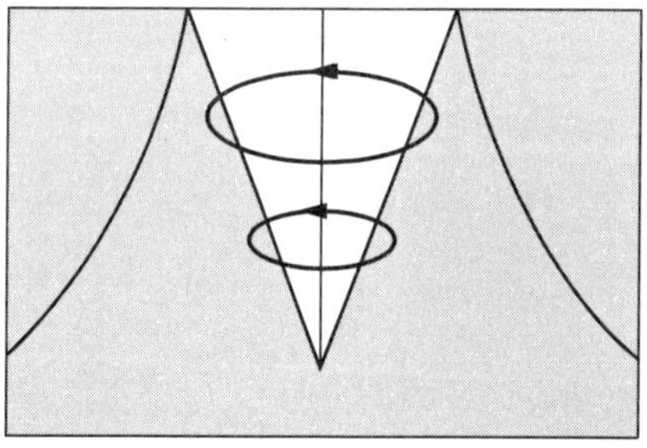

소용돌이의 기본형 그래프
· 유체의 속도 : 세로축
· 소용돌이의 중심으로부터 거리를
: 가로축

그림 3-11 소용돌이(맴돌이) 현상의 기본형 그래프

(2) 소용돌이(맴돌이) 사고사례

다음은 소용돌이에 의한 안전사고의 사례로 SBS-TV “출발 모닝와이드(1938회)”의 동영상으로 하천에서 소용돌이로 인해 사람이 빨려 들어가는 과정을 재현한 것이다.

①

②

③

④

⑤

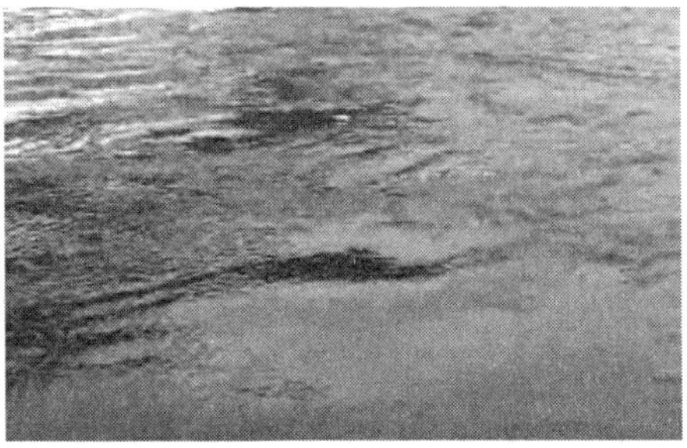

⑥

* 출처 : SBS-TV "출발 모닝와이드(1938회)

그림 3-12 소용돌이에 빨려 들어가는 모습

3.4.3 구급차의 충돌

구급차에서도 다양한 종류의 안전사고가 발생한다. 가장 빈번한 사례는 구급대원의 허리 부상이며, 이는 급격하게 무거운 요구조라고 할 수 있는 들 것으로 들거나 장시간 허리에 무리를 주면서 운반하기 때문에 일어나는 현상이다. 이런 사고 이외에 구급차 충돌사고로 구급차 내에서 환자와 구급대원이 부상을 상하는 사고도 허리부상 다음으로 빈발하고 있다.

따라서 구급차 충돌에 따른 구급차 내에서의 사고를 영상자료를 통해 분석해보면 다음과 같다.

구급차의 충돌로 침대에 있던 환자가 침대와 같이 앞으로 돌진해 환자의 머리가 구급대원의 무릎에 충돌 후 다리사이로 들어가 구급대원에게 충격을 가하고 있다. 이로 인해 환자 뿐만 아니라 구급대원에게도 치명적인 부상을 유발할 수 있다.

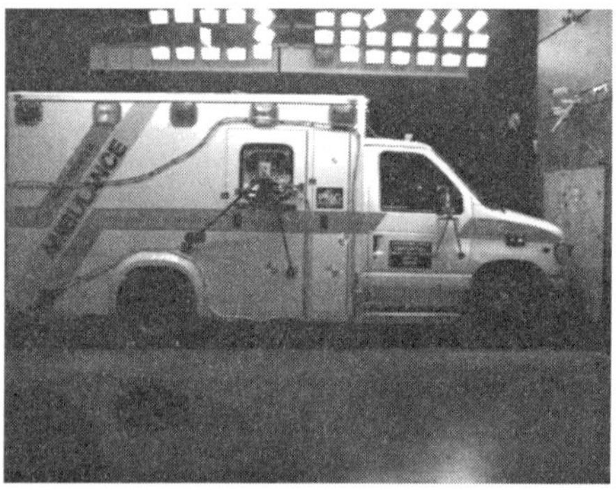

외부①

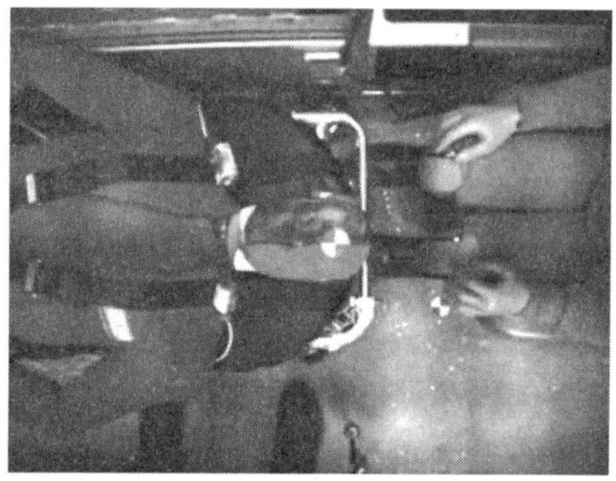

내부①

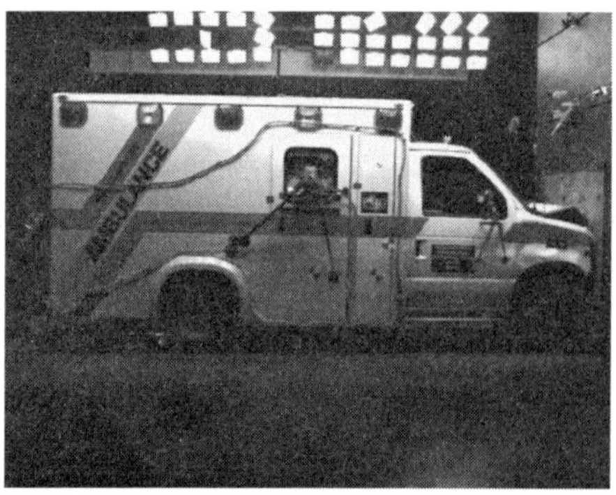

외부②

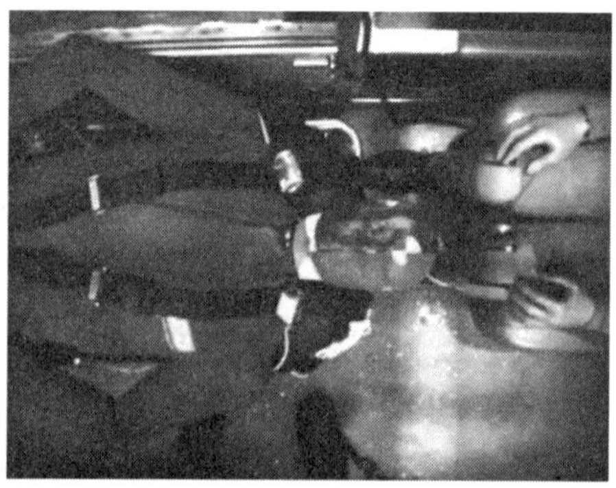

내부②

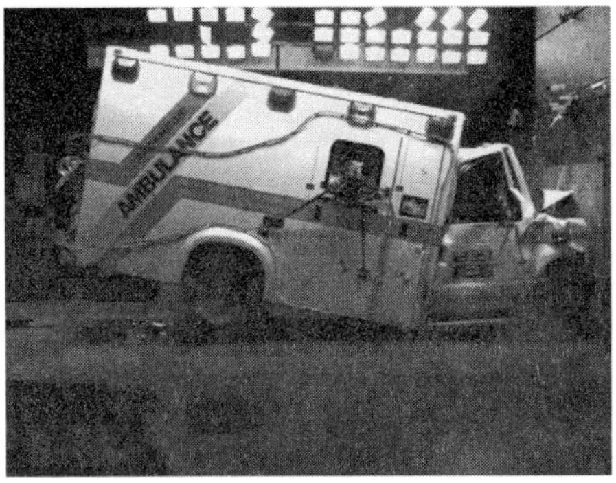

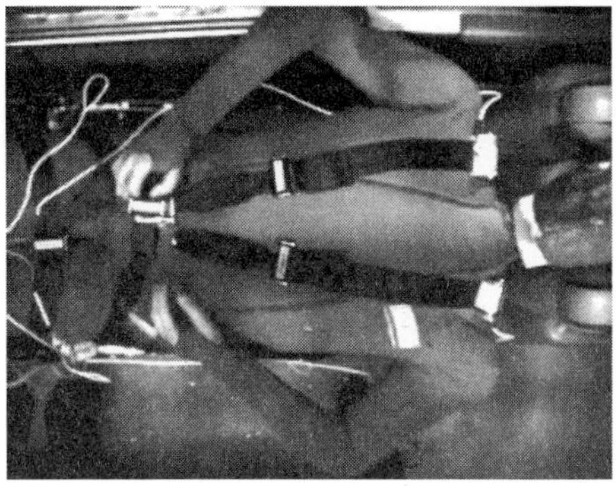

외부③ 내부③

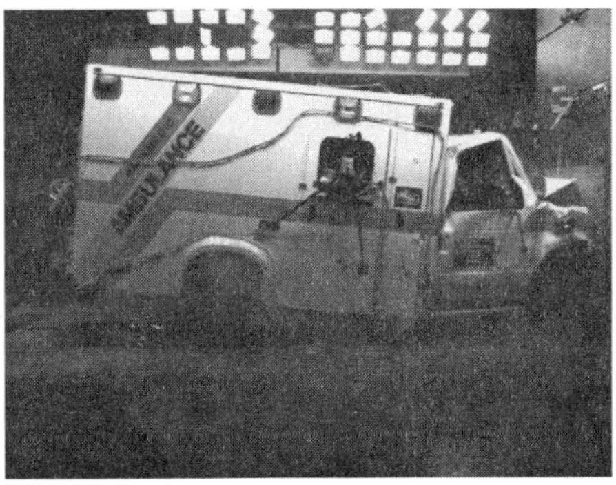

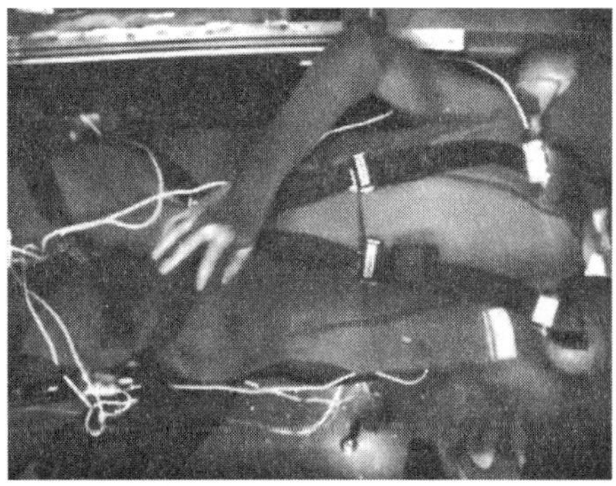

외부④ 내부④

* 출처 : http://www.youtube.com/

그림 3-13 구급차 충돌시 내·외부 충격 모습

따라서 환자용 침대에 안전벨트로 고정해야 할 뿐만 아니라 침대도 차량에 고정시켜 2차 충돌사고를 예방하여야 한다.

3.5 안전사고 원인별 Matrix

재난 유형별 안전사고 예측기술개발을 위한 안전사고의 비중과 중요도를 근거로 유형을 분류하여 안전사고 원인별 Matrix를 작성한다.

3.5.1 Matrix의 개요

안전사고 유형별 Matrix는 2000년부터 2008년까지 800여건에 달하는 서울시와 경기도 소방공무원 안전사고(공상)의 원인 분석결과를 기본으로 작성하였으며, 통계자료가 가지는 한계점을 보완하기 위해서 다음의 세 가지 사항을 추가로 고려하였다.

첫째, 안전사고를 경험하였거나 직접 목격한 소방공무원을 대상으로 심층설문조사를 시행하여 보다 세밀한 안전사고의 경위와 원인을 파악하였다.

둘째, 국내 대형 안전사고 분석 결과를 고려하였다.

최근 화재로 인한 붕괴사고로 다수의 소방공무원을 사망과 부상에 발생시킨 중요 안전사고 사례를 심층 분석하여, 자문위원의 자문과 연구진의 협의를 통해 Matrix 작성하였다.

셋째, 안전사고 영상자료 분석 결과를 고려하였다.

대규모의 중대한 안전사고 영상자료 분석을 통해 안전사고의 발생원인을 심층 분석하였다.

(1) Matrix 작성의 기본원칙

안전사고는 소방공무원의 주요 업무영역에 따라 각기 다른 원인에 의해 다양한 유형의 안전사고가 발생하고 있다.

소방공무원의 업무영역은 화재현장활동 및 이를 위한 출동과 귀서, 구조활동, 구급활동, 장비점검, 교육훈련, 체육활동, 일반업무 등 다양한 업무를 수행하고 있다. 안전사고의 유형도 교통사고부터 추락, 실족, 붕괴 및 매몰, 낙하물, 화상 및 폭발, 폭행, 장비취급 등 수많은 유형의 안전사고가 발생하고 있다.

한편 이 모든 소방공무원의 업무영역별 안전사고의 유형에 대한 안전사고 예측기술을 개발하는 것에는 한계가 있을 뿐만 아니라 그 실효성에도 한계가 있다.

따라서 소방공무원의 업무 중 체육활동, 일반업무 영역을 제외하고 출동부터 귀서까지 안전사고 발생빈도가 높은 화재출동, 화재현장, 귀서, 구조활동, 구급활동, 장비점검, 교육훈련을 대상으로 안전사고의 발생빈도를 고려하여 사고유형별로 Matrix 작성하였으며, 여기서 도출된 항목들을 중심으로 안전사고 대책방안을 제안하는 것을 기본원칙으로 설정하였다.

(2) Matrix 작성을 위한 자료의 범위

Matrix 작성을 위한 기본 자료는 다음을 근거로 하였다.

- 서울시, 경기도 소방공무원 안전사고 분석결과(약 800여건)
- 국내 대형 안전사고 분석 결과
- 소방공무원 심층설문조사결과
- 안전사고 영상자료 분석 결과

3.5.2 안전사고 유형분석

앞에서 제시된 Matrix 작성의 기본원칙에 따라 소방공무원의 주요업무영역을 7개 영역(화재출동, 화재현장, 귀서, 구조활동, 구급활동, 장비점검, 교육훈련)으로 구분하였다.

(1) 화재출동

연구의 진행상 화재출동은 출동지령을 받고 소방서 또는 119안전센터를 출발하기까지를 의미하며, 안전사고는 승차시, 출동중 교통사고, 실족(발을 헛디딤, 미끄러짐, 넘어짐 포함 이하 같음), 장애물에 의한 것 등으로 안전사고의 유형이 부류될 수 있었다.
이상에 따라 안전사고의 실례를 정리하면 다음과 같다.

승차시에 발생한 안전사고는 화재출동이라는 급한 상황에서 오는 사고로 급하게 승차하면서 넘어지거나 문에 끼이고는 사고와 차고 앞에서 출동차량간의 충돌사고가 주류를 이루고 있다.

출동중에 발생한 교통사고는 일반차량과의 충돌, 시계불량에 의한 사고, 차량의 전복, 이륜차(자전거, 오토바이 등)와의 충돌, 보행자와의 접촉 등 다양한 유형의 교통사고가 발생하고 있다.

실족은 급하게 출동해야 하는 상황에서 주로 계단에서 발을 헛딛고, 미끄러지고, 넘어져 발생하고 있다.

* 주 : 본문의 내용 중 ( )의 숫자는 사고 건수를 의미한다.

① 승차

- 화재출동 중 차량탑승 시 넘어짐
- 출동을 위해 차량탑승 중 부상
- 화재출동시 지휘차량에 오를 때 허리를 삐끗하여 요추부염좌, 추간판탈출증
- 펌프차에 승차 지연한 대원이 끌려감
- 출동시 차고 앞에서 차량접촉
- 출동할 때 차량 문에 끼임

② 교통사고 - 출동중

- 교차점에서 구급차 충돌
- 피양한 차량이 돌연 움직여 접촉
- 화재출동 중 차량과 충돌(2)
- 화재출동 중 차량 전복으로 인한 뇌진탕
- 주택화재 출동 중 사거리에서 지휘차가 좌회전 중 과속 오토바이와 추돌 부상
- 다리 위에서 선행한 펌프차 충돌
- T자형 도로의 교차점에서의 충돌
- 브레이크가 느슨하여 교차점에서 택시와 충돌
- 일방통행을 역행하여 교차점에서 타 대와 충돌
- 우천중 출동 시 반대차량의 흙탕물로 시계불량 충돌
- 출동도중 화학차가 옆으로 쓰러짐(원심력)
- 횡단보도에서 보행자와 접촉
- 출동도중 골목길에서 어린이가 달려올 때
- 자전거가 달려와서 충돌

③ 실족 - 헛디딤, 미끄러짐, 넘어짐

- 출동시 사무실 옥외계단에서 다침
- 화재현장 출동위해 본서4층 옥외계단 내려오던 중 낙상
- 화재출동 중 본서 옥외계단을 내려가다 미끄러짐
- 산불화재 출동 중 계단에서 발을 헛디뎌 우측 발목 인대 파손
- 화재출동지령을 듣고 1층으로 내려가던 중 계단을 헛디뎌 미끄러지면서 발목부상을 입음
- 화재출동 중 본서 2층 중앙계단에서 넘어져 좌측 무릎부분이 계단 모서리에 부딪쳐

부상

- 화재출동 시 지휘차의 탑승을 위해 1층 계단으로 내려가던 중 발을 헛디뎌 우측무릎에 충격을 입고 부상

④ 장애물 – 급한 행동

- 화재현장출동 중 대기실 문턱에 발을 잘못짚어 허리에 통증
- 화재출동 수보 받고 내려가던 중 다리가 겹질림
- 근무 중 화재출동 수보를 듣고 상황을 파악하기 위해 상황실로 가던 중 책상모서리에 가슴 부상

⑤ 기타

- 복식사다리 묶음을 잊어버리고 출동하여 낙하

(2) 화재현장

전체적으로 안전사고 중에서 가장 많은 비중을 차지하고 있으며, 안전사고 유형별로는 화재출동, 추락, 낙하물, 실족, 화상(폭발 포함)이 상대적으로 높게 발생하고 있으며, 붕괴·매몰, 장애물 그 다음으로 높게 나타나고 있다. 하차, 장비, 허리부상 등은 비교적 발생빈도가 낮게 나타나고 있다.

화재현장에서의 교통사고는 화재현장에 도착하여 하차하는 중에 급한 행동과 지면의 상태가 미끄러워 발생되는 경우가 높게 나타나고 있다. 그 다음으로는 사이드브레이크가 풀어져 차량이 이동하거나 부주의한 문의 개방으로 후방차량과의 접촉 등으로 사고가 발생하고 있다.

추락에 의한 안전사고의 비중이 매우 높으며, 세부적인 상황별로 추락의 유형을 살펴보면 지붕 담장 등에서의 추락, 상층에서 하층으로의 추락, 펌프차에서 추락, 사다리에서 추락, 맨홀 또는 구덩이에 추락 등이 주요원인이 되고 있다. 한편 추락의 원인은 연기 등에 의한 시계불량에 의한 경우와 화재로 인해 약화된 구조물로 인해 지붕이 무너지거나 담장이 무너져 추락하는 경우가 많이 발생하고 있다.

실족에 의한 사고는 계단에서 미끄러져 넘어지는 경우가 많으며, 주수로 인해 화재현장은 어디나 미끄러운 상태이다. 특히 바닥은 평탄하지 못하고 각종 장애물이 산만하게 널려있어 넘어지기에는 최상의 조건을 가지고 있다. 한편 화재진행 중에는 연기로 인해 시계까지 극히 불량하고 급하게 행동해야하는 조건하에서는 실족이 많이 일어날 수밖에 없다.

장애물에 의한 사고는 수관에 걸려 넘어지는 경우가 많고, 탁자, 맨홀 등에 걸려 넘어지거나 빠지는 사고가 발생하고 있다.

붕괴·매몰에 의한 사고는 구조적으로 취약한 조적조(블록벽, 벽돌벽) 벽체가 붕괴되어 부상을 당하거나 깔리는 사고가 가장 많이 발생한다. 그 다음으로는 기둥, 계단 등의 붕괴로 매몰되는 경우가 상대적으로 높다. 특히 주택의 경우 증축, 목조건물 등의 붕괴가 사고의 많은 부분을 점유하고 있다.

낙하물에 의한 안전사고는 화재진압현장에서 중대한 사고원인으로 유리파편에 의한 부상이 가장 빈번하게 발생되고 있다. 그 외에 건축부재(철제빔, 기와, 몰탈, 방충망, 전등, 앵글) 가구 등이 추락하여 어깨, 손, 발 등에 부상을 입히고 있다.

화상은 화염과 열기, 가스, 폭발, 화학물질, 연기 흡입 등이 주요 원인이며 안면에 주로 화상을 입는다. 특히 화상의 경우 플래시오버를 만나는 경우가 있으며, LPG가스가 폭발의 주요원인이 되고 있다.

장비에 의한 안전사고는 수관연결 과정 중에 이탈되어 안면부상이 많이 발생하고 있다. 그 외에 체인톱, 도끼 등의 취급부주의에 의한 부상이 발생되고 있다.

① 교통사고

- 비탈에서 사이드브레이크가 풀어져 차량이 이동
- 후방을 확인하지 않고 문을 개방하여 후방차량과 접촉
- 후방에서 유도하고 있던 대원을 추돌
- 현장 확인위해 앞자석에서 내리다 차량 우측으로 넘어짐
- 화재현장출동 중 차량에서 내리던 중 허리통증
- 화재현장에서 소방차량 문을 열고 뛰어내리다 좌측 하퇴근육 파열
- 소방차량에서 내리던 중 지면에 미끄러지면서 부상
- 출동현장 도착 후 물 보수를 위하여 하차 중 무릎 부상
- 화재지원출동 중 소방차량에서 하차 시 사고
- 급히 소방차에서 하차하던 중 발을 헛디뎌 좌측족관절과 단골절
- 주차해 놓은 소방차량이 미끄러져 내려오기에 소방차량을 정지시키기 위하여 올라타는 도중 낙상하여 바퀴에 좌측다리가 깔림
- 화재진압위해 차량 탑승 중 미끄러진 사고
- 화재현장 도착 후 펌프차에서 내리다 미끄러져 다리 인대파열
- 화재출동 차량유도 중 출동차량 고임목이 튕겨 좌측 무릎 가격
- 눈이 녹지 않은 골목길에서 주행하다 미끄러짐

- 화재현장 도착하여 호스연장 하려는 순간 차량이 경사진 후방으로 밀리며 차량하부에 깔림(순직)

② 추락

- 2층에서 1층으로 추락하여 부상
- 3층에서 2층으로 떨어져 부상
- 화재현장에서 화재진압 중 2층에서 떨어져 부상을 입음
- 화재진압도중 지상3층에서 지하1층으로 추락사(순직)
- 사다리가 홈에 빠져 떨어짐
- 화재진압 중 3미터 구렁텅이에 추락
- 화재진압 중 2m 높이에서 추락에 의한 급성요추부 염좌 및 급성 우족관절부 염좌
- 화재진압 중 2m 담장위에서 낙상
- 화재현장 진입 중 낙상으로 인한 부상
- 잔화정리 중 인슈판넬 지붕위에서 약 5m 아래로 추락 부상
- 맨홀로 떨어져 부상
- 화재진압 중 발화점을 찾아 건물내부로 진입하다 추락한 사고임
- 화재현장에서 파괴장비 인계 후 내려오던 중 낙상(3)
- 화재현장에서 펌프차에서 떨어짐
- 화점 부근의 유리창이 파괴되어 추락
- 현인마을 혼수마당 화재 시 인명검색 중 추락으로 부상
- 화재진압 중 요구자를 구조하기 위하여 탁자를 딛고 나가려다 탁자가 부서지면서 추락 유리에 찔려 부상
- 화재진압 중 콘테이너 상단에서 지상으로 추락하면서 부상
- 지하전력구 화재 시 전력구 입구 진입도중 실족 추락
- 화재진압하던 중 시야가 매우 어둡고 화재현장 주변 환경이 열악한 가운데 정비 검차대(도크 다이) 아래로 추락하여 부상
- 진압과정에서2층 높이의 지붕에서 1층으로 추락하여 머리와 목 부위 부상을 당함
- 화재진압 도중 철재계단에서 떨어져 부상
- 화재진압 중 2층 지붕에서 지상바닥으로 추락
- 화재현장에서 지하실 인명검색 중에 지하계단 끝부분이 절단된 것을 농연으로 보지 못하고 추락
- 화재현장 활동 수행 중 지상 1층에서 2~3계단 내려가다 화염으로 인해 난간이 절단

된 것을 알지 못하고 지하1층으로 추락하여 발생한 사고임

- 대립수주를 맞고 추락
- 사다리가 옆으로 넘어져 추락
- 지붕위에서 미끄러져 추락
- 베란다에서 난간이 약해서 추락
- 인접건물 진입시 사다리가 옆으로 미끄러져 추락
- 사다리가 갑자기 이동하여 균형을 잃고 전락
- 사다리 위에서 파괴 작업 중 추락
- 염화비닐제 지붕을 밟아서 추락
- 사다리 위로 올라가는 중 플래시오버로 추락
- 사다리 지주 밑이 가라앉자 사다리가 기울러져 추락
- 블록 담 위에서 미끄러져 추락
- 주택화재현장에서 소방차량에서 추락
- 사다리 위에서 방수 도중 반동력에 의해 추락
- 농연에서 바닥의 구멍을 확인하지 못하여 추락
- 주수한 물이 동결되어 미끄러져 추락
- 슬레이트 지붕에 빠져 추락
- 2층 베란다에서 농연이 분출하여 추락
- 지붕으로부터 추락(기와에 걸려서)
- 농연 내에서 도금 통에 추락
- 농연 내에서 바닥에 구멍이 난 것을 확인하지 못하여 추락

③ 실족 – 헛디딤, 미끄러짐, 넘어짐

- 소방활동을 마친 후 계단을 내려오다가 미끄러지며 뒤로 넘어짐
- 화재출동 중 계단에서 넘어져 발목 접질림
- 화재현장 2층 계단에서 넘어짐
- 화재현장 진화정리 후 철수 중 계단에서 미끄러지면서 부상
- 차량위에 적재된 호스를 내리다 미끄러져 넘어지면서 무릎과 옆구리를 다침
- 화재진압활동중 인명검색을 위해 2층 계단에서 내려오던 중 뿌려진 물에 미끄러져 부상
- 화재현장에서 진화작업 중 지붕의 보 사이에 발이 빠지면서 미끄러져 무릎을 다침
- 백천빌딩 지하 화재현장에서 계단을 내려가다 미끄러져 계단모서리에 허리 충돌로

부상

- 화재현장에서 감식활동 중 철제계단에서 미끄러짐
- 화재현장에서 실족하여 부상
- 화재현장에서 구덩이에 실족하며 좌족부 염좌 및 건파열
- 화재현장에서 발 헛디뎌 넘어짐
- 화재진압 중 낙상하여 부상
- 화재진압 중 잔해더미에 발을 헛디뎌 부상
- 화재진압중 현장 내 폐기름으로 인해 미끄러짐
- 화재현장에서 방수를 하기 위하여 이동 중 미끄러져 넘어지면서 좌측 9번째 늑골 골절
- 화재 진압 활동 중 미끄러지면서 좌측 발목 부분을 다침
- 화재현장에서 미끄러지면서 허리통증(2)
- 차량화재현장에서 지렛대를 이용하여 연소중인 차량의 본네트를 열던 중 바닥의 누유된 오일에 미끄러지면서 벽에 머리와 어깨를 부딪쳐 부상이 발생
- 목욕탕에서 넘어짐
- 화재현장작업 중 뒤로 넘어짐(2)
- 화재현장에서 화재진압 및 인명수색 과정에서 넘어짐
- 화재진압 중 연소중인 박스를 갈고리로 당기는 중 뒤로 넘어지면서 공기호흡기에 뒤쪽 허리를 부딪침
- 화재출동하여 2층에서 1층으로 계단을 내려오던 중 넘어지면서 결출상 되어 8~9 바늘 봉합
- 화재현장에서 소방호스를 전개 중 뒤로 넘어져 허리 부상
- 일반주택화재 진압작업 중 뒤로 넘어져 허리부상
- 폐지 집하장 화재현장에서 넘어져 우하지 경골부위 및 얼굴타박
- 지휘차량에 승탑 하여 화재출동, 현장 도착 직후 현장으로 달려가던 중 왼쪽무릎을 다침
- 뱅뱅의류 점포 화재진압 중 장애물에 걸려 넘어져 부상
- 화재진압 시 장애물에 넘어져 부상
- 화재진압 중 현장에 있는 PVC파이프를 밟아 중심을 잃고 넘어짐
- 차량 뒷부분의 스텝 위에서 미끄러져 넘어짐
- 침수부분을 헛디뎌 넘어짐

- 수관에 발이 걸려 넘어짐
- 지붕 옥상 위에서 미끄러져 넘어짐
- 반동력으로 넘어짐

④ 장애물

- 현장 보조 활동 중 수관에 걸려 넘어져 무릎 연골 파열
- 지하 작업장 화재현장에서 인명검색 작업 중 수관에 걸려서 넘어져 부상
- 화재진압 중 넘어지며 도로경계석에 머리를 부딪치며 부상
- 화재현장작업 중 내부 장애물(탁자)에 걸려 넘어져 부상
- 화재현장에서 진압활동 중 내부 장애물에 걸려 넘어져 좌측슬관절전방십자인대 파열
- 여의도 지하공동구 화재진압중 구조물에 부딪쳐 넘어지면서 부상(2)
- 야산 산화 진화작업 중 울타리를 넘다가 발목을 접질려 부상
- 은평구 진관외동 카센터 화재에 출동하여 지하창고 인명검색 중 짙은 농연으로 인한 시야 장애로 지하통로 맨홀에 좌측발이 빠지면서 넘어져 무릎에 부상을 입은 사고임.
- 화재진압 중 높이 10.5m 철조망을 넘다가 낙상

⑤ 붕괴·매몰

- 공장화재 붕괴로 매몰 순직
- 블록벽이 붕괴되어 치아 및 목 부상
- 현재진압 중 열에 견디지 못한 블록 외벽이 무너지면서 다침
- 화재진압 중 지붕이 깨지면서 낙상
- 주택화재 잔화 정리 중 매몰
- 지붕 위에서 화재진압 중 기둥이 무너지면 낙상
- 화재현장 잔화정리 중 2층 목조건물 계단을 오르다 나무계단이 무너지면서 추락한 사고
- 화곡본동 화재진압 중 천장 및 벽체가 붕괴되면서 매몰 부상(2)
- 제화공장 화재현장에서 2층 벽체가 넘어져 부상
- 제화공장 화재현장에서 2층 벽체가 넘어져 부상(2)
- 홍제동 주택화재현장에서 건물붕괴로 매몰 부상(4)
- 화재진압 중 차양막이 무너지면서 2~3m 아래로 낙상 부상
- 일반주택 2층 화재진압, 인명구조검색 중 바닥붕괴 추락

- 철제빔의 녹슨 용접부위가 주저앉으면서 중심을 잃고 바닥에 거꾸로 떨어짐
- 성동구 용답동 주택화재 진압 중 건물이 붕괴되면서 낙하물에 의해 부상
- 주택 화재현장 1층 대문 앞 골목 쪽에서 화재원인 조사 중 2층 골목쪽 벽면이 붕괴되어 벽돌에 1차로 헬멧이 맞아 벗겨지고, 2차로 벽돌조각이 머리와 우측 어깨 및 상완을 가격하여 사고가 발생함
- 성동구 용답동 일반주택 화재진화작업 중 2층 증축된 부분이 하중을 이기지 못하고 붕괴 매몰 되어 부상(2)

⑥ 낙하물

- 현장 진입 시 계단의 철재가 넘어져 부상
- 유리 파편에 낙하로 의한 흉부 열상
- 화재진압중 진열장 유리파편에 좌측 발바닥 관통 열상
- 복식사다리 전개 중 유리창이 낙하하여 부상
- 화재진압중 유리가 열기로 인하여 깨지면서 파편이 떨어져 좌측 손등부위에 맞아 4~5cm 정도 절상
- 화재진압 중 깨진 유리에 의해 손가락 부상
- 화재진압을 위해 내부로 진입하기위해 창문파손과정에서 유리에 베임.
- 화재진압 중 지상 4m 높이의 창문 유리파편이 떨어지면서 부상당함
- 화재진압 중 유리파편에 수지 부분파열
- 화재진압 중 깨진 유리조각에 족지 인대파열
- 강남한의원 화재진압 중 1층 옥내진입 중 깨진 유리에 좌측 발목이 찔려 부상
- 화재진압중 깨진 유리에 손가락이 부딪히면서 부상
- 치킨집에서 화재진압 후 잔화정리 중 유리창의 잔재물에 부상
- 파괴된 유리 조각이 사다리 확보원의 머리 위로 떨어짐
- 음식점 화재시 화재진압을 위해 수관을 전개하고 2층 음식점에서 방수하던 방수압력과 화세에 의해 깨진 유리창이 1층 도로에서 펌프차 조작을 하던 소방장 ○○○의 왼팔에 떨어져 부상을 당함
- 타일화재현장에서 인명구조 및 화재진압 중 거울이 깨지면서 우측엄지손가락 부상
- 잔화작업 중 건물붕괴로 시멘트 블록 일부가 우측발에 떨어진 부상으로 제5족지골 골절발생
- 화재진압 중 천장 함석이 떨어져 머리에 맞음
- 목재진열장 붕괴로 무릎관절 부상

- 타워크레인 붕괴현장에서 철구조물이 발등에 떨어짐
- 화재진압 중 철제 H빔으로 만들어진 호이스트 세로 지지대 고정부위가 헬멧위로 떨어져 순간의 기억상실 및 양측 어깨와 허리 부상(2명)
- 화재현장에서 빔을 옮기다가 무릎 부상
- 화재진압 작업 중 중량물의 뾰족한 부분이 발등부분에 박힘
- 화재진압 중 천정에서 비닐이 녹아 안면부에 떨어져 화상
- 화재진압 중 기와와 기둥에서 불길과 연기가 올라와 기와위에서 화재진압 중 패널부분이 무너지면서 낙상
- 화재진압 중 철판에 의한 열상
- 화재진압 중 철판울타리 모서리에 걸려 손가락이 찢어짐
- 화재진압 시 방충망 제거중 수지 인대파열
- 화재진압 중 철근에 의한 좌측 하퇴부 비복근 및 가자미근 부분파열, 좌측 아킬레스건 부분 파열
- 화재진압 중 건물자재 낙상에 의한 요추 염좌
- 화재진압 중 건물자재 낙상에 의한 허리 부상
- 성북구 종암동 고려빌딩 붕괴사고 구조작업 도중 낙하물에 우측어깨부위와 상박근부위에 타박상 및 찰과상
- 화재현장활동 중 기왓장에 머리 맞고 그 충격으로 이빨이 부딪침
- 대진상사 화재 시 낙화물에 의해 좌수 골절
- 화재현장에서 펌프차 작동 중 낙하물에 머리를 맞아 충격으로 넘어져 부상
- 화재진압 도중 실내의 잔불을 진압하는 과정에서 신발장위의 대형 시계가 방수모위로 떨어져 안면부의 코, 입술부위에 상처
- 화재진압현장에서 천정낙하물에 충돌하여 뇌진탕, 다발성 좌상 부상을 입음
- 잔화 정리중 기와가 대원에게 낙하
- 진입 준비 중 낙하한 기와에 맞음
- 감전되어 관창을 놓쳐 확보원(사다리)에게 떨어짐
- 방수한 물이 기와를 떨어뜨려 사다리 확보원에게 떨어짐
- 던져 내린 물건 등이 아래층의 대원에게 떨어짐
- 몰탈 벽체가 낙하하여 밑에 깔림
- 관창을 놓쳐 사다리 확보원에게 떨어짐
- 창고화재 시 몰탈 천정이 낙하하여 떨어짐

- 인접건물의 내화벽체가 박리하여 대원의 직근에 낙하
- 사다리차량에서 카프링스패너를 낙하시켜 지상의 대원에게 떨어짐
- 1층 검색 중 2층 바닥이 낙하하여 밑에 깔림
- 광고용 앵글이 낙하하여 충돌
- 옥내에서 활동 중 전등이 낙하

⑦ 화상

- 진화 정리를 위해 주수 중 오일통의 오일이 솟구쳐 얼굴 화상
- 화재진압 중 가스통 화염분출로 인한 안면부 2도 화상
- 변압기폭발 화재로 인한 화상(4명)
- 화재진압 중 고온의 유류가 넘쳐 반장화로 흘러들어 좌측하지 2도 화상
- 화재진압 중 안면부 2~3도 화상(8)
- 화재진압 중 연기 흡입으로 인한 상기도 화상
- 화재현장에서 화재진압 중 건물붕괴현장에서 전신이 소사
- 화재진압중 안면부 접촉성 화상
- 인명구조활동 중 흡입 화상
- 화재현장에서 집압중 열기에 의한 화상
- 화재진압 중 급성기도폐색
- 화재현장에서 다량의 농연 흡연 후 각혈증상 나타남
- 화재진압활동 중 일산화탄소로 인한 급성심근경색
- 화재진압 중 페인팅 작업장에 추락하여 전신에 화학물질에 의한 화상 및 타박상을 입음
- 화재진압 중 페인팅 작업장에 추락하여 화상 및 독극물질에 노출
- 작업장 화재진압도중 화상(4)
- 여의도 지하공동구 화재진압 중 유독가스 흡입
- 화재현장에서 옥내진입 중 농연을 동반한 열기의 흡입으로 기도 축소
- 용접기로 구조장비 수리하던 중 불티가 페인트 통에 붙어 화재로 번지는 것을 방지 위해 페인트 통을 옮기던 중 팔과 다리에 화상
- 화재진압 및 인명검색중 화세가 확산되어 뜨거운 화염, 열기로 인하여 화상 입음
- 화재현장에서 화재진압 및 잔화정리 중 탈진하여 탈출도중 공기호흡기 소진으로 약 1분간 유독성 가스 매연 흡입
- 화재진압 중 강한 화세로 인해 얼굴 옆면에 심부2도 화상을 입음

- 화재현장에 선착대로 도착하여 확인한바 1층 창문 등으로 매연이 분출되고 있어 작은 수관 3본을 늘이고 현관문 파괴도중 주민으로부터 베란다에 요구조자가 있다는 말을 듣고 베란다에서 요구조자 3명을 발견하고 파괴기구를 이용하여 요구조자를 구조하는 과정에서 면체 착용한 안면부 양쪽 귀밑과 왼손 손등에 2도 화상의 부상을 당함
- 화재진압 중 LPG가스통 누설되는 것을 잠그던 중 누설된 가스가 불씨에 착화되면서 부상을 당함 (2)
- 화재진압 중 화상
- 사다리차의 사다리 위에서 플래시오버를 만남
- 주의하지 않고 창을 파괴하여 상층의 검색원이 농연에 휩싸임
- 옥내 진입 후 농연에 의해 퇴로를 차단당함

⑧ 폭발

- 원인불명의 폭발에 의한 창고 붕괴로 사망 및 부상
- 화재진압 중 열기에 의한 폭발(플래시오버)(5)
- 화재진압 중 위험물 폭발로 얼굴, 양측귀, 양측하지 2도 화염화상
- 화재진압 중 현장내 집진기 폭발로 화상입음(5)
- 한정식집 화재진압 중 LP가스 용기 폭발로 가건물이 붕괴, 매몰로 부상(3)
- 화재현장활동중 LP가스폭발로 화상(3)
- 카센터 화재진압 중 LP가스통 폭발로 얼굴화상
- 일반주택 화재진압중 인명검색차 2층으로 진입 시 부탄가스 폭발로 복식사다리에서 지상으로 추락

⑨ 장비

- 화재진압 펌프차량에 연결된 수관 카플링과 호스부분이 이탈되면서 부상당함
- 복합건물 1층 화재현장에서 수관연결 중 허리를 삐끗
- 119소년단 순회교육을 위해 방수시범을 보이는 중 수관연결 부위의 파열로 강한 압력의 물이 가슴을 때림.
- 화재현장에서 화재현장지원활동중 수관연장과정에서 수관 커플링이 튀어 입부근에 부딪혀 앞니 파절 입술열상으로 부상함.
- 화재현장에서 방수구 호수 연결중 물벼락을 턱에 맞아 목이 돌아가고 바닥에 넘어진 사고임

- 강풍으로 지붕에 쓰러진 나무를 체인톱으로 제거하다 강풍에 몸 중심이 흔들리면서 톱날에 부상
- 화재시 한쪽발이 돌부리에 걸려 넘어지면서 손에 들고 있던 도끼에 안면부를 부딪쳐서 치아골절 및 봉합수술
- 화재현장에서 장비를 내리려 차량에 오르던 중 허리통증

⑩ 허리부상

- 화재현장 진화작업 및 구조작업 중 허리통증
- 화재출동 중 과속방지턱을 통과하면서 받은 충격으로 허리 통증
- 현장활동중 무거운 물건 옮기다 허리통증
- 화재진화도중 연소우려가 있는 LP가스통을 이동하는 도중 허리에 부상 발생

⑪ 기타

- 화재현장에서 굴절차 아웃트리거 전개 중 지나가는 자동차와 아웃트리거 사이에 허벅지가 끼임
- 화재지점 접근시 상수도 계량기함에 좌측 다리가 빠지면서 부상
- 현장 도착 후 수관전개 중 수관적재함 아랫부분이 순간적으로 개방되어 바로 옆에 있던 전신주와의 사이에 좌축다리가 끼어 부상
- 화재진압 도중 펌프차에 적재되어 있는 송·배풍기를 바닥에 끌어 내리는 과정에서 허리에 부상
- 화재현장에서 인명구조 및 화재진압활동을 수행하는 과정에서 우측 발목이 접질리는 사고 발생
- 현장 부근에서 일반이이 뛰어 나옴
- 적재사다리 운반도중 어린이와 충돌
- 사다리 운반중 경찰관과 충돌

(3) 귀서

화재출동 후 귀서 중에 발생하는 안전사고는 본서에 귀서해서 하차 및 실족으로 가장 많이 발생한다. 이러한 결과는 화재진압으로 육체적인 피로와 긴장을 풀면서 발생하는 것으로 해석된다.

① 교통사고

- 불법으로 유턴하던 영업용 택시와 추돌함
- 귀서 중 교통사고

② 하차

- 화재출동 귀서 후 차고에서 하차 중 발을 헛디뎌 부상
- 화재현장 진압 후 본서로 귀서 지휘차에서 하차 중 차량계단을 헛디뎌 넘어지면서 부상
- 화재현장활동후 귀서하여 차고 내에서 하차하다 우측 발목이 꺾이면서 골절됨
- 화재출동 귀서 하여 차량에서 내리는 중 부상
- 구조출동종료 후 귀서 하여 펌프차량에서 하차 중 오른쪽 발목인대 파열
- 공장화재 지원 출동 후 귀서 시 차량정비를 위해 하차 하던 중 뒤 따라오던 5톤 화물차에 치어 순직
- 화재수보 즉시 펌프차량으로 출동하여 화재진압 및 안전조치 귀서 후 차량에서 하차 중 미끄러져 좌측발이 꺾이는 부상을 입음

③ 실족

- 화재출동 후 귀서 하여 중앙파출소 현관문에서 발이 접질리다.
- 장비를 들고 내리다 빙판에 넘어져 부상
- 현장활동 후 귀서 중 계단에서 발을 헛디딤
- 화재출동 귀서 후 수관세척 작업 중 넘어져 부상
- 화재수보 후 차고로 진입중 경사로에 미끄러져 머리가 바닥에 부딪힘
- 산불화재 출동하여 화재진압 후 귀서도중 북한산 향로봉 능선아래에서 넘어져 무릎 연골 파손

(4) 구조활동

구조출동 중 안전사고는 실족, 장비, 추락, 동물 등이 사고의 주요원인이며, 낙하물, 요구조자의 폭행, 급류, 화상, 유독가스 등 다양한 요인에 의해 안전사고가 발생하고 있는 반면 교통사고는 상대적으로 낮은 편이다.

특징적인 것은 무거운 구조장비의 운반으로 인한 허리 부상이 많고, 구조장비를 사용하는 과정에서 안전사고가 발생한다는 점과, 동물의 포획과정에서 동물에게 물리거나 손가락 골절 등의 사고가 발생된다.

교통사고의 비중은 낮은 편이나 인명구조 및 동물구조 과정에서 정차 중인 차량이 추돌 되는 사고가 일어나고 있다.

추락에 의한 안전사고는 구조활동이 주로 이루어지는 장소적인 특성상 주변여건이 산악, 경사지 등 위험이 잠재된 장소로 인해 필연적으로 발생하고 있다.

실족에 의한 안전사고의 발생원인은 추락과 유사하며, 구조활동이 산악에서 이루어지기 때문에 돌부리에 걸려 넘어지거나 바위에서 미끄러지는 사고가 비중이 많다.

장비에 의한 안전사고는 무거운 구조장비의 운반 착용으로 인한 허리 목의 디스크가 많은 비중을 점유하고 있으며, 장비별로는 유압구조장비의 사용 중 발생한 부상이 빈번한 것으로 조사되었다.

동물에 의한 안전사고는 개 고양이를 포획하는 과정에서 손가락을 물리는 사고가 가장 많이 발생하였다.

이상의 안전사고 이외에 구조현장에서 유독가스에 의한 중독사고 급류에 휩쓸리는 사고, 화상 부딪치는 사고 등 다양한 요인에 의한 안전사고가 발생하고 있다.

① 교통사고

- 구조 출동중 교차로에서 승합차와 출동
- 동물구조 마치고 장비적재 도중 승용차량이 후면에서 추돌(2)
- 인명구조 활동 중 교통사고
- 요구조자 구출중 사고 차량이 움직임

② 추락

- 구조출동을 위하여 미끄럼봉으로 2층에서 하강 중 부상
- 벌집제거 구조 중 높은 곳서 추락
- 산악구조현장에서의 낙상
- 동물구조 중 흥분한 소를 피하다 도로 밑 경사로로 굴러 떨어짐
- 구조활동 중 지붕이 무너지면서 아래로 추락
- 산악사고 인명구조활동 중 요구조자를 들것으로 이송하다 경사로에서 낙상하여 바위에 허리를 부딪쳐 다침

③ 실족 – 미끄러짐, 넘어짐

- 구조출동으로 출동차량 승차시 미끄러짐
- 엘리베이터 구조 출동시 차량에서 내리는 순간 미끄러지면서 오른쪽무릎 부상 지면

에 부딪힘

- 산악사고 요구조자를 구조 중 바위에서 미끄러져 오른쪽 발목부상
- 산악구조 하산 시 암벽 부위에서 미끄러져 공상(2)
- 자살소동 구조현장에서 보도블록 경계 턱에 미끄러지면서 부상
- 전복된 승용차 안전조치위해 유압전개기 사용 승용차문짝 제거 중 유압전개기에서 흘러내린 유압유에 미끄러져 허리를 삐끗, 아스팔트 바닥에 무릎을 심하게 부딪쳐 부상
- 동물 구조 시 우천으로 미끄러워 넘어짐
- 금호미술관 가스방출로 인한 출동 옥내진입 인명검색 후 내려오다 계단참 장애물에 걸려 넘어져 부상
- 산악사고 출동 중 요구조자 ○○○를 구조하여 산악들것으로 하산 중에 돌부리에 다리를 접질려 넘어지면서 오른쪽 무릎이 바닥에 찢기면서 당한 사고
- 문개방출동, 사다리를 베란다 창문에 전개 후 내부진입 중 넘어지면서 새시에 이마를 부딪침
- 구조작업 중 유압장비를 꺼내어 운반하던 중 현장바닥에 깨져 있는 사고차량의 유리 및 오일류에 미끄러지면서 넘어짐
- 산악구조 중 넘어지며 우측 슬 관절 연골판 파열
- 산악구조(구급)접수 후 검단산 현장으로 출동하여 환자응급처치 및 헬기인계 후 하산 도 중 돌에 걸려 넘어지면서 무릎부위 부분을 다침
- 향로봉에서 등산 중 뇌졸중 증세를 보이는 요구조자를 구조하기 위하여 탕춘대 매표소를 경유하여 수리봉 방향으로 가던 중 심한 돌풍으로 중심을 잃고 암벽에 넘어져 눈썹 주변을 다친 사고임.

④ 폭행

- 구조활동 중 요구조자의 주먹에 의해 우측 눈을 맞음

⑤ 낙하물

- 구조활동 중에 파손되어 널려진 강화유리에 우축발목 비골근건 절단
- 현장활동 중 천정에서 등이 깨지면서 손을 베임
- 방범창 시건 개방 중 방범창이 안면부로 튀어 치아 파열
- 현대아파트 시건장치 개방 중 유리파편이 갑자기 튀면서 오른손엄지와 검지부분 부상
- 안전사고 출동 구조작업 중 담이 무너지면서 공상

⑥ 장비

- 구조활동 중 구조장비 운반 시 허리 통증
- 구조활동 시 과중량 장비착용으로 인한 목디스크
- 과중량 장비착용으로 인한 허리디스크
- 구조활동 중 무거운 장비 착용 및 부적당한 자세로 인한 허리디스크(2)
- 구조활동 중 위한 유압장비를 차량에서 내리다가 허리에 하중이 실려 사고발생
- 빌라주택 시건장치 개방 출동 중 복식사다리가 넘어지면서 부상
- 창동역 당고개 방향 철로 상에서 구조작업 중 유압구조장비 작동 중 허리부상
- 교통사고 현장 요구조자 구조작업중 유압스프레다에 오른쪽 엄지손가락 말단부분이 끼여 절단
- 구조현장에서 유압전개기로 차체를 벌리던 중 허리부상
- 물류창고 붕괴현장에서 인명구조 중 허리부상으로 제4·5요추간판 탈출증 발생
- 도봉산 인명구조차 헬기에서 투입중 부상

⑦ 동물

- 야생조류 인수 중 부리에 교상
- 유기견 구조출동 중 우측 엄지손가락 부위 교상(개에 물림)
- 개포획 구조 중에 오른쪽 손가락 골절
- 고양이 구조출동 고양이로부터 손가락을 물려 상처를 입음.
- 옥상 출입구 방견 포획 후 동물 이동장에 넣는 과정에서 갑작스런 방견의 돌출행동으로 오른손등이 물리는 사고
- 방견조치 출동하여 개를 잡는 도중 물려 부상

⑧ 기타

- 인명구조 중 일산화탄소 중독증(2명)
- 구조현장에서 공사장 지하 인명구조 중 유독가스 흡입으로 인한 질식
- 남한산성 요구조자 구조 중 우측 무릎 충격
- 자살하려고 독극물을 먹은 사람을 구조하기 위해 창문을 깨고 진입 하던 중 방안으로 뛰어내려 착지하는 순간 무릎에 심한 통증을 느낌.
- 수난구조현장에서 인명구조 중 급류에 휩쓸려 병원에서 치료 중 순직/2008년 광주
- 시건장치개방 출동 중 현장진입과정에서 출입문과 벽 사이의 돌출부분에 얼굴을 부딪쳐 부상

- 교통사고현장에서 구조작업 중 구조버스 모서리에 콧등 부분에 부딪혀 부상
- 벌집제거 출동하여 천정내 말벌집 제거를 위해 스프레이(살충제)를 분사하던 중 천정내 잔류된 스프레이가 터져 불꽃이 생기며 그 밑에서 작업 중이던 대원에게 화기가 퍼져 화상을 입은 사고임.
- 러시아대사관(5층)에서 우편물의 백색가루 이송조치 후 탄저균 의심으로 치료(12명)

(5) 구급활동

구조활동 중 발생하는 안전사고는 다른 소방대원의 주요업무영역중 상대적으로 매우 높게 나타나고 있다. 특히 허리부상이 안전사고의 유형 중 가장 많이 발생되고 있다. 그 다음으로 교통사고, 요구조자와 가족에 의한 폭행의 빈도가 높다.

안전사고의 유형별 원인을 살펴보면 교통사고의 경우 일반적인 충돌사고(정면충돌 포함)와 추돌사고가 대부분을 점유하고 있다. 귀서 중에는 출동 시보다 사고발생은 상대적으로 낮게 나타난 것은 출동 시보다는 정신적 시간적인 여유가 있어 낮게 나타난 것으로 분석 된다. 그러나 전체적으로 볼 때 구급출동 후 귀서하는 과정에서도 많은 안전사고의 발생은 긴장이 풀린 정신적인 요인에 의한 것으로 판단된다.

허리부상(무릎 부상 포함)은 안전사고의 유형중 가장 빈발하는 사고로, 세부적으로 살펴보면 환자를 이송하기위해 들것을 들다가 허리가 삐끗하여 부상을 당하는 경우가 가장 많고 이송 중에 허리를 다치는 경우가 그 다음으로 높다. 그 외에 환자를 업기법으로 이동하다가 허리에 부상을 당하거나 이동 중 무릎에 무리가 가서 부상이 발생하고 있다.

구급활동의 특징적인 안전사고로는 환자(요구조자) 및 환자가족 등에 의한 폭행이 매우 빈발하고 있다. 이는 환자 또는 환자의 가족이 음주, 요구조자 간의 불화(싸움), 급한 이송요구 등으로 인해 구급대원을 폭행하는 것으로 조사되었다.

실족에 의한 안전사고는 주로 계단 빙판길에서 요구조자를 이송하는 과정에서 발생하고 있다.

① 교통사고 – 출동 중

- 구급 출동 중 교통사고(4)
- 구급환자 이송 중 과속방지턱 통과하는 순간 몸의 중심 잃고 넘어짐
- 구급출동하여 환자 이송 중 교통사고 발생
- 구급차가 중앙선을 넘어 반대편 차량과 충돌
- 구급차를 화물차가 추돌(3)

- 구급출동 중 택배차량과 추돌
- 구급출동 중 중앙선을 침범한 차량과 추돌(3)
- 구급활동 이송 중 차량 추돌사고(2)
- 구급출동 중 버스와 측면 추돌(3)
- 2차선으로 구급 출동 중 갓길에 환자 발견하여 3차선으로 변경하던 중 뒤따르던 차에 추돌 당함
- 교통사고 현장에 출동 환자 이송 준비 중 타 차량이 구급차 후미를 추돌하면서 부상(2)
- 자동차 후미 추돌한 사고(3)
- 구급출동 중 신호위반 차량과 추돌하면서 부상(3)
- 교통사고 현장에 출동하여 환자 이송 준비 중 타 차량이 구급차 후미를 추돌하면서 부상
- 교차로에서 직진 중 낙성대에서 신림동 방향으로 진행하던 차량과 충돌 부상(2)
- 지하차도에서 역주행 하던 소타타 승용차량과 정면충돌
- 구급출동 중 교통사고로 요부염좌 및 좌측 슬관절 염좌
- 구급출동 중 가해차량이 갑자기 급차선 변경으로 부상(2)
- 구급출동 중 구급차 후면으로 승용차가 충돌
- 응급환자에 대해 심폐소생술을 실시하면서 병원이송 중 앞차의 급정지로 인해구급차에 있던 대원이 부상당한 사고임
- 응급처치 중 구급차량 사고

교통사고

- 구급출동 귀서 중 교통사고(4)
- 구급출동 후 귀서 중 교통사고
- 구급귀서 중 교통사고(2)
- 구급출동 후 귀서중 구급차 차량 후진 중 차량 브레이크 등과 경비실 벽 사이에 좌측손목이 끼여 부상
- 귀서 중 승용차 및 택시2대 연쇄출동으로 부상
- 귀서 후 차량에서 내리다 부상

② 허리부상

- 들것을 이용하여 구급환자 이송중 부상

- 들것으로 환자이송 중 허리부상(2)
- 구급출동하여 들것을 이용하여 환자를 이송하던 중 계단에서 미끄러져 허리에 충격을 받아 부상함
- 구급출동 중 환자를 들것으로 이용 계단을 내려오던 중 허리 부상
- 구급출동 중 환자를 들것에 싣고 이송중 중심을 잃고 주차된 차에 충돌하여 허리에 통증을 인지함
- 구급출동하여, 주들것 이용 불가한 장소의 거동이 불편한 환자를 업어서 구급차로 이동 중 허리를 다침
- 구급현장에서 들것을 들다가 허리를 삐끗한 허리 부상(7)
- 구급환자를 들것으로 이송 하던 중 허리부상
- 구급출동으로 환자를 들것에 싣는 과정에서 허리 부상
- 구급출동 시 들것으로 환자 이송으로 부상
- 허리통증환자 주들것으로 이송중 경사로에서 무릎부분에 통증이 옴
- 환자를 들것으로 이송중 90kg 환자의 들것 중심 잡던 중 삐끗함
- 목욕탕 내에 쓰러진 환자를 들것을 이용 내려오던 중 허리부위에 통증발생
- 교통사고 환자를 보조들것 이용 이송중 허리부상
- 보조들것 이용 구급환자 이송 중 허리부상
- 환자를 들것을 이용하여 이송하던 중 허리 부상
- 구급현장활 동 중 환자를 들것에 옮기던 중에 부상
- 구급출동 중 들것을 이용 환자이송 중 허리 부상
- 주택에서 구급환자 들것으로 이송중 허리부상
- 구급출동중 환자를 들것으로 이송하는 과정에서 허리통증
- 구급출동으로 환자를 들것으로 이송 중 요추 염좌
- 현장에서 응급 처치 실시한 후 구급차로 환자를 이동하기 위해 현장에서(주택 거실) 환자를 안고 주들것에 앉히던 중 허리에서 “뚝”하는 소리와 함께 요추부에 심한 통증을 느낌
- 구급출동중 접이식들것으로 환자 후송 중 계단에서 발을 헛디뎌 허리 다침
- 구급현장에서 환자를 이송하여 환자를 들것으로 내리던 중 좌측발이 꺾이면서 통증이 심하였는데, X-ray 촬영결과 좌측발목 인대가 늘어남.
- 구급출동중 주들것을 의자형으로 변형 하던 중 손가락이 끼이는 사고 발생
- 구급출동하여 주들것으로 환자를 차량에 옮겨 장착하는 과정에 들것 접히는 부분에

손가락이 끼이고 허리를 삐끗하여 부상

- 구급출동중 환자 이송 시 허리 통증
- 구급활동중 실족하여 허리 부상
- 구급 중 허리 부상(8)
- 구급출동 중 허리 부상
- 구급 출동 시 환자이송 중 허리부상(급성요추부 염좌)
- 노환으로 거동 불편한 환자 이송 중 허리부상
- 환자를 응급처치 후 병원으로 이송과정에서 구급차량이 흔들거리면서 허리부분의 극심한 통증 유발됨
- 환자이송 중 허리부상
- 응급환자이송 시 허리가 삐끗함
- 추락환자 구급활동 중 허리부분에 강한 충격 후 부상
- 일반주택 구급환자 이송중(요추부통증) 부상
- 구급출동 중 환자 운반 시 허리 부상
- 구급활동(환자이송) 중 허리 부상
- 구급출동시 환자 이송시 허리부상
- 구급출동 시 환자이송을 위한 구급차 하차 시 갑작스런 허리통증
- 구급현장에서 과체중의 환자를 운반 중 내리막길에서 환자의 체중이 쏠리면서 척추에 무리가 생겨 허리를 삠
- 환자이송 중 허리를 삐끽하여 움직일 수 없는 통증을 느껴 병원에서 진단한 바, 요추부염좌상을 입음.
- 공사현장에서 지하로 추락된 환자를 들것을 이용하여 지상으로 운송하던 중 허리와 다리에 극심한 통증 발생
- 헬기로 북한산 문수봉 부근 인명구조 중 요구자의 과중한 무게로 미끄러지면서 허리 부상
- 응급환자를 신속히 이송하기 위하여 업기법 이용 구급차로 이동 중 허리부상
- 구급활동중 환자를 업고 계단을 내려오다 쓰러져 요추에 부상을 당함
- 구급활동중 환자를 업고 내려오다 미끄러지며 부상
- 응급환자를 업기법을 이용하여 주들것으로 이동하려고 몸을 비트는 순간 무릎통증 발생
- 구급환자 이송도중 무릎을 부딪쳐 부상

- 구급활동중 환자를 보조들것으로 옮기던 중 계단에서 미끄러지면서 무릎부위 부상
- 구급출동을 위해 계단을 내려가다 실족하여 좌측 무릎십자인대 파열
- 구급차에서 내려 환자에게 달려가던 중 발목을 접질림.
- 환자를 태운 들것을 들던 중 손목 부상
- 구급환자 이송도중 급차 내에서 손가락이 들것사이에 끼어 부상
- 구조구급현장활동 중 석재공장 수로에 추락하여 머리 및 허리부위에 타박상
- 구급활동 중 넘어져 다리부상
- 구급활동 중 이동식 들것을 밀다가 넘어져 좌측 2,3,4번 중족골 골절
- 구급출동 중 계단에서 넘어지면서 다리골절
- 구급출동 중 계단에서 급히 내려오다 부상

③ 폭행

- 구급활동 중 구급수혜자의 폭행으로 안면부 찰과상, 두피자상 입음
- 구급환자의 난동에 의한 경추부 염좌
- 구급환자의 폭행으로 치아 부상
- 구급출동 중 환자에게 주먹으로 맞아 부상
- 구급활동 중 음주상태였던 요구조자가 안면부를 가격
- 구급출동 중 환자이송 후 귀서 중 만취자에게 폭행 당함
- 구급활동 중 환자로부터 발로 낭심 부위와 대퇴부를 10여 차례, 주먹으로 머리와 안면부를 폭행당함
- 이송환자로부터 폭행을 당해 부상
- 구급활동중 환자의 보호자가 음주상태로 폭행을 가하여 안면부 좌상 및 우측 슬관절 좌상
- 구급환자 이송중 보호자로부터 폭행당함.
- 구급출동 중 만취상태 행인에게 폭행당함.
- 구급활동중 보호자로부터 폭행
- 구급활동중 환자(가해자)의 난동으로 병원인계 중 직원폭행으로 손가락 부상
- 구급출동 후 환자이송중 환자 및 보호자에게 폭행당함
- 호흡곤란환자 황순자의 이송 중 환자의 남편이 후송할 병원을 빨리 지정하지 못하였다는 이유로 송병의 에게 폭언과 폭행을 함
- 구급출동 중 부부싸움 중이던 부인의 폭력행사로 인한 부상
- 구급출동 중 만취상태인 구급 이용환자의 엄마가 머그컵을 던져 머리에 맞는 사고

로 출혈과 어지럼증 발생
- 구급현장에서 구급활동중 환자친척에 의하여 경추부염좌 부상

④ 실족 – 미끄러짐, 넘어짐
- 환자를 응급실로 이동시키기 위해 주들 것을 내리려고 계단을 올라가던 중 발을 헛디뎌 미끄러져 넘어짐
- 구급환자 이송 시 넘어짐
- 구급출동하여 계단을 오르던 중 넘어져 좌측 제5중수골 기저부 분쇄골절
- 구급활동시 환자를 부축하며 계단을 내려오던 중 중심을 잃고 허리를 삐끗함
- 구급출동하여 환자 구급차로 이송 중 계단에서 발을 헛디뎌 허리부상
- 구급활동 중 환자를 들것을 이용하여 구급차로 옮기던 중 우측발을 헛디뎌 우측발목을 삐끗하게 됨
- 구급출동 중 접이식 들것을 이용 환자 이송중 빙판에서 넘어져 부상
- 응급환자를 이송도중 빙판에서 미끄러져 공상

⑤ 충돌
- 구급출동 중 구급차량 안에서 이마를 부딪쳐 부상
- 들것으로 환자이송 중 벽에 부딪혀 부상
- 구급차 승차시 계단에 부딪힘

⑥ 기타
- 응급환자를 차량으로 이송, 병원 응급실로 내리던 중 부상
- 구급출동 중 환자를 들것에 싣고 이송 중 들것 바퀴에 좌측발이 깔려 제2족지가 골절됨.
- 구급출동 환자이송 중 발목부상

(6) 장비점검

장비점검 중 발생한 안전사고는 장비취급에 따른 사고가 가장 높고, 그 다음으로는 장비점검 중 장비에서 추락하거나 장이에 오르내리는 과정(상하차)에서 부상하는 경우가 높게 나타나고 있다.

안전사고의 유형별로 살펴보면 추락은 펌프차 사다리차량 등 차고(車高)가 높은 곳에서 점검하다가 추락하거나, 장비점검을 위해 차량에 오르내리다가 추락하거나 부딪치는

사로로 이해 사고가 발생한다. 한편 실족에 의한 사고도 상당부분 상하차 과정 중에 발생하거나 바닥이 미끄러워 넘어지는 사고가 주로 발생한다.

한편 허리부상은 주로 무거운 장비를 들거나 이동 중에 발생하는 것으로 넓은 의미에서 장비에 의한 사고로 볼 수 있다.

장비취급 중에 발생하는 안전가고의 비중이 가장 높게 나타나고 있으며 세부적으로 살펴보면, 동력을 이용한 장비로 동력펌프, 핸드그라인더, 절단기, 작키 등에 의한 부상이 대부분이다. 따라서 동력을 이용한 장비의 취급에 있어 정확한 장비취급 요령의 습득과 안전보호구의 착용이 절대적으로 필요하다고 판단된다.

① 추락 – 점검 중

- 차량정비 도크에 추락
- 차고 내에서 교대점검 중 차량적재함 내 장비확인하기 위해 걸어가던 중 넘어지면서 가슴과 옆구리부분 부딪히며 도크로 추락한 사고임
- 차량 점검 중 차량에서 낙상
- 진압장비 점검 중 펌프차량에서 추락
- 안전센터 차고지에서 고장차량 자체 수리 중 낙상
- 차량점검 중 탑승대에서 낙상하여 부상
- 차고 앞에서 굴철차량 위에서 에어매트 적재작업 중 손잡이 부분이 뜯어지면서 2.5m 차량 아래로 추락

추락 – 승하차

- 장비 검열 준비 중 출동 지령을 듣고 굴절차에서 내려오다 추락
- 차량점검 후 내려오다 사다리에서 떨어짐
- 교대점검 시 출동장비 점검 후 내려오면서 우측발 부상
- 출동장비 점검 후 차량에서 내려오면서 철구조물에 왼쪽 정강이 부딪힘
- 차량점검 후 내려오면서 왼쪽 발목 뒷부분 부상
- 장비점검 후 차량에서 하차 하던 중 발판을 헛디뎌 넘어지면서 좌측수근골 골절발생
- 장비점검 중 소방차량에 오르다 발을 헛디뎌서 부딪침.
- 장비점검 중 펌프차에서 하차 도중 미끄러져 오른쪽 아킬레스건 부상

② 실족 – 미끄러짐, 넘어짐

- 장비점검 중 넘어져 다리부상

- 교대점검 후 차에서 내려오다 미끄러져 좌측팔꿈치 부상
- 카메라조명 수리중 바닥에 미끄러지면서 도크 하단에 안면부위 부상
- 아침교대점검 중 바지선과 부교사이에서 발을 헛디뎌 무릎을 부딪침
- 아침 교대시간 출동장비 점검중 차량에 점검장비 적재하려다 미끄러져 넘어져 부상 당함
- 구급차량 고장수리 후 2층 대기실로 이동 중 발에 묻은 기름에 미끄러져 팔을 접질림
- 근무중 차량 시동점검 후 내리던 도중에 넘어지며 왼손 부분골절
- 사다리차 세척작업을 위해 조작중 발에 아우트리거 작키 발판에 걸려 중심을 잃고 1.5m 바닥에 떨어짐

③ 장비

- 구조장비 점검 중 장비폭발로 우안 찰과상 등
- 장비점검(로프총) 중 총열파열로 좌측 3수지 부상
- 방수포시험 중 파손에 의한 치아파절 및 치조골 골절
- 펌프차량 점검장비를 점검 도중 손가락 골절 후 하차 중 실족
- 장비점검시 동력윈치 이동중 왼쪽 제3수지 인대절단으로 인한 접합수술
- 장비짐검 도중 손가락 골절
- 장비점검시 고정식 동력발전기 시동점검 오른쪽 손등 부상
- 점검을 마치고 이송 중 동력소방펌프를 놓쳐 발등에 떨어져 골절입음
- 화재진화를 마치고 귀서 후 재 출동 준비 중 장비진열장 내의 장비를 꺼내는 도중 진열장 틀 상단 모서리 부분에 검지 접촉으로 좌측검지 인대 파열
- 장비검열준비중 절단기의 날을 핸드그라인더로 갈던 중 철재 브러쉬가 안구공막에 박혀 부상
- 구조대건물 옥상에서 시건장치 개방장비 공구함 개조작업 중 핸드그라인더 날에 부상
- 장비점검중 동력절단기 날이 파손되어 우측 발등에 떨어지면서 부상
- 장비점검 준비를 위해 유압엔진펌프를 내리던 중 흘린 유압오일에 미끄러져 허리를 다침
- 소방차량 정비용 이동수레 타이어 공기충압중 타이어 파손으로 인한 부속파편 오른손 강타
- 구조장비 개발관계로 공기호흡기 분해조립 중 다용도 칼에 부상
- 차량점검을 위해 작키 사용 중 허리부상
- 장마철 대비청사 ○○파출소 창고벽에 설치된 물받이 고정밴드를 정비하던 중 플라

이어가 이탈하여 쓰고 있던 안경에 부딪히면서 안경이 파손, 좌안 눈두덩부분 열상, 좌안결막 및 공막부분에 열상을 입은 부상

- 장비점검 중 빈 드럼통을 동력절단기로 절단작업 중 드럼통 내부에 있던 유증기폭발로 인한 부상(2)
- 청사 차고 내에서 장비 정비 중 수중펌프가 우측발목으로 떨어져 부상

④ 허리부상

- 고장차량 자체수리 후 하차하는 순간 허리통증
- 장비점검 중 허리부상
- 소방호스 세척기를 옮기던 중 허리통증
- 장비점검 중 유압전개기를 들면서 허리 통증 옴
- 해빙기 일제 소방용수시설 조사중 133호 소화전을 들어 올리던 중 허리 부상
- 해빙기 소방용수 일제점검차 출소하여 상기장소에서 지하식 소화전 철개를 개방하던 중 허리부상을 입음
- 파출소 UPS고장 수리중 배터리를 들고 이동 중 허리부상
- 공기호흡기 점검, 세척시 양동이 물을 버리다 허리 부상
- 타이어 들다가 허리 통증 부상
- 소방차량 점검시 허리에 통증
- 장비검열 수검종료 후 펌프차에 이동용 조명등발전기를 재적 중 허리 삐끗

⑤ 기타

- 소방차량에 적재된 소방호스 등 각종 출동장비 점검 후 차량후미 적재탑에서 하차 중 부상

(7) 교육·훈련

교육훈련 중에 발생한 안전사고는 추락에 의한 사고 비중이 절대적으로 높게 발생하고 있으며, 그 다음으로는 장비취급 과 실족에 의한 사고가 대부분을 차지하고 있다.

안전사고 유형별로 살펴보면, 실족에 의한 안전사고는 사다리 및 승하차 훈련 중에 많이 발생하고 있으며, 계단에서 급하게 이동 중 발생하기도 한다.

추락은 훈련탑에서 레펠 시범 및 훈련 중에 추락하거나 구조물에 부딪쳐 발생하는 사고의 비중이 높다. 그 다음으로 사다리 등 높은 곳에서 추락하거나 착지과정에서 축격에 의

한 부상이 발생하고 있다.

장비에 의한 안전사고는 에어매트 전개 및 낙하시범 중에 주로 발생하고 있으며, 소방호스 연결 중 또는 수관이 튀어 올라 사고가 발생하고 있다. 그 외에 다양한 요인에 의해 사고가 발생하고 있다.

① 추락

- 인명구조훈련 레펠 시범 중 추락
- 어린이날 소방행사관련 사전 레펠 시범훈련 중 낙상
- 구조대원 현장적응훈련(레펠구조) 실시 중 발목부상
- 재난대비 긴급구조예행훈련(레펠)중, 캐노피로 추락한 사고
- 긴급구조구난 종합훈련중 6층 옥상에서 역 레펠 하강중 3층 난간에 부딪쳐 부상
- 반동력에 의해 관창수가 베란다에서 추락함
- 훈련탑에서 후방 미확인으로 추락
- 한국전력공사 레펠 훈련 중 추락사고
- 훈련탑 3층에서 추락
- 수관을 끌어 내리는 중 균형을 잃어 추락
- 초등학교에서 훈련 중 옥상에서 로프히강훈련 중에 착시과성에 부상
- 암벽등반 교육 · 훈련 중 안전벨트가 절단되어 약 4m 아래로 추락한 사고 임
- 훈련탑에서 하강훈련 중 완전하게 제동하지 못한 채 안전매트에 추락한 뒤 튕겨서 상체가 바닥에 부딪힘
- 소방학교 교육훈련과정 중에 에어매트 낙하 중 추락사고
- 공기안전매트 낙하시범 중 좌측슬관절인대 및 연골파열
- 신임교육중 훈련탑 4층에서 미끄럼봉을 이용한 하강훈련 중 1층과 2층 사이에서 추락
- 소방학교 4층 훈련탑에서 미끄럼봉을 타고 내려오는 훈련 중 착지 시 중심을 잃고 메트리스 사이에 빠져 부상 (2)
- 소방기술경연대회 참가 훈련 중 훈련탑 4층에서 하강하여 바닥으로 착지하던 중 다리가 꼬이면서 우측 발목부근에 충격이 가해져 접질림
- 시범훈련 중 착지 충격
- 구조구급훈련센터 훈련탑에서 전국소방기술경연대회 구조물 인명구조 훈련 중, 4층에서 하강하며 바닥으로 착지하던 중, 다리를 삐끗하여 엉덩이부터 바닥에 닿아 매트리스 밖으로 넘어짐
- 고층건물 인명구조훈련 중 핸드록 핀이 돌면서 잡은 손이 미끄러져 추락

- 낙하시범 도중 추락
- 현장활동 표준기법 훈련 중 사다리에서 추락
- 후방 미확인으로 추락
- 가설 파이프에 공기통을 충돌하여 추락
- 요구조자를 업고 구출 중 사다리 위에서 추락
- 사다리 위로 내려가는 도중 추락
- 사다리에서 건물로 진입할 때 미끄러져 떨어짐

② 실족 – 헛디딤, 미끄러짐, 넘어짐

- 아침점검 중 발을 헛디뎌 부상
- 장비검열 준비차 중화파출소 2층에서 1층으로 내려오던 도중 발을 헛디뎌 다침
- 사다리 위로 오르는 도중 발이 미끄러져 추락
- 사다리에서 건물로 진입 시 미끄러져 떨어짐
- 사다리 연장 중 돌풍으로 넘어짐
- 사다리 철수 도중 넘어짐
- 긴급구조훈련 후 귀대하기 위해 차에 오르다 미끄러지며 차량 계단에 무릎을 부딪침
- 긴급구조종합훈련대비 훈련 후 귀대하기 위해 차량탑승 중 미끄러짐
- 출동훈련 중 하차도중 헛디뎌 발판에 미끄러지면서 발목 부상
- 야간 불시훈련 중 굴절차 탑승대에서 미끄러지면서 부상
- 자체 불시 출동 훈련 중 계단에서 미끄러져 부상
- 승차훈련 중 실족하여 부상
- 훈련 중 도로변에 주차 후 내리는 순간 발목을 다침
- 신임소방사반 산악교육훈련 중 실족
- 구조공작차 조명탑 조작훈련 중 하차시 실족
- 아침교대점검을 위해 2층대기실에서 1층 차고로 이동중 계단에서 넘어짐
- 신규임용자반 소방전술 교육점검차 훈련탑 지하로 내려가다 계단에서 비끄러져 계단난간에 허리를 부딪침
- 교육생 아침점호를 실시하고자 계단을 내려가던 중 넘어져 부상
- 긴급구조 종합훈련 당일 예행연습 종합방수 후 4층에서 로프(200m) 운반중 지면에 물기가 있어 넘어지면서 부상
- 공기호흡기를 매고 훈련 후 다음훈련을 위해 훈련탑에서 내려오다가 계단에서 미끄러짐

③ 장비

- 고가사다리차에 비치된 에어매트 전개 및 시범낙하 훈련 중 흉추 골절
- 화재진압기술훈련, 에어매트 전개 훈련 중 허리가 삐끗하여 통증을 호소
- 화재진압기술훈련 중 방수훈련시 소방호스에 손가락이 끼어 부상
- 소방호스 연결 카프링 작업중 수관압력으로 카프링이 위로 터지면서 좌측 손에 부딪혀 구급차로 즉시 내원 고정수술 및 깁스 치료 중
- 화재진압기술훈련 중 계단을 오르내리다가 공기호흡기 충격으로 허리를 다침

④ 기타

- 에어메트 탈출훈련 중 착지 불안정
- 휴대한 수관의 관창 부분이 떨어짐
- 농연 내에서 로프를 놓쳐 퇴로를 잃어 버림
- 수직 도하 시 거꾸로 매달림
- 차량에서 조명등 받침대를 떨어뜨려 발에 떨어짐
- 심폐소생술시범을 보이는 과정에서 허리의 통증을 느끼고 거동하기 힘들 정도의 통증을 느끼고 병원진단 후 허리디스크파열로 척추후궁절제술 및 디스크제거술 받음
- 차량에서 조명등 받침대를 떨어뜨려 발에 떨어짐
- 수관을 올릴 때 관창이 얼굴에 충돌
- 판교파출소 훈련탑에서 완강기를 이용한 인명구조훈련 실시 중 완강기 몸체가 낭심을 가하여 부상
- 인명구조 시범훈련 중 로프의 꼬임으로 인해 좌측 팔꿈치 부상, 좌측상박골 골절 발생
- 투하한 로프가 일반인의 머리에 낙하

3.5.3 안전사고 유형별 Matrix

안전사고의 주요 원인 도출을 위한 안전사고 유형별 Matrix는 이상의 3.4.2에서 분석된 내용을 근거로 소방대원의 주요업무영역을 화재출동, 화재현장, 귀서, 구조활동, 구급활동, 장비점검, 교육훈련으로 나누었으며, 안전사고의 유형은 교통사고(승차, 하차, 출동중), 추락, 실족, 장애물 등 총 12개 항목으로 나누어 작성하였다.

표 3-46 안전사고 유형별 Matrix

구분		안전사고유형													
		교통사고			추락	실족	장애물	붕괴매몰	낙하물	화상폭발	장비	폭행	동물	허리부상	기타
		승차	하차	출동중											
주요업무영역	화재출동	○	△	●	–	●	△	–	–	–	–	–	–	–	–
	화재현장	–	○	●	●	●	○	●	●	●	○	–	–	○	○
	귀서	–	●	△	–	●	–	–	–	–	–	–	–	–	–
	구조활동	–	–	△	○	●	–	–	○	–	●	△	○	●	○
	구급활동	–	–	●	–	△	–	–	–	–	–	●	–	●	○
	장비점검	–	–	–	●	○	–	–	–	–	●	–	–	○	–
	교육훈련	–	–	–	●	●	–	–	–	–	△	–	–	–	○

* 주1) 사고발생빈도 : ●: 높은 ○: 보통 △: 낮음 – : 매우 낮음

* 주2) 1. 구조활동 중 허리부상은 주로 장비사용에 의한 안전사고가 대부분 임.
2. 구조활동 중 기타는 일산화탄소 중독, 급류, 착지, 화상 등 매우 다양한 요인에 기인함.
3. 구급활동 중 허리부상은 대부분 환자를 들것으로 이동 중에 발생 함
4. 장비점검 중 추락은 대부분 차량점검 중 차량위에서 추락한 임
5. 장비점검 중 장비취급은 동력장비의 사용에 의한 부상 임
6. 장비점검 중 허리부상은 무거운 장비 및 물건을 들거나 이동하다가 발생 함

재난유형별 안전사고 예측기술 제안

4

화재 등 재난사고는 긴박하고 복잡 다양한 위험요인에 의해 발생하기 때문에 발생된 모든 안전사고에 대해 예측기술과 대책을 마련하는 것에는 한계가 있다.
기본적으로 소방공무원의 안전사고는 출동부터 귀서까지 모든 소방활동에 안전사고의 수많은 발생요인이 잠재되어 있으며 이런 안전사고를 유형별로 정리하면 다음과 같다.

소방활동을 구분하면, 화재, 구조, 구급, 장비점검, 교육훈련, 체육활동, 일반업무 등으로 구분될 수 있다. 여기서 체육활동 및 일반업무에 따른 안전사고는 소방활동의 중요한 영역이나 소방활동 중에만 있는 교유의 안전사고라고 판단하기 어려워 본 장에서는 제외하기로 한다.

첫째, 화재, 구조, 구급은 안전사고의 발생빈도가 매우 높아 화재 등 출동통보 인지 후 출동에서부터 현장에서의 소방활동 후 귀서까지 있을 수 있는 안전사고를 대상으로 한다.

둘째, 장비점검, 교육훈련은 사고 발생빈도가 높은 현장 활동에 중점을 두고 연구하기로 한다.

셋째, 안전사고 예방을 위한 교육과 훈련으로 사고예방이 가능한 소방활동을 주 대상으로 한다.

소방활동	출 동 →	현장활동 →	귀 소
1. 화 재	●	●	○
2. 구 조	○	●	△
3. 구 급	●	●	○
4. 장비점검	−	●	−
5. 교육훈련	△	●	△
6. 체육활동	−	●	−
7. 일반업무	△	△	△

주) 사고발생빈도
●: 높은 ○: 보통 △: 낮음 −: 매우 낮음(상관성 없음)

그림 4-1 안전사고 유형별 발생빈도와 연구범위

4.1
화재출동시 안전사고 대책방안

4.1.1 화재의 인지와 화재출동

(1) 화재의 인지 및 접수 단계

화재가 발생하면 119 전용전화, 소방시설(자동화재속보설비), 기타 다양한 수단에 의해서 종합방재센터 또는 각 소방서 상황실에 접수가 된다.

현재는 대부분 119전화에 의한 신고가 대부분이며, 특히 휴대폰을 통화 신고가 상당부분을 점유하고 있다. 화재 신고는 일반시민과, 소방대상물의 관계자 등의 전통적인 방법에 의한 인지방법 뿐만 아니라 CCTV 등에 의한 화재 감시와 조기발견 등 적극적인 화재의 인지방법이 확대될 필요가 있다.

화재신고 접수 단계부터 화재상황의 판단을 전술적으로 해야 하며, 신고접수 단계에서 고려해야할 주요사항은 다음과 같다.

① 신고의 종류 판단
② 신고자의 위치와 출동경로의 선정
③ 사전 활동계획서에서 수립된 각종 정보의 검색과 활용
- 건축물의 규모(층수, 면적 등) 및 건축연령
- 건축물의 구조
- 사고건물이 위치한 지역의 지형 및 지세
- 소방시설의 유무 및 종류
- 소방대상물의 용도
- 인명위험성의 유무 및 정도
- 특별한 위험요소의 존재 여부

④ 활용장비의 결정
⑤ 소방용수의 선정계획
⑥ 현재일기, 기상상태 등

(2) 화재출동 단계

화재출동이란 화재를 인지하고 소방대가 현장에 도착할 때까지의 일련의 행동을 화재출동이라 한다. 화재출동은 일반적으로 다음의 순서에 따라 이루어진다.

1) 출동지령

종합방재센터 또는 각 소방서 상황실에서는 화재를 인지한 경우 화재진압 등 소방활동을 하기위해서 관할 소방서 또는 119안전센터에 출동을 지령한다. 출동지령은 화재 발생 위치, 화재의 종별, 규모, 등에 따라서 정해진 출동계획에 의해 이루어진다. 상황실 근무자는 출동지령 후 소방대상물의 경방카드를 확인하고 그 소방대상물에 애한 정보를 신속하고 정확하게 출동 중인 대원에게 즉각적으로 알려야 한다. 한편 출동대원은 이 정보를 정확히 청취하고 정보를 신속히 숙지하여야 한다.

한편 상황실에서는 출동지령과 동시에 관련기관(경찰서, 한국전력공사, 가스안전공사, 병원 등 관계기관 및 단체)에 화재상황을 통보하여 원활하게 협력이 이루어지도록 하여야 한다. 출동지령을 내릴 때 판단해야 할 주요사항은 다음과 같다.

① 위치 및 소방대상물 파악
- 위치 : 시·군·구, 동·읍·면, 번지(용이하게 위치를 파악할 수 있게 지령)
  - 최적의 출동로 파악, 목표수리
- 소방대상물 : 규모, 특성, 특수건물 유무

② 화재상황
- 화재종별 : 화재성상 및 실태 추정
- 화재상황 : 화재의 규모, 진행상황
- 활동의 중점 : 요구조자 유무

2) 출동단계

소방대가 사고현장으로 출동하는 단계에 고려해야할 주요사항은 다음과 같다.

① 출동경로의 적정성에 대한 재평가
② 타 소방대의 도착시간에 대한 고려
③ 소화전과 소방용수의 확보에 내한 내용
④ 현장 진입경로의 장애물 등에 대한 내용
⑤ 사전활동계획에 따른 소방차량의 주차위치 선정
⑥ 현장관계자로부터 추가정보 입수

⑦ 응원출동의 필요성 여부

3) 소방용수 선정

예정 소방용수의 선정은 화재발생 장소의 상황, 도착순서, 화재규모, 타 출동대의 부서 등을 종합적으로 고려하여 가장 합리적인 방안을 선정한다.

한편 출동 시 예정 소방용수는 현장도착시 상황변화에 적극적으로 대처할 수 있도록 최소 2개소 이상을 선정하여 두는 것이 바람직하다.

현장에서는 다음과 같은 상황의 변화가 있을 수 있다.

① 예정된 수리 가까이에 주차된 차량이 있어 수리부서를 할 수 없는 경우
② 소방용수가 화재출동 장소에서 멀거나 반대쪽인 경우
③ 예정 소방용수 부근에 화염이 확대되어 있는 경우
④ 타 소방대가 선착하여 소방용수를 사용하고 있는 경우

4.1.2 소방차량 안전사고와 예방대책

안전사고의 유형별 사고원인에서 나타난 것과 같이 소방활동과 관련된 사고원인 중 출동 및 귀서 단계에서 교통사고가 큰 비중을 차지하고 있다. 교통사고로 인해 소방력의 손실이 큰 비중을 차지하고 있다. 따라서 이에 대한 대책이 필요하다.

일반적으로 소방차량 등의 안전운행에 요구되는 주요사항은 다음과 같다. 출동경로의 선정, 통행인 또는 승차한 대원의 안전에 관한 사항, 도로교통법에 관한 사항, 소방차량의 성능 및 특성에 관한 사항, 도로의 장애요인에 관한 사항, 방어운전 등이다.

(1) 출동로의 선정과 출동

출동은 소방활동 중에서도 가장 신속성이 요구되는 행동의 하나이다. 소방차량을 운전하는 대원은 관내 지리 및 특성에 대하여 완벽히 숙지하고 있어야 한다. 출동로의 부적절한 선택은 효과적인 신속한 화재진압 등 현장활동을 기대할 수 없게 된다.

출동 중에는 각 소방대원은 차량의 안전운전에 만전을 기해야함은 물론 동시에 무선연락이나 출동지휘자로부터의 지시에 귀를 기울여야 한다.

1) 도로여건 고려

소방차량의 출동로 선정 시 고려하여야할 사항은 다음과 같다.

① 교통혼잡

교통혼잡은 출동을 도심지에서 지연시키는 가장 중요한 요인으로 주로 교통량의 과다, 도로공사나 교통시설물 등의 가설작업, 출·퇴근, 대규모 집회, 고연 및 행사, 가두시위, 스포츠행사 등의 요인에 의해 발생되는 경향이 있다. 특히 돌발적으로 발생하는 교통사고에 의해 교통의 흐름이 정체되는 경우가 자주 발생한다. 따라서 이런 상황에 대한 정보를 신속히 수집하기 위한 노력이 필요하다.

② 도로의 상태 고려

일상적으로 출토하던 도로라 하더라도 눈, 비, 도로에 추락한 물건(물건, 기름 등) 등에 의해 신속한 출동은 물론 사고유발요인이 된다.

③ 도로공사 지역

소방차량이 불가피하게 공사중인 도로를 지나가야하는 경우 건설용 장비 및 자재와 충돌하거나 공사관계자와의 충돌사고에 각별히 주의를 기울여야한다.

④ 인구밀집지역

도심지의 인구밀집 지역에는 판매영업시설, 극장, 쇼핑센터 등이 많이 있어 소방차량의 신속한 현장 도착을 어렵게 한다.

⑤ 위험한 교차로, 철도건널목

소방서 주변에 위험한 교차로, 철도건널목 등과 같은 교통사고 유발 가능성이 높은 위험한 장소가 있는 경우가 많다. 따라서 가능하다면 이러한 출동경로를 피하는 것이 바람직하며, 불가피하게 통과하여야 할 경우 안전한 속도로 운행하여야 한다.

⑥ 시가행진

국경일, 기념일 등 정기적인 시가행진과 특별한 경우 비정기적으로 실시된다. 따라서 사전에 행사의 개요를 파악하여 제2의 출동경로를 선정해 두는 것이 필요하다.

2) 출동로의 선정방법

출동로는 화재현장으로 안전하고 단시간에 도착할 수 있는 도로를 선정하는 것을 원칙으로 한다. 따라서 출동로는 다음과 같은 조건을 종합적으로 검토하여 결정할 필요가 있다.

① 화재현장까지 가장 가까운 도로일 것
② 출동로의 가까운 곳에 소방용수가 있을 것
③ 주행하기 쉬운 도로일 것
④ 교통혼잡, 도로공사 등의 장애가 없을 것
⑤ 타 소방대의 진입방향과 중복되지 않을 것
⑥ 부서 위치는 후착대에 장해가 되지 않는 위치로 할 것

3) 타 분대의 고려

① 타 분대의 출동로 인지

출동경로를 선정함에 있어서 또 다른 분대의 출동경로를 명확하게 인지하고 있어야 한다. 만약 2~3개 이상의 분대가 동시에 1개의 교차로를 향하여 진행하고 있는 경우에는 상호교신을 통하여 혼선과 충돌사고가 발생하지 않도록 하여야 한다.

② 교차로에서의 안전 확보

교차로에 인접한 곳에 근접한 경우 교차로와 가까운 거리에 있는 분대가 사이렌 또는 전조등 신호를 표시하면서 우선통행 하도록 한다. 이러한 것은 각 분대간의 상호약정을 통해서 공식화 되어 있을 경우만 실효성을 확보할 수 있다.

③ 응원출동 분대에 대한 고려

응원출동을 위해 운전중인 차량의 분대장에게 수시로 분대의 위치를 무선채널을 이용하여 알려야 한다. 또한 경찰차량이나 구급차가 접근할 경우에도 효율성의 증대와 안전사고 예방을 위해 그렇게 하여야 한다.

4) 교통법규의 준수와 안전운행

① 긴급자동차의 정의 및 특례

긴급자동사라 함은 “도로교통법 제2조”에 따르면 소방자동차, 구급자동차 그 밖의 대통령령이 정하는 자동차로서 그 본래의 긴급한 용도로 사용되고 있는 자동차를 말한다. 긴급자동차는 일반적으로 일반차량에 적용되고 있는 속도 제한을 받지 않는 상태에서 통행의 우선순위를 가지고 있으나, 이것은 어디까지나 국민의 생명과 재산에 피해를 주지 않는 범위 내에서 우선통행을 말한다.

② 긴급자동차의 유의사항

긴급자동차로서 특례혜택을 받기 위해서는 반드시 경광등이나 사이렌을 우리거나 또는 전조등을 점등한 상태이어야 한다.(도로교통법시행령 제3조) 또한 주의하여야 할 사항은 도로교통법의 특례조항에 근거하여 운행하고 있다고 하더라도 우천지역, 짙은 안개지역, 결빙지역, 시야가 불충분한 지역을 통과할 경우 극히 안전에 유의하여야 한다. 왜냐하면 시야가 불충분하거나 정상적인 도로조건하에서는 일반차량이 충분히 양보해 줄 수 있지만 위의 도로조건 하에서는 양보할 수 없는 경우가 많이 있기 때문이다.

③ 긴급자동차로서의 안전운전

소방차는 긴급자동차로서 법령상 많은 특례가 있다. 그러나 법령에서 허용되고 있는 행위라 해도 긴급자동차의 고속주행 등은 매우 위험한 행위이며 긴급주행은 고동의 주의와 위험회피의 의무를 부담하고 있는 것으로 생각하여야 한다.

따라서 승차대원은 전원이 일체가 되어 안전하고 신곡하게 소방차량이 현장에 도착할 수 있도록 노력하여야 한다. 또한 소방차량은 긴급차량으로서 받을 수 있는 특례는 다음과 같다.

- 전용차로의 통행 (도로교통법 제15조)
  - 긴급자동차가 그 본래의 긴급한 용도로 운행되고 있는 경우 통행이 가능하다.
- 긴급자동차의 우선통행(도로교통법 제29조)
  - 1. 부득이한 경우에는 도로의 중앙이나 좌측부분을 통행할 수 있다.
  - 2. 이 법에 의한 명령의 규정에 의하여 정지하여야 하는 경우에도 불구하고 긴급하고 부득이한 경우에는 정지하지 아니할 수 있다.

  단, 위 1, 2의 경우에 교통의 안전에 특히 주의하면서 통행하여야 한다.
- 긴급자동차에 대한 특례 (도로교통법 제30조)
  - 1. 자동차의 속도 제한
  - 2. 앞지르기의 금지
  - 3. 끼어들기의 금지
- 사고발생시의 조치(도로교통법 제54조)
  - 긴급자동차는 필요조치 및 신고를 하고 계속운전 할 수 있다.
- 갓길 통행금지 특례 (도로교통법 제60조)
  - 긴급자동차는 갓길통행이 가능하다.

한편 기관원 이외의 대원은 소방자동차의 안전운행을 위하여 특히 다음의 사항에 유의하여야 한다.

첫째, 신속한 출동을 해야 한다. 출동이 지연되면 마음이 초조해지게 되어 안전 확인에 소홀해지게 된다.

둘째, 주의력 집중해야 한다. 긴급 주행중에는 여러 곳에 위험이 도사리고 있다. 위험에지능력을 배양하고 전 대원의 눈으로 확인한다.

셋째, 확인절차가 필수적이다. 위험을 조기에 발견하고 이를 피하기 위해서는 신호확인 등을 전 대원이 한다.

넷째, 유도요령 숙달해야 한다. 좁은 도로를 통과할 때나 수리부서를 위한 후진 등의 경우에 각 대원은 기관원과 일체가 되어 차량을 유도할 수 있도록 하여야 한다.

④ 제한적 범위 내에서의 특례

현장으로의 신속한 출동은 시민의 생명과 재산에 위해를 가하지 않는 범위 내에서 이루어져야 한다. 긴급한 현장으로의 출동이 결코 사고를 정당화 시킬 수는 없다는 것이다. 소방차량의 우선통행권에 있어서도 비록 권리를 가지고 있지만 그것이 절대적인 권리가 아닌 것을 알아야 한다.

(2) 안전한 운전기법

소방차량의 운전을 담당하고 있는 운전요원의 가장 중요한 임무는 24시간 작동가능한 상태로 소방차량을 유지하는 것과 출동시 최종 목적지까지 인력과 장비를 안전하게 도착하도록 하는 것이다. 뿐만 아니라 소방활동 현장에서도 차량에 의한 안전사고가 빈발하고 있다는 측면에서 소방활동 현장에서 안전하게 차량을 주·정차시키고 작동 및 활동이 가능하도록 하여야 한다.

1) 운전원의 태도

운전을 담당하는 기관원은 평온하고 침착한 태도가 가장 필수적이다. 운전중에 성급하고 공격적인 운전태도는 일반인이나 차량뿐만 아니라 동료 소방대원에게 위협이 될 수 있다는 측면에서 운전원의 부주의한 태도와 마음가짐은 절대 용인될 수 없다. 특히 소방차량의 운행을 무시하거나 양보운전 방법에 익숙하지 않은 일반차량에 대해 항상 주의를 게을리 해서는 안 된다.

2) 차량 내에서의 안전

화재출동이라는 아무리 긴급한 상황이라 하더라도 소방대원의 승차공간은 안전한 상태를 유지하여야 한다. 차량에 승차하고 있는 대원은 운행중 발생할 수 있는 교통사고나 급정지 급출발 등에 대비하여 안전벨트를 반드시 착용하여야 한다. 일부 소방대원은 안전벨트의 착용을 시간낭비 또는 자존심 상한다고 생각하는 경우가 있을 수 있다. 그러나 겨로 시간 낭비나 자존심 상하는 일이 아니며 착용에 수초의 시간이 소방대원의 안전한 출동을 보장해 준다.

3) 승차원의 안전

소방차량은 모든 대원이 보호복 착용과 안전벨트를 착용한 상태에서 지휘자의 출발신호에 따라 이루어져야 한다. 즉 완벽한 안전조치가 갖추어진 상태에서 출동해야 한다는 것이다.

4) 소방차의 후진

소방차량의 후진이 필요한 경우 반드시 1명 이상의 보조자가 후진을 유도할 수 있도록 한 후에 실시하여야 한다. 이런 원칙은 현장활동을 종료한 후 귀서준비를 하거나 차고에 입고 힐 경우에도 동일하다. 특히 고가사다리차량의 경우 전장이 길어서 외부로 돌출된 사다리의 선단부분이 주변의 사물과 건물에 부딪치지 않도록 주의가 필요하다.

(3) 방어운전 기법

방어운전은 안전한 차량운행을 위해 가장 안전한 운전기법과 함께 가장 중요한 요소이다.

1) 충분한 시야 확보

전방의 도로상황은 안전운전의 가장 기본적인 환경 요소이다. 즉 안전운전과 방어운전을 위해서는 전방을 충분한 시야를 두고 관찰하여야 한다. 이러기 위한 기본적 원칙은 다음과 같다.

① 넓은 시야를 확보한다.
② 핸들보다 높은 위치에서 전문을 주시한다.
③ 눈을 계속 움직인다.
④ 운전에만 정신을 집중한다.
⑤ 차량에 설치된 각종 경보장치를 합리적으로 활용한다.

2) 전방차량의 급제동 예측

① 주행속도는 브레이크 작동 후 정비거리와 직접적인 관련이 있다. 따라서 기관요원은 해당 차량의 속도별 정지거리 및 정지시간을 정확하게 파악하고 있어야 한다.

* 총 정지거리 : 정지해야할 상황을 인지한 후 브레이크를 밟고 차량이 완전히 정지하는 순간까지의 거리를 말하며, 운전자반응거리와 차량의 정지거리의 합을 의미한다.
* 운전자반응거리 : 차량의 운전자가 정지의 필요성을 인지한 후 브레이크를 밟는 순간까지의 주행거리를 의미한다.
* 차량정지거리 : 브레이크가 작동하여 차량이 완전히 정지할 때까지의 거리를 의미한다.

② 주행중에 주행속도가 빠를수록 운전자가 확보할 수 있는 시야는 좁아진다. 예를 들어 시속 60 km에서는 약 60도 정도, 100 km에서는 약 40도 정도의 시야가 확보된다.

③ 운전원과 지휘자는 평소에 자기가 운전하거나 지휘하는 차량의 총 정지거리를 정확하게 인식하고 대응하여야 한다. 여기서 총 정지거리에 영향을 미치는 요소는 차양의 속도이외에 차량의 중량, 적재물의 정도, 제동장치의 성능, 운전자의 반응속도, 도로의 상태로 우천 결빙, 도로의 포장상태 등 다양한 요소에 따라 달라진다.

3) 일반 운전자의 행동예측

소방차량은 다른 차량의 운전에 대해 행동을 예측하고 사고예방을 위해 방어운전이 기본이다.

① 일반적으로 소방차량 등 긴급차량의 주행을 위해 타 차량은 양보하는 것이 원칙이다. 그러나 이러한 양보는 주행중일 때에만 가능하다는 사실을 인지해야 한다. 만약 다른 차량들이 신호대기, 주·정차중일 때에는 양보가 어렵다.

② 소방차량이나 긴급차량의 경광등의 불빛과 사이렌 소리는 타운전자를 흥분하게 하거나 불안하게 할 수 있다. 특히 초보운전자에게 이런 현상이 나타날 수 있으며, 급작스럽게 차선을 변경하거나 예측불허의 주행을 할 수도 있다. 따라서 경광등과 사이렌을 사용할 때에는 운전에 더욱 주의를 기울려야 한다.

③ 일반차량이 소방차량의 사이렌소리에 항상 반응 할 것이라는 생각은 피해야 한다. 경우에 따라서 일반차량이 창문을 닫고 라디오를 들을 경우 사이렌 소리를 듣지 못할 수도 있다.

한편 사이렌 등의 경보장치를 작동한다 해도 도시의 소음이나 공사장의 소음, 긴급구난차량(랙카차)의 사이렌소리 등으로 인하여 일반 운전자들이 소방차량의 주행을 완전히 인지할 것이라는 기내는 피해야 한다.

④ 교차로에 진입하는 소방차량은 돌발적인 상황에 대비하여 충분히 안전하게 정지할 수 있는 정도의 속도로 주행하여야 한다. 한편 교차로의 신호가 적색일 경우 일시적으로 멈추거나 주변의 차량운행상태를 파악 후 서행상태로 주행하는 것이 안전은전을 위해 필요하다.

⑤ 교통량이 많은 교차로나 전후좌우를 동시에 상황파악하기 어려운 교차로인 경우 속도를 30 km/h 이내로 감속하고 경보장치를 최대한 사용하면서 서행하여야 한다.

4) 자동차의 미끄러짐 방지

급하게 운행중인 소방차량의 미끄러짐은 대형사고로 연결될 가능성이 매우 높다. 주요 미끄러짐의 원인은 다음과 같다.

① 소방차량의 과속

② 운전자의 도면 상태 및 가파른 경사도에 대한 부주의
③ 소방차량의 과중량에 대한 부주의
④ 주변의 장애물(다른 차량, 황단중인 사람 및 동물)에 대한 대비부족
⑤ 차량의 상태(적정공기압, 타이어의 마모상태)

5) 소방차량의 적재중량 고려

소방차량은 대부분 중량이며 이로 인해 안전운행을 위해서는 중심이동에 대한 주의가 필요하다. 관성의 법칙이 소방차량에도 적용된다. 소방차량의 경우 급하게 운전해야 하는 경우가 대부분으로 지속적으로 속도와 방향이 바뀌게 된다. 따라서 소방차량에 적재된 물, 소화약제, 장비 등도 끊임없이 움직이려 한다. 이러한 움직임이 차량의 무게중심을 바뀌게 하고 심할 경우 차량이 전복될 수 있는 위험성을 가지고 있다.

6) 소방차량의 구조 고려

소방차량은 대부분 일반차량에 비해 전고가 높고, 적재물이 차량의 상부에 놓이게 되는 경우가 많다. 이런 경우 차량의 제동거리가 길어지고 미끄러지기 쉽다. 이러한 현상은 과속, 급한 핸들조작, 가파른 경사길의 부주의한 운전 등에 의해서 발생된다. 따라서 소방차량은 적정 적재하중과 적재높이 등을 초과하지 않는 것이 중요하며, 핸들의 조작은 가능한 부드럽게 하는 습관을 길러야 한다.

7) 도로의 여건과 악천후의 고려

기상조건 중 강우, 눈, 안개, 온도 등도 안전 운전을 위해서는 반드시 고려되어야 할 요소이다.

강우와 눈, 결빙 등은 제동거리를 길게 하고 미끄러짐을 유발할 수 있다. 특히 급커브, 고갯길, 그늘진 도로, 눈발이 날리는 도로, 안개지역 등은 사전에 정보를 확보하고 주의운전이 필요하다. 특히 결빙된 도로는 정지거리가 정상적인 조건에서 보다 3~15배까지 길어질 수 있다는 사실을 명심해야 한다.

(4) 도로의 환경적 요소를 고려한 운전

소방차량의 안전사고 예방을 위해서는 계절 및 시간적으로 변하는 환경요소를 고려해야 한다. 소방차량이 운행해야 하는 곳이 지역적으로 농·촌인지 아니면 도심지 인지 또는 고속도로인지 골목길 인지에 대한 세심한 고려가 필요하다.

1) 도심지에서의 안전운행

도심지에서는 교통 체증이외에 돌발적인 다양한 위험요인이 도사리고 있다. 대표적인 요소들을 살펴보면 다음과 같다,

① 많은 교통량의 교통 체증

도심지는 러시아워(rush hour)와 많은 교통량으로 출동을 지연시킬 뿐만 아니라 가장 큰 위험요인이다.

② 주·정차위반

주·정차 위반차량은 도심지에서 소방차량의 출동을 방해할 뿐만 아니라 소방용수의 신속한 사용을 방해하는 경우도 있다. 특히 이면도로의 불법 주정차는 근본적으로 소방력을 저하시키는 원인이 되고 있다.

③ 신호위반과 과속

도심지는 농어촌 지역보다 성급한 운전과 교통법규 이반이 빈번한 편이며, 정지신호 무시 황색신호에서의 출발과 과속 등이 사고유발의 원인이 된다.

④ 교차로 위험성

지속적으로 반복되는 교차로에서 신호등이 절대적으로 안전운행을 보장해 주지 않는다.

⑤ 대도시의 소음

대도시는 기본적인 다양한 큰 소음(차량, 긴급구난 차량, 도시소음), 밀집한 고층 건축물, 수많은 전파 등은 각각 소방차량의 통행 및 정보 전달의 방해요인이 된다. 큰소음은 경보음향의 전파를 방해하며, 밀집된 고층 건축물은 음향전달 방해 및 시야를 차단한다. 이런 문제점들로 인해 일반차량이 소방차량의 주행위치를 파악하기 어렵게 한다.

2) 농·어촌에서의 안전운행

농어촌 지역은 도심지와 또 다른 소방차량의 통행에 방해하는 요인이 있다.

① 좁은 도로 폭

모든 농어촌 도로가 그런 것은 아니지만 외진 지역의 경우 출동로가 좁고 도로 여건이 열악하여 추락 등의 위험이 있다.

② 노후 부실 교량

구조적으로 취약하고 좁고 노후한 교량이 다수 존재한다.

③ 농어업용 농기계의 주정차 및 통행

경운기, 트랙터 등 농기계의 통행이 잦고 좁은 도로에 이런 농기계가 주·정차된 경우가 종종 있다.

④ 도로의 이용 상황

도로를 일정부분 농산물의 건조장소, 수확장소, 적재장소등으로 활용하는 경우가 있다.

⑤ 비포장 도로

최근 농어촌의 대로는 대부분 포장된 도로이나, 농장, 축사, 비닐하우스 등이 위치한 지역에는 비포장도로가 많이 존재한다.

⑥ 어두운 도로

가로등이 설치되지 않은 도로가 외진 마을에는 존재하고 있다.

3) 골목길·이면도로에서의 안전운행

① 불법 주·정차

골목길 불법주정차는 근본적으로 소방차량의 출동 방해하고 지연시킨다.

② 돌방상황

골목길과 이면도로에서는 자전거, 어린이 등이 갑자기 튀어나와 사고를 유발할 수 있다.

③ 결빙

겨울철에 대로는 제설작업이 신속하지만 골목길과 이면도로는 부분적으로 결빙으로 인해 소방차량의 긴급통행 및 안전사소 유발요인이 될 수 있다.

4) 고속도로에서의 안전운행

고속도로에서의 안전사고는 교통사고이거나 교통사고에 의한 화재가 대부분이다. 따라서 대부분 다수의 사상자가 발생하는 대형사고이거나 위험물과 관련된 사고의 비중이 높다.

① 통행차량에 소방대원 노출 위험

고속도로 상에서 소방활동을 수행하는 대원은 통행차량에 의한 사고에 노출 위험이 높다.

② 접근의 어려움

사고현장에 출동하기 위해서는 톨게이트 이외에 접근이 불가능하다. 따라서 접근자체에 많은 시간이 소요 된다.

③ 소방용수의 지속적 확보가 어려움

소화용수설비가 확보되어 있지 않고, 접근성 확보가 곤란하여 지속적인 충분한 수량의 소방용수의 공급이 어렵다.

④ 유관기관의 협조가 필수적임

경찰관의 협조를 통해 차량 통제 및 소방대원을 통행차량으로부터 보호해야 한다.

⑤ 우회도로 확보의 어려움

사고 발생시 일반도로와 달리 우회도로의 확보가 어렵고, 응원출동이 제한을 받기 쉽다.

5) 고속도로에서의 소방대원 보호 주차방법

① 소방차량이 정적범위의 차량 흐름을 차단하도록 정차한다.

② 비스듬한 각도로 주차하여 대원을 보호할 수 있는 "안전지대"를 확보하여 통과 차량에 의해 대원에게 직접적인 충돌사고를 예방한다.

③ 사고현장에서 약 50 m 정도 떨어진 곳에서 경찰차량 등을 배치하여 일반 차량 운전자들에게 우회하도록 하고 사고를 인식시킨다.

④ 대원들은 가능한 안전지대를 벗어나지 않도록 하여 통행차량으로부터 인사사고를 당하지 않도록 한다.

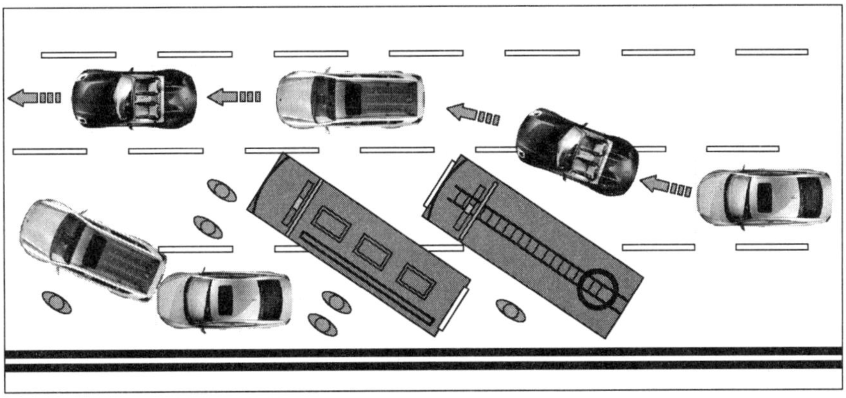

그림 4-2 고속도로에서의 소방대원 보호 주차방법

4.1.3 출동 중 교통사고에 대한 대책방안

(1) 출동 개시 직후의 안전사고

일상생활 중이나 일하는 중에는 사고나 재해가 일어날 가능성이 비교적 낮다. 혹은 사고가 발생할 뻔 했던 무섭거나 놀란 것은 누구나 경험해 보았을 것이다. 이것을 "공포·놀람"이라고 하며, 1 : 29 : 300 이라는 "하인리히 법칙"이 있다. 이것은 중대사고 1건에 대해서 29번의 같은 종류의 가벼운 사고가 있었고 300번의 다치지 않은 사고를 경험하고 있다는 것이다.

출동 지령 후 급한행동 등으로 인한 사고의 유형은 다음과 같다.

- 화재출동 중 차량탑승 시 넘어짐
- 출동을 위해 차량탑승 중 부상
- 화재출동시 지휘차량에 오를 때 허리를 삐끗하여 요추부염좌, 추간판탈출증
- 출동 시 소방차와 구급차가 차고 앞에서 충돌할 뻔 했던 사례
- 펌프차에 승차 지연한 대원이 끌려감
- 출동할 때 차량 문에 끼임
- 출동시 차고 앞에서 차량접촉

이상의 출동 지령 후 급한 행동 부적절한 행동으로 승차시 안전사고가 발생하고 있으며, 이에 대한 대안은 다음과 같다.

○ No.1 출동 시 소방차와 구급차가 차고 앞에서 충돌할 뻔 했던 사례

- 내용

  인사이동이 있었고 처음 당직했던 날에 소방대의 기관원으로 출동을 나가게 되었으며, 자리를 잘 몰랐기 때문에 출동 방향을 잘못 이해해서 구급차와 차고 앞에서 정면충돌할 뻔 했다.
- 위험요인
  1. 인사이동 한지 얼마 안 되는 직원에게 기관을 하게 하였다.
  2. 소방대장이 출동경로 등을 명확하게 지시하지 않았다.
- 대응책
  1. 최근에 인사이동 한 직원에게는 관내의 지리와 소화전 등의 위치 등에 대해 충분히 이해시키고 나서 기관원으로 출동시킨다.
  2. 기관원은 출장경로 등을 명확히 확인하고 큰 소리로 말함과 동시에 적극적으로 대장의 지시를 구한다.

○ No.2 화재 출동 시 펌프차에 승차 지연한 대원이 끌려감

- 내용

가까운 거리의 화재출동 지령을 박고 기관원이 급하게 발진할 때, 승차 지연된 대원 1명이 펌프차의 한쪽을 잡은 상태로 끌려감.

- 위험요인

1. 가까운 거리의 화재로 신속하게 출동해야 한다는 생각으로 초조하게 지휘자의 명령을 받지 않고 출발 했다.
2. 지휘자가 대원 및 기관원에게 적절한 지시를 하지 않았다.

- 대응책

1. 기관원은 차량 주위의 대원 승차를 확인하고 지휘자의 명령에 따라 출발한다.
2. 지휘자는 대원의 승차 상황을 확인함과 동시에 기관원에게 신호하여 출발시킨다.
3. 대원은 지휘자에게 승차완료 보고를 반드시 차내에서 실시한다.

○ No.3 출동시 차량문에 끼임

- 내용

출동시 차고 내에서 대원이 승치하려고 문을 열 때 선행 차량이 발진, 문이 선행차량과 접촉할 우려가 있어 급하게 문을 닫을 때 왼발이 끼임

- 위험요인

1. 선행자가 출발할 때 후방확인을 게을리 했다
2. 주변상황에 대한 주의를 태만히 했다.

- 대응책

1. 출동할 때에는 차량주변을 확인하고 발진한다.
2. 좁은 차고 안에서는 항상 주위를 확인하고 행동한다.

○ No.4 출동 시 차량 접촉 사고

- 내용

출동시 차고 앞에서 일시 정지한 펌프차를 지휘차가 먼저 출발하려다 접촉하였다.

- 위험요인

1. 출동시 출동순위를 무시하고 출동하였다
2. 출동을 급히 서둘러 주변을 보지 못했다

- 대응책

1. 출동순위를 사전에 명확히 하여 두고 부득이 출동 순위를 변경할 때에는 확성기 등으로 명령한다.
2. 출동대 승차원 전원의 안전을 확인하고 출발은 지휘자의 명령에 따른다.

(2) 출동 중 안전사고

출동 중에는 차량의 충돌, 시계불량에 의한 사고, 차량의 전복, 이륜차(자전거, 오토바이 등)와의 충돌, 보행자와의 접촉 등 다양한 유형의 교통사고가 발생하고 있다.

출동 중에 발생한 교통사고의 유형은 다음과 같다.

- 교차점에서 구급차 충돌
- 피양한 차량이 돌연 움직여 접촉
- 화재출동 중 차량과의 충돌
- 화재출동 중 차량 전복으로 인한 뇌진탕
- 출동 중 사거리에서 지휘차가 좌회전 중 과속 오토바이와 추돌 부상
- 다리 위에서 선행한 펌프차 충돌
- T자형 도로의 교차점에서의 충돌
- 브레이크가 느슨하여 교차점에서 택시와 충돌
- 일방통행을 역행하여 교차점에서 타 대와 충돌
- 우천중 출동 시 반대차량의 흙탕물로 시계불량 충돌
- 출동도중 화학차가 옆으로 쓰러짐(원심력)

이상의 출동 중 발생하는 교통사고에 대한 대표적인 사례별 교통사고 저감을 위한 대안을 살펴보면 다음과 같다.

○ No.1 교차점에서 구급차 충돌

- 내용

  A구급대가 적신호의 교차점에서 일시 정지하여 좌우확인하고 직진할 때, 오른쪽으로 진행하던 B구급대와 출동했다.
- 위험요인

  1. 사이렌 소리를 서로 자기 차량의 것으로 착각했다
  2. 청신호를 통과한 덤프차를 상호 확인하지 않았다.
- 대응책

1. 교차점을 통과할 때에는 사이렌과 적색등을 과신하지 확성기 등을 활용하여 신중히 통과한다.
2. 차량 등으로 확인이 나쁠 때에는 차선을 따라 안전을 확인하여 통행한다.

○ No.2 확인하기 나쁜 T자형 도로의 교차점에서 충돌

- 내용

강우시 펌프차로 화재출동 도중 도로가 협소하여 신호가 없는 교차점에 들어간 때 트럭과 출동했다.

- 위험요인

1. 강우와 나무로 인해 상호확인이 어려웠다.
2. 교차점에서는 모퉁이의 건물로 인해 교차도로에서 오는 차량의 확인이 어렵다.

- 대응책

1. 기휘자는 냉정한 태도로 지시 명령한다. 특히 기관원은 주의하여 운전한다.
2. 확인이 나쁜 교차점에서는 속도를 낮추고 반드시 일시정지를 한 후 안전을 확인하면서 주행한다.

그림 4-3 T자형 교차로에서 충돌(출처:http://www.youtube.com/)

○ No.3 다리 위에서 선행한 펌프차 충돌

- 내용

진단차가 화재출동 중 다리 위를 앞질러 갈 때 전방의 차량과 충돌한 사고

- 위험요인

1. 출동자가 가까운 거리라 급하게 서둘렀다.
2. 강우와 나무에 가려 도로의 상황 확인이 어려웠다.

- 대응책

1. 지휘자는 냉정한 태도로 지시하여야 명령하여야 하며, 특히 기관원은 교차로에서 주의하여야 한다.
2. 전방의 확인이 나쁜 교차점에서는 속도를 낮추고 반드시 일시 정지한 후 전방과 주변의 안전을 확인하면서 주행하도록 한다.

○ No.4 브레이크가 느슨하여 교차점에서 태기와 충돌

- 내용

화재 출동 도중 선행차량의 약 50m 후방에서 급하게 일시정지 했지만 브레이크가 느슨하여 도로 중앙부까지 진입해 청신호를 받고 직진한 택시와 충돌

- 위험요인

1. 앞차를 따라가기 위해 속도를 과도하게 냈다.
2. 브레이크 조작이 늦고 도로 상황이 좋지 않았다.

- 대응책

1. 앞 차량이 교차점을 통과하여도 무리하게 따라가지 않도록 자기차량의 안전을 도모한다.
2. 차량의 결점과 도로상황에 따른 운전을 한다.

○ No.5 눈이 녹지 않은 골목길을 주행하다 미끄러져 충돌

- 내용

화재 출동시 2일전에 내린 눈이 녹지 않아 골목길을 주행중 미끄러져 담에 충돌하였다.

- 위험요인

1. 도로상황에 따른 감속 운전을 하지 않았다.
2. 간선도로가 완전히 녹아 있었으므로 골목길도 녹아 있다고 판단하여 안이하게 통행하였다.

- 대응책
  1. 동결 우려가 있는 도로를 통행할 때는 속도, 급브레이크, 급핸들 조작에는 특히 주의한다.
  2. 출동시 골목길 동결을 예측하고 간선도로에서 짧은 도로를 선정한다.

○ No.6 일방통행을 역행하여 교차점에서 타 대와 충돌

- 내용

  펌프차가 화재현장 근처의 일방통행로를 역주행중 신호 없는 교차점에서 타대 펌프차와 충돌했다.
- 위험요인
  1. 타대는 일방통행로를 역주행하는 소방차량을 예측하지 못했다.
  2. 화재현장 근처에서는 소방차량이 상호 사이렌을 울리기 때문에 자기대의 사이렌 소리로 타대의 인지가 지연된다.
- 대응책
  1. 일방통행로를 역주행 할 때에는 교차점에서 반드시 일시정지를 하고 안전을 확인하면서 주행한다. 필요에 따라서는 내원을 신행시겨 치량을 안전하게 유도한다.
  2. 화재현장 가까이에서는 속도를 낮추고 타대의 접근을 예측하며 주행한다.
  3. 일방통행로 진입 시에는 역주행 차량이 있을 수 있다는 점을 고려한다.

○ No.7 출동도중 화학차가 옆으로 쏠림

- 내용

  경화학차로 화재출동 도중 교차점에서 약 40km/h로 우회전할 때 차체가 원심력에 의해 크게 기울어져 옆으로 쏠림
- 위험요인
  1. 속도를 감속해야할 곳에서 급하게 핸들을 조작하였다.
  2. 관성법칙에 의한 차량의 중량에 대한 주의를 하지 않았다.
- 대응책
  1. 좌·우회전 시 또는 급커브 길에서는 속도를 낮추고 핸들조작을 서서히 부드럽게 한다.
  2. 물 또는 액체를 적재한 차량은 커브 길에서 차량의 쏠림 미끄러짐에 대해 주의해야 한다.

○ No.8 골목길 소방차의 전복

- 내용

  골목길 소방차량은 골목길 화재진압을 목적으로 제작되었으나 고속도로 차량화재에 출동하여 타이어가 파열되어 전복됨

- 위험요인

  1. 골목길 화재진압용 차량을 용도에 맞지 않는 고속도로 화재에 출동 됨
  2. 소방차량의 총 중량을 초과하여 적재(진압장구 및 개인안전장구)하여 운행

- 대응책

  1. 반드시 차량의 용도에 맞게 화재출동 한다.
  2. 출동 전에 타이어의 마모, 적정공기압 등을 점검한다.
  3. 소방차량에 적재된 적재물은 소방차량의 총중량을 넘어서지 않게 하여 운행한다.
  4. 기관원 및 탑승자는 안전벨트 착용을 의무화해 교통사고 또는 전복시 2차 사고를 예방하여야 한다.

4.1.4 출동 도중 실족에 대한 대책방안

출동을 하기 위해 급하게 계단을 이용해 소방차량에 탑승하는 과정에서 실족(헛디딤, 미끄러짐, 넘어짐 포함)으로 안전사고가 발생하고 있다.

대부분 실족 사고는 소방대원의 급한 마음가짐에 의한 경우가 많다고 판단된다.

(1) 실족에 의한 안전사고 사례

출동 도중에 실족은 급하게 출동해야 하는 상황에서 주로 계단에서 발을 헛딛고, 미끄러지고, 넘어져 발생하고 있다.

출동 중에 실족에 의해 발생한 안전사고의 유형은 다음과 같다.

- 출동시 사무실 옥외계단에서 다침
- 화재현장 출동위해 본서 4층 옥외계단 내려오던 중 낙상
- 화재출동 중 본서 옥외계단을 내려가다 미끄러짐
- 산불화재 출동 중 계단에서 발을 헛디뎌 우측 발목 인대 파손
- 화재출동지령을 듣고 1층으로 내려가던 중 계단을 헛디뎌 미끄러지면서 발목부상
- 화재출동 중 본서 2층 중앙계단에서 넘어져 좌측 무릎부분이 계단 모서리에 부딪쳐 부상

- 화재출동 시 지휘차의 탑승을 위해 1층 계단으로 내려가던 중 발을 헛디뎌 우측무릎에 충격을 입고 부상

(2) 실족에 의한 안전사고 예방대책

1) 출동 명령에 따른 마음가짐

출동은 소방활동 중에서도 가장 신곡성이 요구되는 행동의 하나이며 한사람이라도 출동이 늦어지면 부대로서의 활동을 저해한다. 그러나 너무 출동을 서두르다보면 소방대원 상호간의 충돌이나 차의 문에 끼이거나 출동차량끼리 출동의 사고를 일으킬 위험성이 잠재되어 있다. 활동경험이 적은 대원은 필요이상으로 서둘러 충분한 활동체계를 갖출 수 없는 경우가 종종 발생된다.

특히 이러한 1분 1초의 시간을 다투는 긴박한 상황에서 급한 마음가짐과 성급한 행동은 안전사고의 주범이 되고 있으며, 출동이 지연되면 마음이 초조해지고 안전 확인에 소홀하게 된다. 따라서 출동 명령시 사고예방을 위한 소방대원의 마음가짐은 다음과 같다.

- 출동명령이 떨어지면 흥분하는 경향이 있다. 냉정하게 행동할 수 있도록 침착성을 유지한다.
- 지휘자의 명령에 따라 필요이상의 행동은 하지 않는다.
- 소방대원은 내가 안전해야 소방활동이 가능하다는 인식을 해야 한다.

2) 소방서 내 안전한 출동 경로 확보

위에서 사례를 살펴 본 바와 같이 출동 중 실족에 의한 안전사고는 대부분 계단에서 미끄러져 넘어져 안전사고가 발생하고 있다.

화재출동 시 대기 중이던 소방대원은 빠르게 소방차량에 탑승해야한다는 강박관념 속에서 계단에서 미끄러지거나 넘어지는 사고가 빈발하고 있다. 따라서 계단 복도 등 출동경로가 급하고 빠른 행동에 안전하도록 구축되어야 한다. 안전한 출동경로 확보를 위해 고려되어야 할 대응책은 다음과 같다.

- 복도는 미끄럽지 않은 재질로 마감한다.
- 계단은 미끄럽지 않도록 미끄럼방지용 논슬립을 설치한다.
- 복도와 계단은 항상 물기가 없도록 관리한다.
- 계단은 대리석 등 미끄럽지 않은 재질로 설치한다.
- 복도와 계단 주변에는 날카로운 모서리 부분이 없도록 한다.

4.2 화재현장의 안전사고 대책방안

4.2.1 현장도착 단계의 안전

(1) 현장도착의 마음가짐

소방대의 현장도착 시간은 소방서 또는 119안전센터의 소재지에 따라 동시에 출동한 경우라 하더라도 상당한 차이가 있을 수 있다.

특히 안전사고의 상당부분이 정신적인 평정을 잃어 발생하거나 냉정을 잃어 발생하는 경우가 많다. 따라서 현장 도착 시 소방대원의 마음가짐은 다음과 같다.

- 화염을 보면 흥분하는 경향이 있으며, 냉정하게 행동할 수 있도록 침착성을 유지 한다.
- 지휘자의의 지시가 있을 때까지 사전명령이외의 단독행동은 하지 않는다.
- 화재는 기간의 경과에 따라 시시각각 상황이 변화할 수 있다는 점으로 고려하여 항상 충분한 안전조치가 필요하다.
- 화염이 인지되지 않고 방어가 필요 없다고 인정되어도 지휘자의 명령이 없는 한 방어활동을 개시한다.
- 지휘자의 명령에 근거해 대원 상호간에 행동내용을 확인해서 행동한다.
- 활동 중에 대원은 자기의 활동위치 및 활동내용 등을 적합하게 보고하는 등 지휘자가 현장을 장악할 수 있도록 각별히 유의한다.

(2) 현장도착 단계의 안전을 위한 상황 판단

현장에 도착하게 되면 사전에 입수한 정보와 출동단계에서 입수한 정보 등을 종합하여 개략적인 상황판단에 따른 정보와 결합시켜 현장지휘체계 설립과 대응활동계획을 결정하여야 한다.

- 화재현장의 특이한 징후로 연기, 폭발 등의 가능성을 파악한다.
- 위험요인을 발견 파악하고 결정한다.
- 화재의 확산경로를 점검하고 판단한다.
- 건물구조를 판단하여 붕괴 피난, 대피의 정황을 파악한다.
- 외부화염의 양상 판단을 통하여 내부 상황을 추정한다.

(3) 현장활동 초기단계

1) 현장도착시 주의사항

① 차에서 하차할 때에는 주위상황을 확인한다.

② 차량이 정차하기 전에 급하게 문을 열고 내지리 않도록 한다.

③ 소방차의 보조브레이크(Side Break)는 확실하게 채워놓고 반드시 고임목으로 고이도록 한다.

④ 호스연장, 사다리운반 등을 운반할 경우 상호간의 충돌에 주의한다.

⑤ 소화전 저수조 등의 위치를 표시하여 활동 중 걸리거나 빠지지 않도록 한다.

2) 수리부서 및 유도 시 주의사항

① 수리로 차량을 유도할 때에는 수리의 위치 및 정차위치를 명확하게 나타냄과 동시에 수관 등의 장애물을 배제하여 실시한다.

② 수리부서를 할 때에는 급수처리, 호스연장, 사다리 운반 등의 행동이 동시에 실시되기 때문에 대원들 간에 충돌에 주의 한다.

③ 겨울철에는 특히 노면동결에 의한 미끄러짐 등에 주의한다.

④ 수리부서 차량은 가능한 한 수평이 되게 하고 바퀴 고임목을 하여 안선사고에 대비 한다.

⑤ 도로상의 소방용수시설에 부서 하는 경우 소방용수의 맨홀 부위에서 주민의 실족사고가 일어나지 않도록 조치를 강구 한다.

3) 소화전 점유시 주의사항

① 지하식 소화전의 뚜껑은 허리부분의 부상을 방지하기 위해서 안정된 자세로 개방함과 동시에 손발이 끼이지 않도록 한다.

② 담 너머에 소화전이 있는 경우에는 사다리 등을 활용해 원칙적으로 2명 이상이 실시한다.

(4) 현장활동 전개 단계

1) 호스 연장 안전

① 대원의 척추 보호

호스를 연장하여 운반할 때에는 대원이 다룰 수 있는 양 만큼의 호스를 차량에서 내리거나 운반하여 척추 등의 손상을 예방하여야 한다.

② 호스의 점화층 통과 시 주의

호스를 건물의 위층으로 전개 할 때 화점층에 방수하고 있는 호스가 없으면 그 층으로 호스를 통과해서는 안 된다. 만약 화점층에서 상층에서 사용 중인 호스가 화열로 손상을 입으면 상층 대원의 안전을 보장할 수 없다.

③ 충수 되지 않은 호스 들고 진입 금지

충수가 되지 않은 소방 호스를 가지고 화재 지역에 진입해서는 안 된다. 급작스런 화염에 대응 할 수 없을 뿐만 아니라 대원의 안전을 보장 할 수 없다.

④ 진압 할 위치에 자리를 잡은 다음에 관창 개방

관창은 대원이 화재를 진압 할 위치에 자리를 잡을 때까지 개방해서는 안 된다. 만약 연기가 있는 부분을 향하여 무조건적으로 관창을 개방 할 경우 가열된 연소가스 때문에 뜨거워진 방출수가 앞부분에 있는 소방대원의 작업을 방해할 수 있다.

⑤ 관창은 최대한 앞부분을 잡는다.

관창에 과도한 수압이 작용할 경우 관창을 놓쳐 본인뿐만 아니라 주변 대원에게 치명상을 가할 수 있다. 따라서 관창수는 관창을 놓치지 않도록 최대한 관창의 앞부분을 잡는다.

⑥ 결합구 및 관창 추락 방지

호스는 꼬이지 않도록 하고 결합구(Coupling)와 관창(Nozzle)이 땅바닥에 떨어지지 않도록 한다.

2) 사다리 설치 안전

① 견고한 바닥에 설치

사다리를 설치 할 때에는 반드시 바닥이 견고하고 평탄한 곳에 설치하고 아래에서 1인이 지지한다.

② 견고한 벽체 등에 거치

사다리는 유리창의 전면, 창틀(새시), 화분 받침대 또는 견고하지 못한 표면 등에는 절대 거치하지 않는다. 만약 사다리에서 행동이 큰 파괴작업을 하거나 폭발 백드래프트 등으로 인해 추락 등 큰 위험에 노출 될 수 있기 때문이다.

③ 사다리 거치안전 확인

최상층으로부터 지붕으로 피난사다리를 이용하여 올라가야하는 상황에서는 사다리의 안전성을 확인한다. 확인 방법은 세워진 사다리를 건물로부터 강하게 당겨보는 것이 좋다. 만약 사다리가 부착되어 있는 나무나 석제 구조물이 부식했을 경우 당졌을 때 건물에서 떨어져 나올 수 있다.

④ 안전한 실내 진입 확인

사다리를 이용하여 소방대원이 실내로 들어가려는 상황에서는 사다리가 견고하게 설치되었는지 확인한다.

- 들어가기 전에 반드시 창문을 통해 장비 도구들을 미리 안쪽으로 넣고 들어가야 한다.
- 두 손이 모두 자유로워지면 창문을 잡고 그 안전성을 확인해봐야 한다.
- 만약 잡았을 때 창문이 흔들리지 않는다면 사다리에서 방으로 들어갈 때 계속 그 창문을 잡은 상태로 들어가야 한다.

⑤ 소방 호스의 고정

사다리 위에서 방수작업을 할 때에는 호스를 두 다리 사이에 오게 하지 않는다. 만약 호스가 파열되거나 과압이 작용하면 그 충격으로 대원이 추락할 수 있다. 또한 사다리 위에서 방수 할 경우 직접 두 손으로 하중을 지탱하지 않고 호스 고정 장치나 로프 등으로 고정하고 주수한다.

⑥ 유리창을 완전히 파괴

사다리를 이용하여 창문으로 진입할 때에는 유리창 파편을 완전히 제거한 후에 하도록 한다. 유리 파편에 의한 절상 방지와 유사시 신속한 탈출을 위해서 필요하다.

⑦ 대원 진입 후 사다리 이동 불가

대원이 사다리를 이용하여 창문으로 진입한 경우 불가피한 경우를 제외하고 이동시키지 않는다. 사다리를 이용하여 실내에 진입한 대원은 현장활동 중에도 최초의 위치에 사다리가 있는 것으로 생각하기 때문이며, 만약 사다리가 이동되면 유사시 신속한 비상탈출이 불가능하기 때문이다.

3) 송수 중 안전

① 송수 중에는 가압을 서서히 하고 송수 중 관창을 잠글 때에도 서서히 잠근다.

② 송수 중 수관을 끌고 가는 일은 긴급하고 부득이한 경우를 제외하고 하지 않는다.

③ 송수 중 차량 등 중량물이 밟고 지나가는 일이 없도록 하고 부득이하게 횡단 할 경우에는 호스 보호틀을 이용한다.

④ 화재현장이 보이는 경우 화점 부근까지 송수한다.

⑤ 화재현장이 보이지 않을 경우 수관의 수를 추정하여 2/3 부근까지 송수한다.

⑥ 펌프차와 관창측의 대원은 항상 긴밀하게 연락한다.

⑦ 운전원은 압력계를 비롯하여 각종계기 무전기 엔진 등에 주의를 기울인다.
⑧ 송수압력은 수관의 수, 마찰손실, 주주위치의 높고 낮음, 화재의 추이, 반동력 등에 의해 다르므로 압력을 조절하며 송수한다.

4) 방수활동 중 안전

① 대원이 내부에서 진압 또는 구조 시 외부에서의 방수는 피한다. 즉 진압대원 등이 내부에서 활동하고 있는 경우 외부에서 화점을 향해 주수하는 것은 내부에 있는 대원의 화상을 초래할 수 있다. 외부에서 주수된 물이 화염, 열기, 연기를 내부의 대원이 있는 방향으로 직접적으로 몰아갈 수 있기 때문이다.
② 운전원은 관창 위치가 확인되지 않거나 관창까지 많은 방수 시간이 필요할 때에는 무전을 잘 듣고 방수의 강도를 조절한다.
③ 예비방수는 관창 위치가 보일 때로 국한하고 언제든지 방수를 중지할 수 있는 자세로 임한다.
④ 앞이 잘 보이는 장소라 해도 사다리 이용 등 높은 곳에 호스를 연장할 때에는 관창수가 확실하게 위치한 후에 방수 한다.
⑤ 호스의 연결 상태를 반드시 확인하고 방수코크를 급격하게 열지 않도록 한다.
⑥ 방수 전에 관창수의 진입은 무리하서 지나치게 내부진입을 하지 않는다.
⑦ 주수개시 전에는 화염이나 농연 등을 수반한 백드래프트의 위험이 있으므로 우선 비켜서서 주수하도록 하고 안전한 다음에 확인하고 주수한다.
⑧ 배기측에서 주수할 때에는 급기측에서 백드래프트의 위험이 있으므로 급가측 배치원과 연락을 취하여 안전을 확인한 다음에 주수한다. 특히 내부에 진입한 대원이 방수 중일 때에는 외부에서 창문 등의 개구부에서 방수포를 사용하지 않는다.
⑨ 공장(염색, 피혁, 도금공장 등) 등의 화재의 경우 각종 위험물, 약품용기, 용광로 등은 비산 혹은 역화의 위험에 대비하여 봉상주수를 금지한다.

5) 현장 진입 안전

① 현장의 지휘관은 반드시 안전담당자를 지정토록 한다.
② 화점층 위층으로 진입하는 상황에서는 반드시 상관에 보고한다.
③ 화재층과 위층을 계단으로 이동하는 경우 진입 시 벽에 가까이 붙고 얼굴은 벽면을 향한다.
④ 잠긴 문 강제로 열고 진입하여야하는 상황에서는 여는 상황에서는 미리 열리지 않

게 소방대원이나 지휘관은 닫힌 상태로 잡아 준다.

⑤ 도끼로 문을 부수고 진입해야하는 상황에서는 주위에 소방관이 있는지 여부를 살피고 머리위쪽 장애물이 있는지 여부를 확인한다.

⑥ 화재 진압 후 정밀검색을 위한 진입 시에는 다음에 따른다.

- 팬이나 환기 시스템을 이용 신선한 공기를 뜨겁고 연기가 자욱한 지역에 유입
- 휴대용 라이트를 준비
- 붕괴 위험이나 위험 물질에 대한 조사를 포함하여 구조물과 여러 물건들에 대한 안전검사를 실시
- 정밀 검색시 벽이나 천장을 열기 전에 반드시 가스와 전기 시설을 차단

⑦ 정밀 검색 시 추락에 의한 사망·부상을 방지를 위해 충분하게 충전된 랜턴을 준비한다.

⑧ 지하실에 희미한 연기가 있는 상황이라 하더라도 반드시 공기호흡기 착용한다. 왜냐하면 연소 생성물인 일산화탄소는 무색·무취하기 때문에 인체에 치명적이며, 폭발성 가스가 지하층에서는 빠르게 축적되기 때문이다.

⑨ 지하실에 전기나 가스설비 등을 차단을 위해 진입 할 때는 다음에 따른다.

- 상관에 보고
- 공기호흡기 착용
- 무선교신 불가능시 지휘관은 대원의 위치확인과 안전 확보

만약 짧은 시간 내에 차단되었다는 확증이 없거나 무선교신이 안되면 지휘관은 대원의 위치 확인과 안전 확보를 위해 즉시 필요한 조치하여야 한다.

⑩ 지하실에 스프링클러가 작동하고 있을 때 진입하는 경우에도 안전을 확신하지 말고 공기호흡기 착용, 스프링클러가 화재진압을 했어도 일산화탄소 잔존 할 수 있다.

⑪ 지하실 위층에서 화재가 오랜 지속 후 진화된 상황에서 진입하는 경우 또는 창문 없는 지하실이 완전히 지하에 위치한 경우에 일산화탄소와 연기 축적의 가능성을 고려 공기호흡기 착용한다.

⑫ 연기로 가득 찬 방에서 방수하면서 진입할 경우 쪼그려 앉은 후 다리 한 쪽을 앞으로 뻗고 뒤쪽 다리에 체중을 지탱하고 천천히 전진하며 구멍과 패인 곳을 확인한다.

⑬ 안전담당자는 진입자를 최소한의 필수인원으로 통제하고 끊임없이 진입자의 이상 유무를 확인한다.

소방활동의 단계	안전사고 주안점	주요대책방안
화재신고	· 정확한 정보 파악	· 신고의 종류·위치·출동경로 선정 등 · 활용장비·소방용수·기상상태 등 · 출동지령(소재, 화재상황 등)
화재출동 중	· 교통사고(출동중) · 실족에 의한 사고	· 출동로의 선정과 출동 · 안전한 운전기법·방어운전 · 도로의 환경적 요소를 고려한 운전 · 출동명령에 따른 마음가짐 · 소방서(센터) 내 안전한 출동경로
화재현장 도착	· 마음가짐 · 상황판단 · 초기대응	· 침착한 마음가짐 · 현장 특이 징후·확산경로 파악 · 건물 구조·붕괴·화염양상 등 파악 · 수리부서 유도 및 소화전 점유 시 안전수칙 준수 등
현장 소방활동 · 화재진압 - 화점확인 - 배연 - 주수 (수관연장·관창배치) - 파괴활동 · 진입 및 인명구조 · 화재조사	현장소방활동 · 추락사고 · 실족사고 · 붕괴·매몰 · 낙하물 사고 · 화상·폭발사고 · 기타 (장비, 허리부상 등)	· 추락 - 안전벨트, 안전한 자세 준수 - 주변의 추락 환경파악 및 주의 · 실족 - 화재현장은 미끄럽다는 인식 - 장매물, 경사도, 침착한 행동 · 붕괴·매몰 - 화열로 구조물은 붕괴 가능성 인지 - 붕괴 위험구역 설정, 전원차단 · 낙하물 사고 - 입체적인 공간상화 파악 - 파괴활동시 주변 대원에게 알림 · 화상·폭발 - 화재성상 파악, 안전장구 착용 - 화재에 의한 2차 폭발 가능성 인지
귀 소	· 철수 시 행동 · 교통사고(하차) · 실족에 의한 사고	· 수납과 정리 철저 · 끝까지 방심 없는 마음가짐 · 하차 시 실족에 주의 · 육체적·정신적 피곤함과 지침 주의

그림 4-4 화재신고에서 귀서까지의 안전사고 주요 대책방안

⑭ 진입 할 때에는 반드시 공기호흡기를 장악하고 안면 마스크를 착용한다.
일산화탄소의 가스축적은 연기농도와는 직접적인 관계가 없으며, 시간에 비례하여 연기의 양에만 의존해 판단하면 안 되며 연기가 엷어진다고 방심하고 안면마스크를 벗지 않아야 한다.

⑮ 불이난 문으로 강제 진입하는 대원은 문이 열리고 나면 공기가 유입되어 백드래프트나 연기 폭발에 의한 부상을 입을 가능성이 매우 크다.
대원은 위험 징후를 본 뒤에 폭발을 피할 수 있다는 생각은 버려야 한다. 폭발은 굉장히 빨리 일어난다.

(5) 화재현장의 단계별 안전조치

화재 신고 접수부터 화재출동, 화재현장 도착, 현장 소방활동을 마치고 귀서까지의 단계별 안전사고 예방을 위한 주안점과 주요대책방안은 다음과 같다.

4.2.2 추락에 대한 안전대책

화재현장에서 추락에 의한 안전사고의 비중이 매우 높으며, 추락의 유형을 살펴보면 지붕 담장 등에서의 추락, 상층에서 하층으로의 추락, 펌프차에서 추락, 사다리에서 추락, 맨홀 또는 구덩이에 추락 등이 주요원인이 되고 있다.

추락의 원인은 연기 등에 의한 시계불량에 의한 경우와 화재로 인해 약화된 구조물로 인해 지붕이 무너지거나 담장이 무너져 추락하는 경우가 많이 발생하고 있다.

(1) 추락 예방대책

- 높은 곳에서 작업을 할 때에는 안전벨트 등으로 몸을 지탱하고 딛고 있는 곳이 안전한지 확인한다.
- 창문으로부터 건물 내부로 진입할 때에는 갈고리 등으로 디딜 곳의 견고한지 여부를 확인한다.
- 전소된 텅빈 건물에 창문을 통하여 진입할 때에는 들어가기 전에 장비를 창문으로 넣고 바닥에 안전히 떨어지는 소리를 들어보아 바닥의 안전 여부를 확인한다.
- 화재현장에서 연기로 가득 찬 방에서 방수를 할 경우 쪼그려 앉은 후 다리 한 쪽을 앞으로 뻗고 뒤쪽 다리에 체중을 지탱하고 천천히 전진하며 구멍과 패인 곳 확인한 후에 진입한다.

- 화재 시 피난통로 이용해 오를 때 계단 발판이 갑자기 무너져 추락에 의한 부상을 방지하기 위하여 반드시 한 손은 비상계단의 일부를 잡고 있어야 한다.
- 목조 건축물은 마루의 꺼짐 등으로 추락의 우려가 있으므로 중앙부를 피하여 주변부의 창가 등에 위치한다.
- 처마 난간 등을 이동할 때에는 그 부분의 내력을 확인한 후에 이동하도록 한다.
- 화재로 인해 구조적으로 취약해진 지붕에 올라갈 경우에는 사다리나 판자 등으로 발디딜 곳을 확보한 다음 안전벨트로 몸을 의지하여 올라가도록 한다.
- 지붕위에서 주수할 경우 호스를 잘 걸치도록 하여 미끄러져 떨어지지 않도록 하며, 적설 또는 동결된 지붕에는 특별한 안전조치가 없는 한 올라가지 않도록 한다.
- 공장 중에서 염색, 도금, 피혁공장 등에는 대형 용기가 있는 경우가 많아 이런 용기에 추락하지 않도록 주의한다.
- 물이 고여 있는 배수로, 구덩이, 움푹 파인 곳, 구렁텅이 등은 쉽게 분간 할 수 있도록 눈에 잘 보이는 헝겊 또는 노끈 등으로 표시하여 추락을 방지 한다.
- 공사중인 건축물, 벽체가 없는 바닥판, 계단, 베란다 등에는 추락 방지를 위해 로프를 쳐 놓는다.
- 가스폭발이 있는 경우에는 구조물이 구조적으로 바닥 등이 취약해져서 추락으로 이어질 수 있다
- 약간이나 연기가 찬 경우 조명을 적극 활용하여 디딜 곳의 안전을 확인한 후에 행동하도록 한다.

(2) 화재현장의 추락 안전사고

화재현장에서 추락은 지붕 또는 담장 등에서의 추락, 상층에서 하층으로의 추락, 펌프차에서 추락, 사다리에서 추락, 맨홀 또는 구덩이에 추락 등이 주요원인이 되고 있다. 한편 추락의 원인은 연기 등에 의한 시계불량 및 화재로 인해 약화된 구조물로 인해 지붕 또는 담장이 무너져 발생하는 추락사고가 많이 발생하고 있다.

화재현장에서 추락에 의한 안전사고의 유형은 다음과 같다.

- 화재진압도중 지상3층에서 지하1층으로 추락사
- 화재현장에서 화재진압 중 2층에서 떨어져 부상을 입음
- 대립수주를 맞고 추락
- 사다리가 옆으로 넘어져 추락

- 지붕위에서 미끄러져 추락
- 베란다에서 난간이 약해서 추락
- 인접건물 진입시 사다리가 옆으로 미끄러져 추락
- 사다리가 갑자기 이동하여 균형을 잃고 전락
- 사다리 위에서 파괴 작업 중 추락
- 염화비닐제 지붕을 밟아서 추락
- 사다리 위로 올라가는 중 플래쉬오버로 추락
- 사다리 지주 밑이 가라앉자 사다리가 기울러져 추락
- 블록 담 위에서 미끄러져 추락
- 주택화재현장에서 소방차량에서 추락
- 사다리 위에서 방수 도중 반동력에 의해 추락
- 농연에서 바닥의 구멍을 확인하지 못하여 추락
- 주수한 물이 동결되어 미끄러져 추락
- 슬레이트 지붕에 빠져 추락
- 2층 베란다에서 농연이 분출하여 추락
- 지붕으로부터 추락(기와에 걸려서)

이상의 출동 중 발생하는 추락사고에 대한 대표적인 사례별 안전사고 저감을 위한 대안을 살펴보면 다음과 같다.

○ No.1 화재진압 도중 지상3층에서 지하1층으로 추락사

- 내용
  경기 고양 일산 골프연습장 화재(2008. 2. 26, 03:10 경) 로 화재장소 옆 건물인 골프연습장 3층에서 건물 상호간에 임시 통행을 위해 걸쳐진 널빤지를 옥내소화전 호스를 잡고 화재를 진압하려고 건너던(A동에서 B동으로) 중 쌓인 눈 때문에 미끄러져 지하1층으로 추락 사망
- 위험요인
  1. 사고 당일 온도가 영하 1.3℃로 눈이 내려 매우 미끄러운 상황
  2. 2인 1조로 현장활동이 이루어지지 못하고 현장 안전관리 담당관의 부재
- 대응책
  1. 건물과 건물 도하시 미끄럼방지 및 안전조치(로프) 확보
  2. 현장활동은 Two in Two out 원칙 준수 및 근무여건 개선

3. 현장상황에 대한 정보수집과 이에 대한 적절한 대응

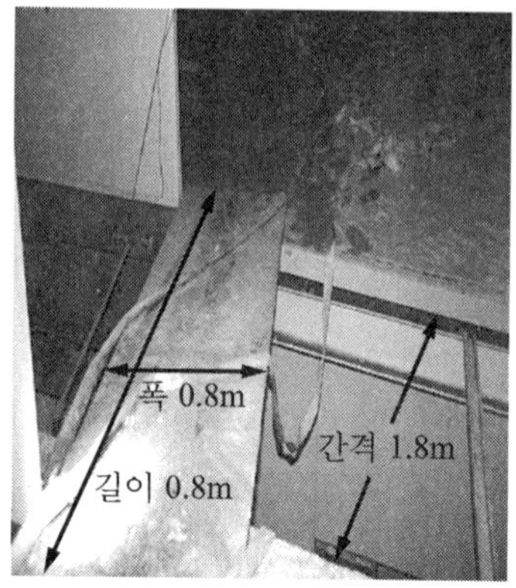

그림 4-5 화재진압 도중 추락사고

○ No.2 대립주수를 맞고 추락

- 내용

  사다리 위에서 방수중 반대편에서 진입한 타대의 주수를 직접 얼굴에 맞고 균형을 잃어 추락함

- 위험요인

  1. 농연 등으로 상호대원의 주수위치가 확인되지 않았다.
  2. 안면가리개 등을 활용하지 않고 주수자세를 안전하게 취하지 않았다.

- 대응책

  1. 대립주수를 할 때는 경적과 소리로 자기의 활동위치를 상대방에게 알린다.
  2. 방수모의 안면가리개를 활용하고 상황에 따라 농연 등에 대비하여 공기호흡기의 면체를 장착한다.
  3. 사다리 위에서 작업할 때에는 작업 자세를 안전하게 취하고 한다.

○ No.3 사다리가 옆으로 넘어져 추락

- 내용

  2층 창틀에 사다리를 걸치고 관창수가 진입하여 2~3 가로대를 올라갔을 때 갑자기 사다리가 넘어져 추락하였다.

- 위험요인

1. 사다리가 안전하게 거치되지 않은 상태에서 올라갔다.
2. 지면이 방수로 인해 미끄러웠다.

- 대응책
1. 사다리를 창틀이나 기둥에 걸치고 오르내릴 때에는 안전을 확보하고, 로프 등으로 고정한다.
2. 사다리를 걸치는 위치는 지면이 평탄하고 견고한 곳을 선정한다. 부득이한 경우 좌우 높이를 조정하여 안정시킨다.

○ No.4 지붕위에서 미끄러져 추락

- 내용

방수로 미끄러워진 인접 건물 지붕에 올라가 화점건물 2층 처마 끝 부분의 연소상황을 확인 중 양발이 미끄러져 추락

- 위험요인
1. 방수한 물로 인해 경사진 지붕은 미끄러지기 쉽다.
2. 취락의 위험이 있는 주수한 지붕에서 주의가 부족한 행동을 함

- 대응책
1. 로프 또는 갈고리 등을 확보한다.
2. 자세를 낮추고 균형을 유지하며 행동한다.

4.2.3 실족에 대한 안전대책

(1) 실족 예방대책

화재현장은 주수로 인해 어디나 대부분 미끄러운 상태이다. 특히 바닥은 평탄하지 못하고 각종 장애물이 산만하게 널려있어 넘어지기에는 최상의 조건을 가지고 있다. 한편 화재진행 중에는 연기로 인해 시계까지 극히 불량하고 급하게 행동해야 하는 조건하에서는 실족이 많이 일어날 수밖에 없다.

결론적으로 소방대원은 화재현장에서 실족의 위험성을 인식하고 최대한 주의를 기울여야 하며, 실족을 초소화하기 위한 안전대책은 다음과 같다.

- 기본적으로 화재현장은 주수로 인해 바닥에 미끄러운 상태라는 점을 인식해야 한다.
- 물과 재가 반죽이 되어 미끈미끈한 상태로 미끄러져 넘어지기에 매우 위험한 상태이다.

- 바닥에는 여러 가지 장애물이 어지럽게 널려 있어 걸려 넘어질 위험이 크다.
- 건물 내에 평상시와는 다르게 물건들이 산만하게 놓여 있어 부딪쳐 넘어질 가능성이 높다.
- 바닥이 어지럽고 여러 장애물로 인해 구덩이 등 움푹 파인 곳을 보고 대응하기 어렵다.
- 화재진압 등을 위해 진입할 경우 출입구, 복도, 계단, 등에 있는 장애물이나 방수중인 호스에 걸려 넘어지지 않도록 주의해야 한다.
- 영화관 등 극장 등은 바닥이 경사져 있거나 계단이 있어 각별히 미끄러져 넘어질 위험성이 높다.
- 기계실, 보일러실, 공장 등에서는 바닥에 기름기가 있기 때문에 미끄러질 가능성이 높다.
- 뾰족한 지붕 위에서 걸을 때에는 두 발을 벌려서 버티거나 지붕 마룻대 옆에 있어야 한다. 소방관이 미끄러지거나 균형을 잃어도 지붕 꼭대기를 잡을 수 있게 한다. 한편 굴뚝, TV안테나, 파이프는 소방관이 추락하는 것으로부터 그를 지탱해주는데 적합하지 않고 부러질 수도 있다.
- 지붕의 경사도가 30도 이상인 지붕에서는 걸어 다녀서는 안 되며, 급경사시는 반드시 지붕에 사다리를 놓아야 한다.

(2) 화재현장의 실족 안전사고

화재현장에서 실족에 의한 안전사고는 대부분 주수로 인해 미끄러워진 바닥, 계단, 지붕, 잔해더미 등으로 인해 발생하고 있으며, 현장에서 실족에 의한 안전사고의 유형은 다음과 같다.

- 차량 뒷부분의 스텝 위에서 미끄러져 넘어짐
- 침수부분을 헛디뎌 넘어짐
- 수관에 발이 걸려 넘어짐
- 지붕 옥상 위에서 미끄러져 넘어짐
- 반동력으로 넘어짐
- 소방활동을 마친 후 계단을 내려오다가 미끄러지며 뒤로 넘어짐
- 화재진압 중 잔해더미에 발을 헛디뎌 부상
- 화재진압중 현장내 폐기름으로 인해 미끄러짐

이상의 출동 중 발생하는 추락사고 중 대표적인 안전사고 저감을 위한 대안을 살펴보면 다음과 같다.

○ No.1 소방차량 스텝에서 미끄러져 넘어짐

- 내용

주택화재 현장에서 인근에 위치한 소화전을 점령하기 위해서 펌프차량 상부 적재함에 있는 65mm 소방호스를 내리기 위해 펌프차 후면에 있는 발판을 오르던 중, 발판에 있던 빗물과 신발에 묻어 있던 진흙으로 인해 미끄러져 약 1m 아래 바닥으로 떨어져 부상

- 위험요인

1. 어두운 상태에서 무리하게 주민(철거 반대자)을 의식하여 급하게 활동
   화재발생 지역은 철거지역으로 소방활동에 빈번히 문제가 되었던 지역으로 주민들에게 문제를 줄만한 빌미를 주지 않기 위해서 어두운 상태에서 신속히 진압활동을 하다가 발생한 사고였다.
2. 펌프차의 발판이 젖어 있어 미끄러질 우려가 있었음.

- 대응책

1. 소방차량 상부에 탑재된 중량물은 2인이 함께 이동하여야 인원부족으로 1인의 대원이 중량물(65mm호스)을 혼자 내리려고 올라감.
2. 소방활동 여건이 바쁠수록(인원부족, 빗물로 미끄러움 등) 안전원칙에 충실한 소방활동이 필요함.

○ No.2 침수 부분을 헛디뎌 넘어짐

- 내용

진화 후 소손상황을 조사하기 위하여 건물 주변을 보행 중 방수에 의한 물속에 발이 빠져 넘어짐.

- 위험요인

1. 방수한 물로 인해 오목한 구덩이를 인지하지 못하였다.
2. 위험지역에 대한 주의력이 부족하였다.

- 대응책

1. 항상 주수한 곳에서는 침수된 곳을 주의하며 걷는다. 침수된 곳에 구덩이, 배수로 등이 있을 수 있다.

2. 화재를 진압한 후에도 현장은 불안전항 상태가 많기 때문에 항상 행동에 신중해야 한다.

○ No.3 수관에 발이 걸려 넘어짐

- 내용

"방수개시" 전달 후 관창을 보조하기 위하여 되돌아가다 도중에 수관에 걸려 넘어져 부상

- 위험요인

1. 화재에 정신을 집주하고 발밑을 확인하지 않고 급하게 달렸다.
2. 다수의 수관이 복잡하게 연장되어 있는 곳을 급하게 달렸다.

- 대응책

1. 화재현장에서는 수관의 연장 상태, 파인 곳, 등을 확인하며 이동한다.
2. 방수화를 신도 있을 때에는 보통의 감각보다 떨어진다는 것에 주의하고, 수관 등의 장애물에 걸려 넘어질 수 있다는 것에 주의한다.

4.2.4 붕괴·매몰에 대한 안전대책

(1) 붕괴·매몰 예방대책

화재현장에서 붕괴는 소방대원의 사상자를 유발할 뿐만 아니라 매몰될 경우 또 다른 심각한 문제를 유발하고 있다.

한편 붕괴는 붕괴자체가 위험할 뿐만 아니라 추락물과 2차 붕괴가 가장 큰 안전사고의 위험이 되고 있다.

화재현장에서 화재진압과 생존자확인 및 구조를 위해 내부 진입이 필수적으로 따르는 행동이다. 이 경우 필수적인 기본원칙과 위험관리를 위해 지켜야 할 원칙은 다음과 같다.

1) 붕괴·매몰사고 예방의 기본 원칙

화재현장에서 건물의 붕괴·매몰을 예측하고 방어하기 위해 다음과 같은 원칙을 숙지하고 지휘자의 정확한 현장상황 판단과 명령에 따라서 행동하여야 한다.

첫째, 화재로 인해 취약해진 모든 건축물은 붕괴의 가능성이 있다.

일반적으로 비 내화구조의 목조 건물, 샌드위치패널 건물, 조적조 건물(특히 블록구조)은 특히 붕괴의 가능성이 매우 높은 건물이다. 그러나 내화구조인 철근콘크리트구

조(RC조), 철골철근콘크리트구조(SRC조) 건물도 폭렬과 고온에 의한 강성의 저하로 붕괴될 수 있다.

둘째, 현장 지휘자는 붕괴가 예측되는 곳은 반드시 "위험구역"을 설정한다.

붕괴는 주로 심각한 부상과 사망 사고의 원인이 된다는 측면에서 위험라인을 설치하고 위험내용을 확성기나 무전기 등으로 전 대원에게 주지시키도록 한다.

한편, 지휘관이 붕괴 위험 구역을 설정해야 하는 경우 바깥으로 얼마나 벽이 멀리 붕괴할 수 있는지 벽 붕괴 가능성이 있는 수평의 범위도 고려하여 다음과 같이 설정한다.

- 붕괴 위험 지역은 불안정한 벽의 높이와 같은 거리만큼 설정한다.
- 모든 소방관들은 불타는 건물로부터 최소한 그 벽의 높이만큼은 떨어져 물러나야 한다.

셋째, 반드시 전기의 공급이 차단되었는지 확인한 후에 진입하도록 한다.

붕괴된 건물에 전기가 공급될 경우 전기에 의해 감전 등 또 다른 안전사고 유발 가능성이 있다. 따라서 건물 내부 진입 전에 반드시 전원을 차단하여야 한다.

2) 위험관리를 위해 지켜야 할 원칙

- 화재 현장에서 지휘자는 직접 또는 안전담당자를 두어 화재현장의 안전도를 측정하도록 한다.
- 지휘관은 화재건축물의 구조와 위험도를 살피고 붕괴 위험성이 확인되는 즉시 전 대원에게 확성기로 또는 육성으로 전달한다.
- 철근콘크리트구조 건축물이라 하더라도 오래된 건축물이거나 부실시공으로 인해 벽과 기둥 문틀의 구조가 부실할 경우에는 붕괴위험이 있음으로 대원들의 내부진입에 신중하여야 한다.
- 화재진압을 하는 과정 중에 붕괴의 위험성을 확인해 보기 위해서 해머 또는 도끼 등으로 구조물의 강성을 확인할 필요가 있다.
- 기둥, 보 등에 철골재를 사용한 건축물은 열에 약하고 변형이나 굴절에 따른 붕괴 위험이 있음으로 주의하여야 한다.
- 조적식구조(석조, 벽돌조, 블록조)와 같은 건축물은 일부가 무너지면 화염에 노출되지 않은 부분까지 동시에 붕괴되는 경우가 있음으로 주의하여야한다.
- 창고는 화물의 붕괴 위험이 있으므로 유사시 대피할 수 있도록 충분한 안전거리를 확보한 상태에서 행동한다.

- 원목 야적장은 목재의 붕괴나 붕괴위험이 있으므로 주의하여야 한다.
- 구조적으로 취약한 부분에서 중장비, 유압장비 등을 사용시 구조적으로 취약한 부분에 사용할 경우 추락 붕괴의 가능성에 유의하여야 한다.
- 수작업 현장에서 장애물 제거 시 크레인이나 불도저와 같은 중장비는 붕괴현장에서 사용을 금지 한다.
- 건축물이 붕괴된 곳에서는 수평방향으로 놓여 있는 벽체나 기둥이 지지대 역할을 하므로 이런 부분을 유압장비로 들거나 자르지 않도록 유의해야 한다.
- 구조대원이 수색하기 전에는 반드시 구조견, 전자 및 음향장비를 이용하여 수색한다.
- 고가사다리차의 방수에 의한 붕괴 위험 구역은 굴절사다리차나 고가사다리차에서 방수는 불안정한 벽의 높이만큼 떨어진 곳에서 실시한다.
- 높은 구조물에 대한 붕괴 위험구역을 설정할 때 소방관들은 방수 물줄기가 닿지 않는 곳(측면위치)에 있어야 하며. 선착대 방수는 인접한 건물 앞이나 화재지역 모퉁이의 안전한 지역에 위치해야 한다.
- 지붕 아래층이 화재로 인한 손상으로 뾰족한 지붕의 들보가 붕괴 위험이 있을 경우 지붕에서의 작업은 고가 사다리차나 고가사다리 승강대에서 행해져야 한다.

(2) 건축구조의 종류와 붕괴 징후

건축 구조물은 구조체의 재료, 구조체의 구성양식, 공법 등에 따라 다양하게 분류할 수 있다. 그러나 여기서는 건축물의 화재 및 붕괴와 상대적으로 관련성이 많은 구조체의 재료에 의해 분류한 유형별 붕괴 징후는 다음과 같다.

1) 목조

목조는 구조체인 기둥과 보가 목재로 된 건축물을 의미한다. 목조는 그 재료의 특성상 화재에 취약하며, 발화 후 최성기까지 약 10분 정도가 소요되며 최성기를 지나면 대부분 붕괴로 이어 진다.

일반적인 붕괴는 기둥과 벽체의 기울기가 심한 정도로 붕괴의 가능여부가 결정되나 화재 시에는 기둥과 보의 단면이 소실된 단면적에 의해 결정된다. 즉 구조체의 단면이 약 1/4 이상 소실된 경우 붕괴의 가능성은 상당히 높다. 특히 보의 경우 중앙부의 하부가 소실된 경우와 기둥과 보의 연결부위가 소실된 경우 곧바로 바닥이 붕괴되고 전체적인 붕괴로 이어질 수 있다.

그림 4-6 목조건물의 붕괴

2) 조적조

조적조는 기둥 또는 내력벽이 벽돌, 돌(石), 블록으로 축조된 건축물을 의미한다. 단독주택이 대표적으로 조적조 건물이 다수 존재한다.

조적조는 근본적으로 내화성은 있으나 횡력(지진, 풍압 등)에 매우 취약한 구조이다. 조적조는 재료의 내화성으로 인해 일반적인 화재에 의해 쉽게 붕괴되지는 않지만, 가스 폭발 등에 의해 붕괴로 이이질 가능성은 매우 높다. 왜냐하면 조적조 건물이 주로 주택용도로 사용되고 있다는 점과 주택에서는 대부분 가스를 사용하고 있어 붕괴의 우려가 상대적으로 높은 구조이다. 폭발은 그 압력이 횡 방향 및 종 방향으로 미치기 때문에 내력벽체를 붕괴 시키는 역할을 하고 벽체의 붕괴는 건물 전체의 붕괴로 이어질 수 있다.

그림 4-7 가스폭발과 조적조건물의 붕괴

3) 철근콘크리트조(RC조)

이 유형의 건물은 대부분 공동주택, 업무용 빌딩, 상가건물, 관공서, 학교 등 현대 건축의 절대 다수를 점유하고 있는 유형이다.

철근콘크리트 건물은 대표적인 내화구조[1])로 그 재료의 특성상 화재로 인해 붕괴되는 것은 비교적 흔하지 않은 일이다. 국내 화재 중 이런 구조의 건물이 화재로 붕괴된 대표적 사례는 우암상가아파트 화재(1993년, 1월 7일 01:08분경)로 부실공사(내화피복 두께 미달 등)가 붕괴의 주요 원인이었으며 LP가스의 폭발이 붕괴의 원인인지 여부는 확인되고 있지 않다. 내화피복의 부실에 의한 붕괴가 아니면 이런 유형의 건축물은 폭렬에 의해 기둥 및 보의 내화피복이 탈락되고 단면이 축소 축소되어 붕괴가 일어날 수 있다.

4) 철골조(SRC조)

철골조는 일반적으로 철골·철근콘크리트구조를 의미한다. 철골철근콘크리트조의 경우 내화피복이 되어 있어 고열의 화재에도 비교적 붕괴의 가능성은 낮다. 한편 순수한 철골조(내화피복이 되지 않은 구조)는 화재에 취약하여 약 900℃ 이상의 화재에서는 구조체(H-Beam 또는 I-Beam) 심한 변형으로 붕괴가 쉽게 일어난다. 아래의 사진은 내화피복이 안된 철골구조물(EPS 벽체)의 화재 후 모습으로 철제 빔이 심각하게 변형되어 건물 전체가 붕괴된 모습이다.

그림 4-8 철골구조물의 변형·붕괴 모습

1) 내화구조(耐火構造)란 건물 주요구조부(기둥, 보, 벽, 바닥, 지붕 등)에 있어 일정시간 동안 화재에 견딜 수 있는 성능을 갖은 구조로서 건설교통부령으로 정하는 내화성능을 갖은 구조를 말하며, 건축물에 화재가 발생하더라도 구조물의 耐力(내력)에 있어서 물성변화를 초래하지 않는 구조로서 화재가 종료된 후에 다시 수리 또는 정비하여 사용할 수 있는 구조를 말한다.

5) 조립식 패널구조

조립식 패널 건축물이란 샌드위치패널(Expanded Poly-Stylene Foam Panel 이하 "ESP"라 함) 건물을 의미한다. EPS건물은 초창기에는 창고용 정도로 제한적으로 사용되었으나 EPS는 공사비 절감, 공기단축, 단열성능 등으로 인해 급증했다. 그러나 각종 연구결과와 화재사례에서 증명되었듯이 급속한 연소확대와 주수효과 미흡으로 소방활동에 치명적인 한계점을 노출하고 있다. 그 뿐만 아니라 화재로 건물의 붕괴로 재산피해는 물론 인명피해와 소방대원의 활동에 있어 많은 한계점과 안전사고의 원인이 되기도 한다.

* 출처 : KBS 1TV 뉴스라인(2001.4.23 방영)

■ 실험대상물

1. 종류 : EPS, PIR, G/W　　2. 모형크기 : 1m×1m×1.5m

■ 실험방법

1. Model House 1.5m^3　　2. 소각물 : 목재 10kg(가연촉진재 등유 1.5L)

3. 점화　　4. 경시변화 check　　5. 강제소화

그림 4-9 화재모의 실험 장면(화재 3분 경과 후)

① 센드위치 패널(SP)의 종류와 구성

센드위치 패널(SP)은 종류는 표면재와 심재의 종류에 따라 다음과 같이 구분된다. 이 중에 가장 광범위하게 사용되고 있는 것은 EPS와 심재가 우레탄으로 된 우레탄패널(PIR패널: Poly-Isocyanurate Foam Panel)이며, 이것이 가장 화재에 취약하다.

표 4-1 센드위치 패널(SP)의 종류와 구성

구성요소	종류	역할
표면재	금속판계, 석고보드계, 멘트보드계, 목질보드계, 합성수지계	모양형성, 하중분산, 방화, 방수, 단열, 차음등
심 재 (중간단열재)	EPS(스치로폴), 우레탄(PIR) 글라스울(유리섬유), 종이하니콤, 요소수지, 암면 등	단열, 차음 등
고 정 재 조 정 재	앵커, 볼트, 콘크리트못 등 조정볼트(높이조절 가능)	샌드위치패널 고정
기밀재 및 마감처리 재	백업재, 코킹재	틈 매우기, 시공오차 · 충격흡수, 차음 · 방수효과 향상등

② 센드위치 패널(SP)의 화재 취약성

SP의 심재에 따라 화재 취약성이 다르다. 실험결과 EPS와 PIR패널이 가장 화재에 취약한 것으로 증명되었으며, 붕괴의 가능성이 매우 높다.

표 4-2 센드위치 패널(SP)의 화재실험 결과

상태변화		경과시간		
		스티로폴 패널(EPS)	우레탄 패널(PIR)	그라스울 패널(G/W)
시간경과별변형	점화	0	0	0
	지붕단열재 인화	1분	2분	변화 없음
	벽 단열재 인화	1.5분	4분	
	지붕강판 벌어짐	2분	8분	
	벽강판 벌어짐	2.5분	8.5분	
	화염외부 노출	2.5분	8.5분	
	지붕 내연강판 탈락	3분	9분	
	지붕 함물	4분 완전 함몰	10분 일부함몰	
	(강제)소화	5분		
소화특성		급속소화 가능하나 소화시 매연 다량 발생	단열재 잠열 및 잔염으로 완전소화시까지 장시간 소요	급속소화 가능
유독가스 지속시간		3분 점화 후 1분 경화 후부터 화염 노출전까지 일시발생	12분 (점화 후 2분 경과 후부터 강제 소화시까지 계속발생)	–
실험 후 제품 기능상태		형상 및 기능 상실 (House 지붕 벽 형태와해)	형상 및 기능 상실 (House 지붕형태 와해, 벽형태 일부 유지)	형상 및 기능 보존 (House 지붕, 벽 내면 그을음 수준)

③ 화재진압적과 붕괴·낙하의 위험성

센드위치 패널(SP) 건물의 화재진압을 함에 있어 어려움과 위험성은 다음과 같다.

첫째, 급속한 연소로 초기 진압이 어려워 전소의 가능성이 매우 높다.

둘째, 양측 표면의 강판재로 인해 주수의 효과가 낮아 초기 진화에 실패하면 화재진압이 현실적으로 어렵다.

셋째, EPS와 G/W패널의 경우 다량의 유독가스 방출로 대원의 접근이 어렵고 재실자 및 대원의 인명피해 우려가 높다.

넷째, 초기 진화에 실패하면 건물 전체의 붕괴와 낙하물(철판, 심재의 융용 낙하물)에 의한 대원의 안전사고 우려가 높다.

이상의 내용을 종합해 보면 SP는 착하 후 3분내지 9분 후에 내연강판이 낙하하기 시작하며, 심재의 융용·낙하로 내부에서의 소방활동은 극히 안전사고의 위험을 동반할 수 있다.

* 주요화재 사례 : 씨랜드(1999년), 예지학권(2001년), 이천냉동창고(2007년)

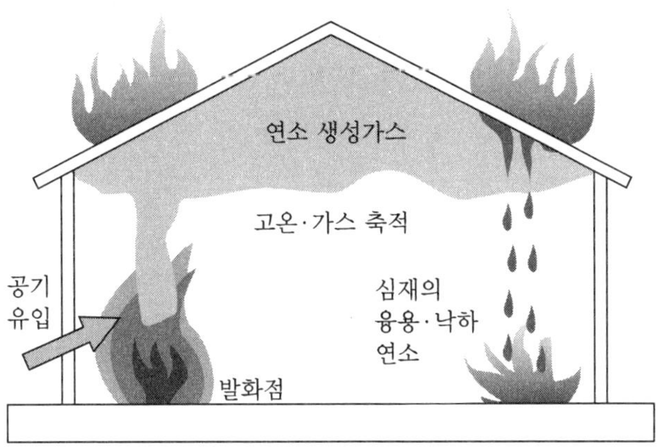

그림 4-10 센드위치 패널(SP)의 화재성상

6) 프리케스트 콘크리트조(Pre-cast Concrete)

PC구조라고도 하며, 이 구조는 기둥, 보, 바닥판 등 부재를 공장생산하여 현장에서 접합·조립하여 건축한 것으로 주로 판매시설과 같은 상업용 건축물과 주차시설이 많다.

이런 구조의 건물은 기둥과 보, 보와 슬래브 등이 접합되는 부위에서 결함이 생기기 쉽다. 특히 이런 부위의 결함은 붕괴로 가능성이 잠재되어 있다.

(4) 화재현장의 붕괴·매몰 안전사고

붕괴·매몰에 의한 사고는 구조적으로 취약한 조적조(블록벽, 벽돌벽) 벽체 및 지붕이 붕괴되는 안전사고의 비중이 높다. 소방현장에서 붕괴·매몰에 의한 안전사고의 유형은 다음과 같다.

- 공장화재 붕괴로 매몰 순직
- 현재진압 중 열에 견디지 못한 블록 외벽이 무너지면서 다침
- 화재진압 중 지붕이 깨지면서 낙상
- 주택화재 잔화 정리 중 매몰
- 지붕 위에서 화재진압 중 기둥이 무너지면 낙상
- 화재현장 잔화정리 중 2층 목조건물 계단을 오르다 나무계단이 무너지면서 추락한 사고
- 방수 중 계단이 낙하하여 밑에 깔림
- 화곡본동 화재진압 중 천장 및 벽체가 붕괴되면서 매몰 부상(2)
- 제화공장 화재현장에서 2층 벽체가 넘어져 부상
- 홍제동 주택화재현장에서 건물붕괴로 매몰
- 일반주택 2층 화재진압, 인명구조검색 중 바닥붕괴 추락
- 주택화재 진압 중 건물이 붕괴되면서 낙하물에 의해 부상
- 일반주택 화재진화작업 중 2층 증축된 부분이 하중을 못 견디고 붕괴 매몰되어 부상

이상의 붕괴·매몰에 의한 대표적인 사례별 안전사고 저감을 위한 대안을 살펴보면 다음과 같다.

○ No.1 공장화재 붕괴로 매몰 순직

- 내용

  경기도 이천의 공장화재(2007. 11. 27 23:00) 진화작업을 하던 중 인명 검색작업을 하다가 화재가 최초 발생한 건물 중심부에서 철골로 된 철제빔과 지붕이 고열을 견디지 못하고 갑자기 붕괴되면서 덮쳐 탈출하지 못하고 매몰되어 소사함.
- 위험요인

  1. 철구조물의 화재성상에 대한 이해부족으로 붕괴의 가능성을 인지 못함.
  2. 붕괴 우려 건물 내부 진입 시 통제기능이 없었음.
- 대응책

  1. 화재현장 진입시 붕괴에 대한 사전안전교육 미흡 및 진입대원 관리 부재

2. 붕괴우려 건물 내부 진입 시 진입여부 통제기능 철저
3. 현장활동 시 Two in Two out에 의한 표준작전 절차 이행

○ No.2 주택화재 잔화 정리 중 매몰

- 내용

주택화재 현장(2008년 5월 11일 19:42)에서 방수를 하고 있는 도중에 잔화 정리를 위해 창고에 진입하여 연소 가능물질을 창고 밖으로 운반하는 순간 슬레이트 지붕의 붕괴로 인하여 흙 및 잿더미에 매몰 됨

- 위험요인

1. 주택화재는 일반적으로 붕괴의 위험이 높다.
2. 슬레이트 지붕은 화재로 약화되어 붕괴 가능성이 높다.

- 대응책

1. 진입 전에 반드시 천장 또는 지붕의 붕괴위험 여부에 대한 판단
2. 방수완료 또는 중지 후에 내부진입을 해야 하며, 방수대원과 진입대원의 유기적인 활동통제가 필요하다.

○ No.3 주택화재 붕괴·매몰 사고

- 내용

주택화재 붕괴·매몰사고(2006. 11. 14, 19:52분경)로 주택에서 김○○(남, 57세)씨가 신병을 비관하여 자살하려고 실외 LPG통의 호스 고정볼트를 풀고 방안으로 가스통을 들여와 틀어놓은 상태에서 소주 2병을 마시고 담배를 피우려고 라이타를 켜는 순간 LP가스가 폭발한 사고임. 소방대원(소방장)이 주택 1층의 분분적인 붕괴가 있는 상황에서 요구조자 1명을 발견하고 인명을 구조하였으나 순차적으로 2층 건축물 전체가 붕괴하여 미처 대피하지 못하고 매몰 순직함.

- 위험요인

1. 가스 폭발로 인한 화재 건물은 근본적으로 붕괴의 위험이 있다. 특히 벽돌벽으로 지어진 구조물은 붕괴의 가능성이 높다.
2. 건물 내부 진입 전에 대원의 안전 확보 없이 진입하였다.

- 대응책

1. 붕괴에 대비하여 진입 전에 구조물의 강성을 확인한 후에 진입한다.
2. 진입 전에 붕괴에 대비하여 대원의 안전 확보 후에 진입하는 것이 원칙이다.

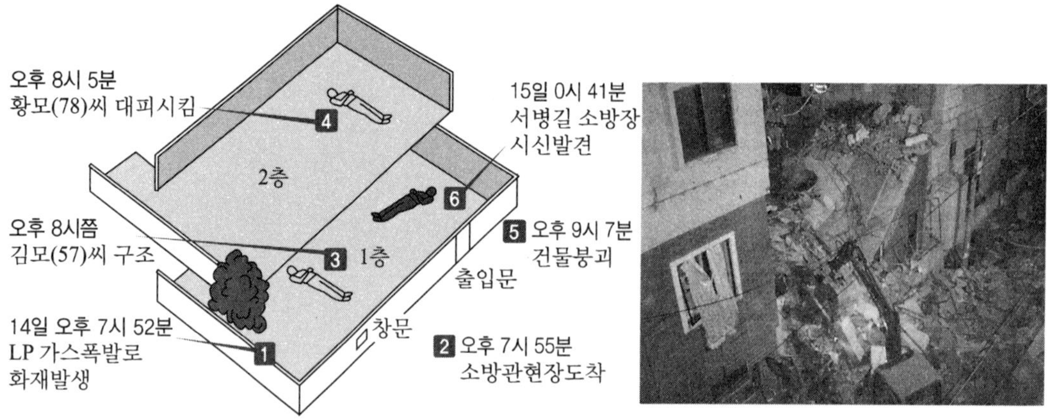

* 출처 : 119매거진, http://www.mgn119.com

그림 4-11 주택화재 상황동 및 붕괴 현장 사진

○ No.4 홍제동 주택 붕괴화재

- 내용

2001년 3월 4일 서울 서대문구 홍제동 소재 노후한 벽돌조의 2층 주택(1967년 신축, 1971년 2층 증축/34년 경과)에서 발생한 화재로 정시 이상 증세가 있는 건물주 최○○(남 32세)이 모친과 말다툼 후 1층 내부에 방화한 화재로 건물주 아들이 탈출하지 못하고 남아 있다는 말에 출동대원과 구조대원이 인명검색 및 화재진압 중 노후 한 건물이 붕괴되어 소방대원 6명이 순직(압사하거나 질식사)하고 3명이 부상을 당한 사고 임.

그림 4-12 홍제동 주택 붕괴화재

- 위험요인
  1. 1967년에 신축되고 71년에 2층으로 증축된 노후한 벽돌조 건물로 충분한 붕괴 위험이 있었으나 사전에 정보 파악이 부족함.
  2. 노후한 조적조 및 목조 건물은 화재 시 화열과 주수로 인해 붕괴의 위험성은 한층 높아진다.
  3. 지휘관의 현장안전관리 미흡과 안전사고 발생에 대한 교육 및 훈련이 부족하였다.
  4. 건물 붕괴 시 중장비 및 첨단 구조장비의 확보가 미흡하였다.
  5. 주택가 이면도로의 무질서한 주·정차로 신속한 현장 접근이 어려웠다.
- 대응책
  1. 주택은 소방검사 대상에서 제외되어 있으며, 이에 대한 법제도적 개선이 필요하며, 노후 불량 주거지에 대한 무상 점검이 필요함.
  2. 현장지휘 및 안전관리 능력(정보수집, 진입의 정합성 판단, 안전관리수칙 준수)의 강화가 필요하다.
  3. 일선 소방서에 굴삭기 등 신속한 장애물 제거 및 인명구조 특수차량 등의 장비 보급의 확대

4.2.5 낙하물에 대한 안전대책

(1) 낙하물 예방대책

낙하물에 의한 안전사고는 화재진압현장에서 중대한 사고원인으로 유리파편에 의한 부상이 가장 빈번하게 발생되고 있다. 그 외에 건축부재인 기와, 가구 등이 추락하여 어깨, 손, 발 등에 부상을 입히고 있다. 다음은 낙하물에 의한 안전사고 최소화를 위한 예방대책이다.

- 화재 현장에서 옥내 진입 시 소방활동 중에는 우선적으로 머리 상부를 살펴보고 기왓장 등 떨어지기 쉬운 물건이 있을 때에는 갈고리 또는 직사주수로 떨어뜨리고 진입한다. 또한 주변의 대원에게 소리를 질러 주의를 환기시킨다.
- 처마 끝에서 작업 할 때에는 기와 등이 떨어지기 쉬우므로 신고하게 행동하고 기와 등이 떨어질 때에는 벽에 몸을 밀착시켜 낙하물을 피하도록 한다.
- 방화구조 건물의 몰탈 벽에 균열이 생기고 부풀었을 때에는 낙하물이 떨어지거나 붕괴의 징후이므로 주의한다.

- 철근콘크리트구조의 벽체는 화재 최성기가 되면 박리·폭렬로 피복이 떨어지고 콘크리트 덩어리가 파편처럼 비산될 수 있기에 주의하여야 한다.
- 구조물의 기둥과 보의 연결부분이 타고 있을 때에는 붕괴의 위험이 있으므로 조기에 주수토록하고 그 밑에서의 활동은 하지 않도록 한다,
- 화재진압 중 유리창이나 거울 유리벽체 등이 있는 곳의 하부에서의 소방활동은 유리파편이 낙하될 위험이 있어 피하도록 한다.
- 상부에서 유리창을 파괴 할 때에는 지상의 대원에게 반드시 알리고 행동을 통제한다.
- 천장에 부착된 조명은 화열로 추락의 가능성이 매우 높다. 따라서 진입 시 상부에 조명 등 추락의 우려가 있는 물건이 있는지 여부를 확인하고 진입하도록 한다.
- 공장·창고의 천장에는 하역장비, 크레인 등이 있으므로 각별한 주의를 기울이면서 활동하도록 한다.
- 높은 곳에서 작업할 때에는 자재나 파괴물의 낙하에 주의하고 지상대원과 긴밀한 연락으로 낙하물의 위험범위를 알려주어 그 행동을 통제한다.
- 사무실이나 공동주택의 창가에는 발코니에 화분 등 다수의 낙하물이 있으므로 주의한다.

(2) 화재현장의 낙하물 안전사고

소방현장에서 낙하물에 의한 안전사고의 유형과 사례별 대책은 다음과 같다.

- 화재진압 중 지상 4m 높이의 창문 유리파편이 떨어지면서 부상당함
- 복식사다리 전개 중 유리창이 낙하하여 부상
- 유리조각이 사다리 확보 대원의 머리에 맞음
- 잔화 정리중 기와가 대원에게 낙하
- 진입 준비중 낙하한 기와에 맞음
- 감전되어 관창을 놓쳐 확보원(사다리)에게 떨어짐
- 방수한 물이 기와를 떨어뜨려 사다리 확보원에게 떨어짐
- 던져 내린 물건 등이 아래층의 대원에게 떨어짐
- 관창을 놓쳐 사다리 확보원에게 떨어짐
- 창고화재 시 몰탈 천정이 낙하하여 떨어짐
- 인접건물의 내화벽체가 박리하여 대원의 직근에 낙하
- 사다리차량에서 카프링스패너를 낙하시켜 지상의 대원에게 떨어짐
- 1층 검색 중 2층 바닥이 낙하하여 밑에 깔림

- 광고용 앵글이 낙하하여 충돌
- 옥내에서 활동 중 전등이 낙하

이상의 낙하물에 의한 대표적인 사례별 안전사고 저감을 위한 대안을 살펴보면 다음과 같다.

○ No.1 방수작업 중 유리창 파편 낙하

- 내용

  서울 서대문구 화재(2006. 6. 28, 20:15분경) 신고 접수 후 차량 및 소방대원 출동하여 화재진압을 위해 수관을 전개하고 2층 음식점에서 방수하던 중에 방수압력과 최성기에 도달한 화세에 의해 깨진 유리창이 1층 도로에서 펌프차를 조작하던 기관원의 좌측 팔에 떨어져 부상을 당함.
- 위험요인
  1. 화재 최성기에는 플래시오버 등으로 인해 유리창이 깨진다.
  2. 화재건물 인근의 위험지역에서 상부에서 낙하물에 의한 위험이 상존한다.
- 대응책
  1. 화재건물 인근의 위험지역에서 소방활동 시 공간적으로 위험성을 인식하고 대원과 지휘자는 항시 주의를 기울여야 한다.
  2. 현장 지휘관은 현장 진입 전 건물 주변의 안전사고 발생우려가 있는 요인을 파악하고 사전에 조치를 취한다.

○ No.2 화점부근의 유리창이 파괴되어 낙하

- 내용

  심야 맨션화재에서 5층 화장실의 대형 유리창이 열기에 의해 파괴되어 가까이에서 활동하던 대원에게 추락하였다.
- 위험요인
  1. 맨션의 바닥부터 천정까지 유리가 시공되어 있다고 예측하지 못했다.
  2. 심야에 농연 때문에 주위 상황 파악이 곤란하였다.
- 대응책
  1. 옥내에 진입하기 전에 옥외에서 건물 구조를 파악하고 주의를 기울려야 한다.
  2. 조명가구를 활용하고 갈고리 등으로 주위상황을 확인하며 행동한다.

○ No.3 진입 준비 중 낙하한 기와에 맞음

- 내용

  2층의 주택 건물 화재현장에서 소방대원이 2층으로 진입하려 화세를 제압하기 위해 사다리를 걸치고 지상에서 호스를 정리하고 있을 때 갑자기 상부에서 기와가 떨어짐

- 위험요인

  1. 기와장의 낙하 위험이 있는 범위 내에서 호스를 정리하였다.
  2. 진입 준비에 급히 서둘러 지붕의 낙하물에 주의를 소홀히 하였다.

- 대응책

  1. 화재건물의 주변에서는 낙하물과 그 비산범위 등을 예측하여 행동을 제한한다.
  2. 평면적인 상황에만 주의를 기울이지 말고 연소상황에 따라 공간적으로 불안전한 징후의 발견과 대처한다.

○ No.4 유리조각이 사다리 확보 대원의 머리에 맞음

- 내용

  화재가 2층에서 발화하여 경방요원이 진입 후 기관요원이 차량조작 후 복식사다리를 전개하던 중 3층 노래방에서 탈출하려는 시민들에 의해 창문이 깨져 지상으로 낙하 현장활동 중이던 대원의 머리를 가격하였다.

- 위험요인

  1. 화재 건축물 주변의 처마 끝에서 활동 할 경우 낙하물에 대한 주의 부족
  2. 만일의 사고에 대비 안전장구 착용 미흡

- 대응책

  1. 복식사다리 전개 과정 중에는 방수모 및 방수복 착용
  2. 대원 1명은 만일의 상황 및 사태에 대비 항상 상부 주시
  3. 복시사다리 전개 전후 모두 상부의 상황에 주의하면서 접근

4.2.6 화상·폭발에 대한 안전대책

(1) 화상 예방대책

화상은 화염과 열기, 가스, 폭발, 화학물질, 유독한 연기의 흡입 등이 주요 원인이며 신체에 화상을 입는다. 특히 화상의 경우 플래쉬오버를 발생되는 경우 치명적인 부상의 우려가 있다.

1) 화재 현장에서의 화상예방대책

① 자세를 반드시 낮춘다.

화재를 진압하기 위해 이동할 때는 낮은 자세로 반드시 취해야 한다. 낮은 자세를 취해야만 머리 위의 뜨거운 연소가스에 의한 화상을 방지 할 수 있다.

② 항상 퇴로를 확보한다.

계단가 지하실 등 출입구 주위는 소방대원의 신속한 후퇴를 위해서 항상 장애물이 없도록 장애물이 방치되지 않도록 한다.

③ 호스의 올바른 배치와 충수

충수가 되지 않은 소방호스를 가지고 화재지역에 진입해서는 안된다.

④ 실 내부에 대원이 있을 때에는 외부에서 방수하지 않는다.

대원이 내부에서 화재를 진압하고 있을 때 외부에서 주수하면 외부에서 방수된 물이 화염, 열기, 연기를 내부의 대원이 있는 방향으로 직접 몰아가 대원의 화상을 초래 할 수 있다.

2) 플래시오버(Flash over)의 징후

화재 현장에서 일반적인 플래시오버의 징후는 다음과 같은 상태인 경우 예측이 가능하다.

① 화재실의 조건이 자유연소의 단계의 상태

② 실내의 열기로 소방대원이 낮은 자세를 유지할 수밖에 없는 상태

③ 실내에 과도한 열이 축적되어 있는 상태

④ 열기가 느껴지고 두텁고, 뜨겁고, 진한 연기가 아래로 쌓이는 상태

이상과 같은 징후가 관찰 되었을 때는 공기를 냉각시키기 위한 방수작업과 배연작업을 실시하는 조치를 취해야 한다. 만약 화재가 계속 진행되어 열축적이 지속되는 상황에서 무리하게 진화작업을 계속하는 경우 플래시오버 현상이 발생해 대원이 안전사고에 노출될 가능성이 매우 높아지며 이 경우 즉시 대피시킨다.

3) 백드래프트(Backdraft)의 징후

백드래프트는 순간적으로 강한 폭발력을 가지고 있다. 따라서 화재현장에서 백드래프트의 징후를 인지하여 예측하여 대원의 안전사고에 대비하여야 한다.

① 건물 외부에서 관찰되는 징후

- 연기가 문틈이나 작은 구멍을 통해 빠져나오고 빨려 들어가는 현상이 목격된다.
- 화염은 보이지 않으나 창문이나 문이 뜨거운 경우
- 유리창 안쪽에 타르와 유사한 형태의 액체가 흘러내려오는 것이 목격된다.
- 내부의 연기가 소용돌이가 치듯이 역동적 모습이 관찰된다.

② 건물 내부에서 관찰되는 징후

- 훈소상태에 있는 뜨거운 화재인 경우
- 내부의 압력이 낮아 공기가 빨려 들어가는 것 같은 호각소리와 유사한 소리가 들린다.
- 연기가 구획된 공간내로 되돌아가거나 맴도는 현상이 보인다.
- 연기가 매우 빠르게 소용돌이가 친다.
- 산소 공급의 감소로 약화된 불꽃이 관찰되는 경우

③ 백드래프트에 의한 사고 예방을 위한 지휘

- 지휘관은 백드래프트 현상의 방지를 위해 지붕을 통한 수직배연을 하도록 지시한다.
- 수직배연 전에 개구부를 통해 대원이 수평진입하거나 배연하지 않도록 지휘한다.
- 지휘관은 지붕에서 수직배연을 하는 경우 내부 진입활동과의 타이밍의 조화와 조절이 매우 중요하다.

(2) 폭발 예방대책

폭발은 건물 용도별로는 주택 및 공장 등의 화재에서 주로 발생하고 있으며, 환기가 충분히 이루어지기 어려운 지하공간과 같은 밀폐된 공간구조에서 자주 발생한다.
폭발에는 화재로 인한 폭발이 있고, 폭발에 의한 화재가 있다.

폭발에 의한 화재는 화재의 진행속도가 일반적으로 빠르고 화재발생 건물이 부분적으로 붕괴된 경우가 있음 수 있고 2차적인 붕괴의 가능성이 있다.

화재로 인한 폭발의 경우 화재진압 중인 경우가 대부분으로 소방대원의 진입해 있음으로 대원이 화상 및 폭발에 의한 안전사고에 노출될 가능성이 높아 각별한 주의가 필요하다.
폭발 위험관리를 위한 안전대책은 다음과 같다.

- 가스(LNG, LPG) 메탄가스, 위험물 유증기 등이 옥내에 누출된 경우에는 반드시 옥외에서 전원을 차단(전원 차단에 따른 스파크 방지를 위해)하고 창문 등을 개방하여 가스를 연소범위이하가 되도록 외기를 도입 충분히 환기하여 희석시킨다.

- 자하구조물(피트, 맨홀 등), 지하창고 등의 폐쇄된 공간에 진입할 경우에는 가연성 가스의 유무와 농도 등을 파악하여 2차, 3차 등 연쇄폭발화재를 예측하고 대비하여야 한다.
- 창고와 같이 내용물이 많고 그 내용물에 대한 충분한 정보가 없을 때에는 구체적인 내용이 확인될 때까지 대원은 내부 진입을 해서는 아니 된다.
- 폭발물이 있을 때에는 원거리에서 주수하며, 분진폭발물(전분, 밀가루, 나무가루 등)이 있을 때에는 충분한 거리를 두고 분무주수 하도록 한다.
- 고온의 용광로에 대한 주수는 수증기폭발 등에 의한 폭발적 연소위험이 있으므로 절대 주수하지 않는다.
- 니트로글리세린($C_3H_5(NO_3)_3$), 피크린산($C_6H_3N_3O_7$/폭약으로도 쓰임)은 가열충격 등에 대한 폭발 위험이 있으므로 충분한 거리를 두고 방수포 등을 활용하여 냉각시키다.
- 금속나트륨, 금속칼륨, 카바이트 등 금속성 물질은 주수로 인해서 폭발적 위험요소가 있으므로 절대로 주수해서는 안 된다.
- 샐로로이드는 화재는 연소력이 지극히 크므로 연소확대에 유의하여야 한다.
- 메틸에틸케톤퍼옥사이드는 가열·충격 등에 의한 분해폭발위험이 있으므로 충분한 거리를 두고 절대적으로 필요한 대원 이외에는 근접시키지 않도록 한다.

(3) 화상·폭발 안전사고

화상·폭발에 의한 안전사고의 대표적인 사례와 이에 대한 위험요인 및 대응책 다음과 같다.

1) 화재

- 사다리차의 사다리 위에서 플래시오버를 만남
- 창문의 파괴로 상층 검색대원이 농연에 휩싸임
- 화재현장 안전장구 이탈로 기도화상
- 옥내 진입 후 농연에 의해 퇴로를 차단당함
- 화재진압 중 안면부 2~3도 화상(8)
- 변압기폭발 화재로 인한 화상(4명)
- 화재진압 중 연기 흡입으로 인한 상기도 화상

2) 폭발

- 원인불명의 폭발에 의한 창고 붕괴로 사망 및 부상
- 목욕탕 보일러실 폭발 부상

- LP가스 폭발사고
- 한정식집 화재진압 중 LP가스 용기 폭발로 가건물이 붕괴, 매몰로 부상(3)
- 화재현장활동중 LP가스폭발로 화상(3)
- 카센터 화재진압 중 LP가스통 폭발로 얼굴화상

○ No.1 사다리 위로 올라가는 도중 플래시오버를 만남

- 내용

2층 건물 레스토랑 화재로 2층으로부터 약간의 백색연기가 확인되었다. 연소상황 확인과 인명검색을 위하여 2층 개구부에 사다리를 걸치고 수관을 휴대하여 다섯 번째 가로대를 올라갔을 때 플래시오버가 발생하여 사다리가 넘어지면서 추락하였다.

- 위험요인

1. 사다리가 안전하게 거치되지 못하였다.
2. 사다리의 위치 선정에 주의를 기울이지 않았다.

- 대응책

1. 사다리를 건물에 연장할 때에는 적정한 각도로 확보원과 연락을 취하면서 연장한다.
2. 플래쉬오버 등이 예상될 때에는 개구부를 피해 사다리를 벽체에 걸친다.

○ No.2 부주의한 창문의 파괴로 상층 검색대원이 농연에 휩싸임

- 내용

내화구조 5층 건물 중 3층 화재로 지휘본부의 명령에 따라 4층에서 인명검색을 하고 있는 도중에 아래층의 사다리차량 탑승 대원이 유리창을 파괴 4층이 단숨에 농연에 휩싸여 검색중인 대원들이 연기에 휩싸였다.

- 위험요인

1. 파괴(유리창, 벽체 등) 작업 시에는 주변의 대원의 안선에 주의 하여야 한다.
2. 유리창 등을 파괴하면 연기가 급격하게 이동하거나 화염이 확대되고 백드래프트 현상이 발생해 대원이 사고에 노출될 수 있다.

- 대응책

1. 화재 현장에서는 반드시 공기호흡기를 착용하고 퇴로를 확보한다.
2. 창문 등 개구부의 파괴 및 개방에 따른 연기의 이동 및 중성대가 위아래로 변화할 수 있기 때문에 반드시 지휘자의 통제에 따라야 한다.

○ No.3 화재현장 안전장구 이탈로 기도화상

- 내용

경기도 평택 ○○장여관 화재(2005. 1. 11, 01:33분경) 현장에서 건물 내 농연 및 열기가 가득하고 낙하물과 수관이 뒤엉킨 상황에서 공기호흡기를 착용하고 의식이 없는 요구조자를 안고 나오는 과정에서 공기호흡기가 안면부에서 일순간 벗겨져 유독가스를 흡입함

- 위험요인

1. 새벽까지 지속된 인명검색 및 잔화 정리로 체력이 많이 약화된 상태
2. 현장활동 시 2인 1조 이상의 활동원칙 미 준수

- 대응책

1. 화재진압 및 인명구조 시 턱끈의 조임 상태 등이 정상적인지 항상 개인의 안전장구 착용에 철저함이 있어야 한다.
2. 적절한 인원의 배치로 개인체력을 안배하여야 한다.
3. 큰 사고는 작은 부주의에서 비롯된다.

○ No.4 원인불명의 폭빌에 의한 창고붕괴

- 내용

공장화재(1998. 3/서울 금천구)에 출동하여 화재진압 작업 도중 원인불명의 내부 폭발로 인한 창고 붕괴로 함께 진화작업 중이던 대원 2명이 순직하고 3명이 부상

- 위험요인

1. 화재 현장의 용도(사용중인 위험물 파악), 건물구조를 파악에 미흡했다.
2. 현장에서 건물의 용도에 따른 내부 위험물질 파악 등 화재성상 파악 미흡

- 대응책

1. 화재 접수부터 건물의 용도(사용중인 위험물 파악), 건물구조를 정확히 파악하여 폭발 등 2차 사고에 대비하여야 한다.
2. 폭발 및 붕괴 위험장소에 "위험구역"을 설정하고 대원의 개인별 보호장구 등 안전수준을 향상시켜 진입하도록 한다.

○ No.5 목욕탕 보일러실 폭발 및 화상

- 내용

목욕탕 보일러실에서 화재가 발생(2005. 4.7, 06:21 경/부산시 진구 부전1동), 지하

1층 유류탱크실 입구 및 보일러실에서 화염이 치솟아 검은 연기가 분출하고 연소확대의 우려가 있었으며 화재 진압도중 감자기 보일서실에서 폭발이 발생 대원 2명이 화상을 당함.

- 위험요인
  1. 목욕탕의 유류탱크실 및 보일러실은 위험성이 높은 곳이다.
  2. 현장 도착시 화염이 거세게 관찰되었으면 플래시오버의 가능성이 높다.
  3. 다량의 거센 화염으로 인하여 현장활동 안전수칙을 철저히 준수하지 않았고 냉정·침착하지 않은 자세로 현장활동을 시작했다.
- 대응책
  1. 현장에서 도착과 동시에 위험성을 관찰·평가하고 안전한 진입경로 및 진압작전을 수행한다.
  2. 소방활동 전에 반드시 현장안전 확보가 최우선시 되어야 한다.

○ No.6 LP가스 폭발사고

- 내용

  서울 종로구 묘동 귀금속 세공공장의 화재(2007. 1. 6 01:53 분경)로 금세공 작업장 내 출입문 앞부분의 플라스틱 물통의 통전상태로 담겨 있던 씨즈히터가 물이 증발한 후 과열되어 플라스틱 물통 및 인근 가연물에 착화되면서 상부 천장으로 확대되었다. 이 착화된 열에 의해 물통 옆 벽면에 놓여 있던 LP가스(20kg) 용기의 조정기 및 비닐호스가 녹으면서 누출된 LP가스가 폭발하여 소방대원 3명이 부상을 당함
- 위험요인
  1. 화재현장에 대한 사전 정보 수집이 미흡 함.
  2. 현장 지휘관이 신속하고 냉철한 상황 판단 후에 진압대원 현장 진입이 필수

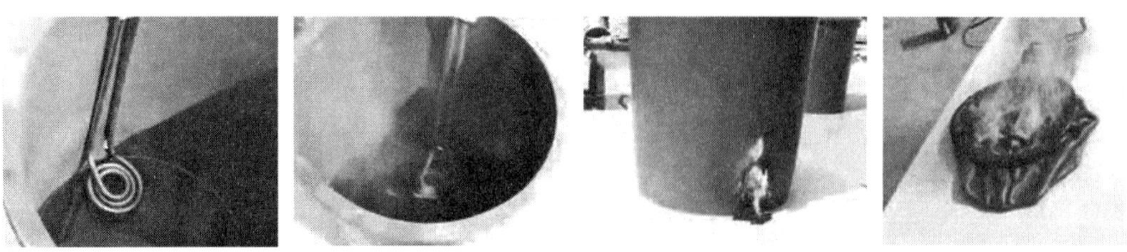

* 출처 : 구로소방서, 씨즈히터의 발화에 관한 연구

그림 4-13 씨즈히터에 의한 발화 실험

- 대응책
  1. 화재 현장의 특성(금세공 작업장의 특성상 LP가스 사용함)을 사전에 인지
  2. 현장 도착 시 관계자 확보 및 내부 상황 정보 수집이 필수적이며, 폭발 낙하물에 따른 사전 위험예지 훈련 실시

4.3 귀서 시 안전사고 대책방안

현장활동을 종료 후 현장 철수와 귀서로 이어진다. 귀서 시 발생하는 안전사고를 예방하기 위해서는 우선 현장 철수가 질서있게 이루어져야 한다. 소방대원 주요 업무영역 중 전체적인 안전사고 발생 건수는 낮은 편이나 대부분 어처구니없는 실수에 기인한 사고가 대부분이다. 즉 하차 주의 실족(발을 헛디딤 등) 사고와 차고 및 소방서 내 계단에서의 실족사고가 주류를 이루고 있다.

(1) 소방차 귀서 시 안전수칙

1) 지휘관은 반드시 이상유·무를 확인 후 안전하게 귀서 하도록 주지시켜야 한다.
2) 운전원은 차량의 이상유·무를 확인 후 귀서해야 한다.
3) 운전원은 경방요원이 탑승했나 확인하고 출발한다.

(2) 수납과 점검

현장 철수란 소방활동에 사용한 장비와 기구를 수납·정리함과 동시에 다음 화재 등의 출동에 대비하기 위한 행동이다. 철수는 지휘자의 명령에 의해 전 대원이 협력하여 신속하고 질서 있게 행동이 필요하다.

철수 시 수납과 점검이 명확하게 이루어지지 않으면, 다음 출동에 지장을 초래할 뿐만 아니라 귀서 시 안전사고에도 영향을 미칠 수 있다.

(3) 귀서 시 안전대책

철수 및 귀서활동은 중에는 안도감과 피로감 등으로 경계심이 저하되기 쉬우며, 귀서 단계에서는 교통사고, 특히 하차 시 발을 헛디뎌 발생하는 사고의 비중이 높다.

따라서 귀서 시 가장 중요한 안전예방 수칙의 기본은 정신적 이완 방지, 적재기구 및 장비 낙하 방지, 하차 안전, 실족 안전 등이다.

1) 정신적 이완 방지

귀서시의 안전사고는 근본적으로 정신적인 긴장감이 이완되면서 발생한다는 측면에서 대원뿐만 아니라 지휘자도 끝까지 긴장의 끈을 놓아서는 안 된다.

정신적 긴장감의 이완은 귀서해서 대기실로 복귀할 때까지 현장 소방활동 이라는 것을 명심해야 한다.

2) 적재기구 및 장비 낙하 방지 등

화재현장에서 사용된 적재기구 및 장비를 안전하게 적재하여 낙하 방지에 주의하여야 한다. 재 출동에 대비하여 무선의 수신 등 긴장을 계속한다.

4.3.1 교통사고 안전대책

(1) 교통 및 하차사고 예방대책

일반적인 교통사고 안전에 관한 대책은 앞의 4.1에서 다른 내용에 준한다. 한편 귀서 시 교통사고는 출동 시와 달리 급박한 상황이 아니라 절대적인 사고 건수는 매우 낮다. 단지 육체적 피로로 인해 하처 시에 사소한 부주의에 의한 어처구니없는 발목부상이 많이 발생된다. 이에 대한 정신적 대비가 필요하다.

(2) 교통·하차 안전사고

귀서 할 때 교통사고 및 하차 시 대표적인 사고사례 및 대응책은 다음과 같다.

- 귀서 중 교통사고
- 화재출동 귀서 후 차고에서 하차 중 발을 헛디뎌 부상
- 화재출동 귀서 하여 차량에서 내리는 중 부상

○ No.1 순찰차 고속도로 갓길 교통사고

- 내용

2007년 11월 27일 이천시 ○○물류창고 화재진압에 동원 된 소방차량이 귀서 중 고속도로 상에서 고장으로 갓길에 정차하였다. 차량의 수리 지원을 위해 대원 1명이

타 소방차량(순찰차)을 이용하여 현장 도착 후 갓길에 정차하여 내리던 중 뒤 따르던 5톤 트럭에 치여 사망함.

- 위험요인

1. 고속도로 등 고속으로 차량이 다니는 도로는 대형 교통사고 위험이 상존한다.
2. 고속도로 정차 시 교통사고에 대비하여야 한다.

- 대응책

1. 평소 차량은 정비를 철저히 하고 고장차량은 반드시 완전 정비 후 운행한다.
2. 고속도로 갓길에 하차 시 반드시 뒤따르는 차량을 확인하고 하차하도록 한다.
3. 후면에 안전 표지판을 설치 후 안전봉을 이용 뒤따르는 차량과 차고가 나지 않도록 방어를 한다.

○ No.2 귀서 후 차고에서 발을 헛디뎌 부상

- 내용

화재 출동 후 무사히 귀서하여 차고에 소방차량을 주차시키고 차에서 내리다가 우측발목이 꺾이면서 골절 부상을 당함.

- 위험요인

1. 귀서 시에 피로감과 긴장이완으로 정신적으로 부주의 할 수 있다.
2. 귀서 시에는 육체적인 피로로 단을 오르내릴 때 근육이 풀려 실족의 우려가 있다.

- 대응책

1. 소방활동은 출동부터 귀서까지 안전관리에 있어 대원의 안전이 최우선이다.
2. 귀서 단계까지 정신적·육체적 긴장감을 늦추지 않아야 한다.

4.3.2 실족 안전대책

(1) 실족 예방대책

철수 도중에는 진화 후의 정신적 안도감과 긴장의 이완 등 장시간의 방어에 따른 피로감 등으로 주의력이 산만하게 되고 사고를 일으키기 쉽기 때문에 특히 전 대원이 주의하여 안전사고를 예방하여야 한다.

(2) 실족 안전사고

귀서 시 실족에 의한 대표적인 사고사례 및 대응책은 다음과 같다.

- 주택화재 현장 철수 중 넘어짐
- 현장활동 후 귀서 중 계단에서 발을 헛디딤
- 화재수보 후 차고로 진입중 경사로에 미끄러져 머리가 바닥에 부딪힘

○ No.1 주택화재 현장 철수 중 넘어짐

- 내용

  2007년 12월 16일 화재출동 하여 초기 진화 후 잔화작업 중 귀소 명령이 하달되어 대기중인 차량으로 돌아가기 위해 이동하려 창으로 넘어가다 체력저하 및 창문이 협소하여 정확하게 착지하지 못하고 넘어져 허리에 부상을 당함.
- 위험요인
  1. 철수 및 귀서 시 긴장이 이완될 수 있다.
  2. 귀서 시 체력이 저하되어 안전한 행동에 제약이 따른다.
- 대응책
  1. 소방활동은 출동부터 귀서까지 안전관리에 있어 대원의 안전이 최우선이다.
  2. 장시간 현장활동에 따른 체력저하를 최소화하기 위해 평상시 대원의 개인적인 체력단련이 반드시 필요하다.

4.4 구조활동 시 안전사고 대책방안

4.4.1 실족 안전대책

(1) 구조활동의 10대 기본 안전 수칙

1) 2인 이상이 1조로 활동

공기호흡기를 착용한 경우에는 어떠한 경우에도 2인 이상으로 조를 편성하여 활동하여야 한다.

2) 반드시 보호장구 착용

구조현장은 대부분 위험에 노출된 장소인 경우가 대부분으로, 예측불허의 위험요인에 대비하여 보호장구를 착용한다.

3) 현장활동 감시요원의 경고 활동

초기 구조현장에는 반드시 1명의 대원(Standby Member)이 현장과 활동상황을 감시하고 현장대원과 통신하고 위험요인을 경고한다.

4) 대형재난 현장에 긴급구조요원 배치

대형 재난 현장에서 현장활동하는 소방대원을 구조하기 위해 2명 이상의 긴급개입요원(Rapid Intervention Crew)을 구조대원으로 편성하여 완전한 보호장구를 갖추고 대기하여야 한다.

5) 전염병, 독극물, 위험물 등에 전염되거나 노출되지 않도록 대처한다.

구조대원은 환자(전염성)와 접하거나 독극물(자살자, 테러 등) 등 위험물에 노출될 우려가 있다. 이에 전염되지 않도록 관리한다.

6) 반드시 충분한 조명을 확보한다.

어두운 환경은 사고의 위험요인으로 충분하다.

7) 안전평가 후 현장 진입

화재 등 재난 현장에는 붕괴, 낙하, 폭발, 추락, 등 위험요인이 상존한다. 따라서 이에 대한 안전여부를 판단한 후에 현장에 진입한다.

8) 현장 지휘관은 최우선하여 안전 확보

현장 지휘관은 소방활동의 모든 정황을 완벽하게 파악하고 안전에 최우선을 두고 지휘하여야 한다.

9) 체력소진 관리

구조활동은 기본적으로 체력소모 급격하게 올수 있다. 체력소진은 안전사고로 이어질 수 있으며, 이상반응에 유의해야 한다.

10) 경험 분석과 활용

안전사고나 아차사고(Near Accident)의 경험을 분석하여 현장 구조활동의 교훈으로 활용한다.

(2) 실족 예방대책

구조현장에서 실족은 가장 발생빈도가 높은 안전사고이다. 실족의 원인은 사고의 종류만큼이나 다양하나 일반적으로 실족을 예방하기 위한 대책은 다음과 같다.

1) 현장 미끄럼 방지 조치

교통사고 현장, 차고 등에서는 흘러나온 유류 등으로 미끄럼방지를 위해 모래 등을 뿌리고 작업을 개시 한다.

2) 차량 받침목 고정

대원이 차량의 위나 밑으로 들어가야 할 경우 차량 받침목 등으로 반드시 고정시킨 후 구조활동에 들어간다.

3) 로프설치는 견고히

로프 등을 설치 할 경우 강도를 반드시 확인하고 2곳 이상의 지점에 견고하게 긴결한다.

4) 지붕에 오를 때 추락 방지

경사지붕, 스레트 지붕 내력이 약한 지붕에 오를 때에는 미끄러짐과 추락에 대비한다.

5) 야간 조명 확보

사고현장의 내부 진입 또는 야간에는 조명을 충분히 확보한다.

6) 장소, 기후에 따른 미끄럼 고려

산악구조, 새벽(이슬 또는 서리), 동절기, 우(雨)중 및 직후에는 특히 미끄러지는 사고에 주의하여야 한다.

(3) 실족 안전사고

구조활동 시 실족은 가장 빈도가 높은 사고로 실족에 의한 대표적인 사고사례 및 대응책은 다음과 같다.

- 산악구조 하산 시 암벽 부위에서 미끄러져 공상(2)
- 동물 구조 시 우천으로 미끄러워 넘어짐
- 구조작업 중 유압장비를 꺼내어 운반하던 중 현장바닥에 깨져 있는 사고차량의 유리 및 오일류에 미끄러지면서 넘어짐

○ No.1 도봉산 미끄러짐 실족사고

- 내용

  도봉산 은석암 산악구조 출동(2007. 4. 5, 12:03) 수보 즉시 출동하여 요구조자를 발견 구토증상이 있었으나 호전되어 부축하여 하산 조치 후 대원 중 1명이 돌을 밟고 미끄러져 등산로 아래로 추락하여 대원들에 의해 응급조치 후 들것으로 귀서 함.

- 위험요인

1. 산악에는 항시 미끄러짐 넘어짐 등의 실족 우려가 있음.
2. 구조를 마치고 긴장감이 다소 완화되어 안일한 마음가짐이 사고로 이어짐.

- 대응책
  1. 귀서까지 구조활동이며, 항상 긴장과 경계를 늦추지 말아야 한다.
  2. 구조현장에 필수적인 개인인명 보호장비(헬멧, 개인로프 등)를 수시로 점검하여 안전사고의 발생을 최소화 시킨다.

4.4.2 장비 및 맴돌이 안전대책

구조대원은 항상 각종 구조장비 등은 필수적이며, 교육과 훈련을 통해서 장비 조작을 익숙하게 할 수 있어야 한다. 구조대원의 안전사고 중에서 상당부분이 장비에 의한 것이며 구체적으로 살펴보면 무거운 구조장비 사용으로 허리에 통증(디스크)이 생기거나 취급 부주의로 부상을 당하는 경우가 대부분이다.

(1) 장비 안전

1) 장비 선택의 원칙

① 장소에 적합한 장비 선택
장비를 사용해야 할 공간이 협소하거나 인화물질의 존재 여부, 감전 위험성, 환기 등 현장의 상황을 고려하여 그 특성에 맞는 것을 선택한다.

② 대원의 능력에 맞는 장비 사용
구조대원의 장비 사용 능력을 고려하여 장비를 선택하여야 한다. 아무리 우수한 장비라 하더라도 사용자의 사용능력에 따라 효용성에 큰 차이가 있다. 뿐만 아니라 미숙한 장비 사용으로 안전사고를 유발할 위험성이 매우 높다.

③ 위험도, 효과, 조작 용이성을 고려한 선택
위험이 적은 것, 장비의 효과를 볼 수 있는 것, 조작이 간단한 것을 우선적으로 사용 하도록 한다.

2) 장비 활용상의 안전 대책

① 대원의 숙달된 한계 내에서 사용
미숙한 사용은 2차적인 안전사고를 유발한다.

② 중량의 장비는 경고하게 고정

무거운 장비를 설치하고 사용할 때에는 견고하게 고정하여 안전사고가 발생하지 않도록 한다.

③ 장비의 반작용

장비는 작동에 의한 반작용으로 안전사고가 발생한다.

④ 정비사용 환경 고려

장비의 가동 범위가 안전한 사용이 가능한 상황인지 여부, 반대측 상황, 오동작 등에 의한 위험성 등을 고려한다.

(2) 장비 안전사고

구조활동 시 장비에 의한 안전사고는 비교적 빈도가 높은 사고로 장비에 의한 안전사고는 장비의 중량, 사용 미숙 등이 주요 원인이 되고 있다. 대표적인 사고사례 및 대응책은 다음과 같다.

- 유압장비 오조작에 의한 끼임 사고
- 동력절단기 절단작업 중 폭발
- 굴절차 전도사고
- 구조활동 중 구조장비 운반 시 허리 통증
- 구조활동 시 과중량 장비착용으로 인한 목 디스크
- 과중량 장비착용으로 인한 허리디스크
- 구조활동 중 무거운 장비 착용 및 부적당한 자세로 인한 허리 디스크(2)
- 구조현장에서 유압전개기로 차체를 벌리던 중 허리부상

○ No.1 유압장비 조작 미숙에 의한 끼임 사고

- 내용

  2001년, 9월 22일 16:00분경, 어린이가 자전거 패달 축과 본체에 발목이 끼여 유압장비를 이용하여 구조하다 유압장비 조작 미숙으로 압착에 의해 손가락이 골절
- 위험요인

  1. 유압장비 등 동력장비의 사용에는 한상 안전사고의 위험이 있다.
  2. 대원의 장비 사용이 미숙할 경우 2차 안전사고를 유한다.
- 대응책

  1. 현장에서 유압장비 사용 전에 정형화된 훈련 이외에 다양한 환경, 조건, 방법, 방향, 오른손 왼손 작동법 등 충분한 사용법 숙지가 필요하다.

2. 동력장비 사용 전에는 준비작동을 해보고 장비 사용 부위 안전사고 예방조치를 한다.
3. 위험예지훈련을 통해 안전사고 예방교육이 필요하다.
4. 구조현장에서 냉철한 판단으로 적합한 구조 장비를 사용한다.

○ No.2 굴절차 전도사고

- 내용

군부대 국기계양대 구조물 안전조치를 위해 협조 요청으로 16시 36분 경에 현장에 도착 탑승하여 안전조치 작업 중 사다리가 전개중인 상태에서 갑자기 균형을 잃어 45도 정도 기울러지면서 바스켓 보호대 틀에 다리가 끼여 탈출하지 못한 상태에서 추락 부상을 당함

- 위험요인

1. 굴절차 및 고가사다리차는 안전각도 유지가 안 될 경우 전도의 위험이 있다.
2. 추락이 우려가 있다.

- 대응책

1. 굴절차 조작시 정차위치가 평활하고 지반이 단단하여야 한다.
2. 굴절차 및 고가사다리차는 반드시 안전한 각도 유지가 전도를 방지하기 위해 가장 필수적인 조치이다.

(3) 맴돌이 안전 대책

구조현장의 안전사고는 다른 소방업무영역 보다 매우 다양한 유형의 안전사고가 발생한다. 안전사고 유형 중 맴돌이(소용돌이) 안전사고에 대한 대표적인 사고사례 및 대응책은 다음과 같다.(* 참조 : 본 연구 3.3.3 안전사고 영상자료 분석)

○ No.1 하수종말처리장 소용돌이(맴돌이)

- 내용

하수종말처리장(서울 성동구, 2004년 9월)에 물에 빠진 요구조자(박○○, 남 9세)를 구조하는 과정에서 하수처리장의 유수 소용돌이에 휘말려 구조대원이 익사함.

- 위험요인

1. 하수처리장에서 소용돌이가 발생할 수 있다.
2. 소용돌이에 빠지면 수영능력과 상관없이 외부의 주조 없이는 빠져나오기가 매우

어렵다.

- 대응책

1. 소용돌이의 기본원리와 그 위험성 및 대처방법에 대한 인명구조방법의 교육훈련
2. 소용돌이에 빠진 요구조자가 있을 경우 2차 안전사고가 발생하지 않도록 조치한다.
3. 소용돌이에 빠진 요구조자를 구조하기 위해서는, 로프, 긴 막대, 크레인, 헬기 등을 이용한 방법이 합리적이며 구조대원이 직접 뛰어들어 구조하는 방법은 피하도록 한다.

○ No.2 수중보 소용돌이 익사 사고

- 내용

경기도 광주시 곤지암천(강폭 40~50 m)에 설치된 수중보(폭 2~3 m)를 건너던 중 트랙터가 급류에 휩쓸려 2명이 물에 빠지는 사고(2008. 7. 20 16:24 경)를 당함. 구조대원이 출동하여 1명은 구출하였으나 사망하였고, 트랙터 위에 매달려 있는 1명의 요구자를 구하는 과정에서 구조대원이 수중보 아래 수심 2 m 정도의 소용돌이에 휘말려 의식과 호흡이 없는 상태에서 병원으로 이송됨.

그림 4-14 수중보 소용돌이 익사 사고

- 위험요인
  1. 하천의 수중보에 의해서도 소용돌이가 발생할 수 있다.
  2. 소용돌이에 빠진 요구조자 구조의 방법에 미숙하였다.
- 대응책
  1. 하천·바다 등 소용돌이가 발생하는 곳에서는 근본적으로 물에 들어가는 것을 금지해야 한다.
  2. 폭우로 인해 하천의 수량이 급증한 경우 수중보 이용을 금지한다.
  3. 구조대원의 주기적인 교육을 통해 소용돌이와 같은 위험한 현장대처능력 및 인명구조방법을 습득시킨다.

(4) 화재현장에서의 파괴

1) 파괴의 기본요소

① 파괴는 최소 범위 내에서 실시하여야 한다.

② 파괴는 대상 및 기구의 특성을 최대한으로 고려하여 안전한 방법으로 실시하여야 한다.

③ 신체방호의 조치, 주위의 안전 확인 및 파괴물의 낙하위험에 대한 조치 등의 안전을 확인해 실시하여야 한다.

2) 파괴기구의 종류

① 동력절단기

○ 활용요령

- 절단물에 따라 날을 선택하고 보호커버를 조정한다.
- 엔진을 회전시켜 절단면에 직각이 되도록 절단한다.
- 절단을 바로 실시하고, 날이 휘지 않도록 한다.

○ 안전관리

- 헬멧, 방진안경, 안전장갑 등의 보호장비를 착용한다.
- 조작원은 절달날 후방 직선상에 발을 놓지 않는다.
- 절단날 전후방에 조작원 외 접근을 막는다.
- 불꽃에 의한 가연물 착화 위험이 있으므로 충분한 안전대책을 강구한다.

② 가스절단기

○ 활용요령

- 절단물의 전면에서 화구를 절단부를 향해 가열한다.
- 절단부가 가열된 시점에서 산소레버를 당겨 절단방향으로 화구를 이동한다.
- 불꽃은 절단면에 대해 수직 또는 절단방향으로 하고 절단용 산소량은 절단재의 두께에 따라 가감한다.

○ 안전관리

- 헬멧, 방진안경, 안전장갑 등의 보호장비를 착용한다.
- 기름 등이 묻은 공구류 등은 취급하지 않는다.
- 조정기를 용기밸브에 부착할 때는 확실히 하여 누설되지 않도록 한다.

3) 파괴요령

① 유리 파괴요령

○ 얇은 판유리(두께 5mm 이하)

- 옥내에 진입이 가능한 경우 창의 잠금 부분 가까이를 손 넣을 정도로 파괴하여 잠금을 풀고 창을 개방한다.
- 옥내에 진입이 불가능한 경우 유리파편을 실내에 떨어지도록 파괴한다.
- 2차 재해를 방지 위해 지상에 경계구역을 설정하고, 유리에 접착테이프, 모포 등을 붙여서 외부로의 비산을 방지하는 방법도 있다.

○ 두꺼운 판유리(두께 6mm 이상)

- 파괴에는 강력한 충격력이 필요하고 예리한 기구가 효과적이다.
- 유리 두께가 불명확한 경우는 제1충격 때는 가볍게 치고 유리에서 받은 반동력으로부터 파괴에 필요한 충격력의 배분을 고려한다.
- 12mm 이상의 두꺼운 판유리는 가스절단기 또는 용접기로 급속 가열한 직후에 주수냉각을 실시하여 열 파열이 생기게 해서 파괴한다.
- 해머 등을 사용하는 경우에는 균형을 잃을 염려에 유의한다.

○ 망입유리

- 방진안경 및 헬멧의 후드를 활용하여 유리파편의 비산에 의한 위해를 방지한다.
- 유리에 철선이 부착되어있기 때문에 반드시 창틀 부분을 파괴한다.
- 창 전면을 파괴 시 도끼 등으로 망선 마다 아치형으로 파괴한 후 실내로 넘어뜨리며, 부분파괴는 파손 후 망선을 노출시켜 절단한다.

- 부분적인 파괴는 망선을 노출시킨 후 펜치 등으로 절단한다.

○ 방탄유리

- 충격에 의해 파괴되지만 탈락은 없고, 충격을 가할 때 작은 파편이 비산하므로 방진안경 또는 헬멧의 후드를 활용한다.
- 해머, 도끼 등으로 유리를 잘게 파괴한 후 깨진 금에 칼 등을 넣어서 플라스틱 막을 절단 또는 가스절단기, 산소용접기 등으로 가열하여 절단한다.

② 셔터 파괴요령

○ 중량셔터 － 화염의 영향을 받고 있지 않는 경우

- 셔터 아랫방향을 진입할 수 있을 만큼 절단하고 내부에 진압하여 개방한다.
- 절단기로 스레트를 수직으로 자른 후, 스레트를 당겨 뺀다.
- 긴 스판셔터를 절단할 때는 진압 가능한 폭에 2개의 구멍을 만들어 제일 끝의 스레트를 빼내면 개구부가 된다.

○ 중량셔터 － 셔터가 화염에 영향을 받는 경우

- 스레트를 잡아 빼기 곤란하므로 아치형으로 절단한다.
- 노즐의 통과가 가능한 정도의 구멍을 만들고 내부에 주수하여 화세를 제압한 후 진입구를 크게 한다.

○ 중량셔터 － 셔터에서 연기가 분출되는 경우

- 공기호흡기를 신속히 착용하고 측면에 주수태세를 갖춘다.
- 연기의 분출을 적게 하기 위해 셔터의 아랫방향을 절단한다.
- 스레트는 서서히 잡아 빼고 내부의 상황을 확인하면서 필요에 따라 분무주수를 한다.

○ 경량셔터

- 셔터의 열쇠부분을 해머로 강타하여 열쇠를 파괴한 후 개방한다.
- 셔터하단 중앙부와 바닥면 사이에 지렛대를 넣어 밀어 올린다.
- 동력절단기, 가스절단기 등으로 중간하부의 말단 금속부분을 절단하여 스레트를 분리한다.

○ 방화셔터

- 지렛대와 유압식 구조기구 등을 사용하고 대원 2명이 지렛대로 밑에서 들어올릴 수 있을 정도로 하며 들어 올린 만큼 지지를 한다.
- 동력절단기 등을 이용하여 수직으로 절단하고 해머로 옆으로 가볍게 가격하거나 프라이어 등으로 스레트를 빼낸다.

- 창고 등의 건물인 경우에는 포크리프트(Fork Lift) 등으로 셔터를 들어 올리는 것도 가능하다.

③ 문 파괴요령

○ 화염의 영향을 받고 있지 않는 경우

- 문과 틀에 틈이 있으면 돌출부분을 동력절단기 또는 가스절단기로 절단한다.
- 문과 틀 사이에 동력절단기 날이 들어갈 수 없는 경우는 지렛대를 넣어 간격을 확보한다.
- 전기드릴로 주위에 3~4개소의 구멍을 뚫은 뒤 드라이버 등을 넣어 돌출부분을 제거한다.
- 안을 볼 수 있는 창은 유리를 파괴한 후 손을 넣어 펜치 등을 사용하여 자물쇠를 개방한다.

○ 화염의 영향을 받고 있는 경우

- 돌출부분에 절단에 의해 문이 개방되면 농연, 열이 분출할 우려가 있으므로 주의한다.
- 파괴 후 문을 개방하는 경우 문 측면에 위치하여 내부상황을 확인하면서 서서히 개방한다.
- 주수에 의한 증기가 돌아오는 것에 주의한다.

④ 벽 파괴요령

○ 철근콘크리트조

- 포크레인 등의 중장비를 활용한다.
- 벽에 착암기로 구멍을 여러 개 뚫는다.
- 관통시킨 구멍과 중간을 대해머로 강타하여 구멍을 크게 확보한다.
- 철근이 노출되어 있거나 대해머를 유효하게 사용할 수 있는 경우는 착암기, 정을 병행하여 구멍을 크게 확보한다.
- 굵기 9mm 이하의 철근은 철선절단기를 사용하고, 그 이상인 경우는 동력절단기를 사용한다.

○ 벽돌조

- 공동부분을 대해머로 강타하여 파괴한다.
- 벽의 보강을 위해 9mm 철근이 각 블록마다 1본 정도 들어가 있는 경우가 있으므로 철선절단기 또는 가스절단기를 사용한다.

⑤ 천장 파괴요령

○ 목조 천장

- 파괴범위를 정해 창이나 갈고리로 마감부분을 박리시킨다.
- 천장 마감재료 일부를 박리시킨 후 파괴시킨다.
- 넓은 범위를 파괴하고자 하는 경우는 해머, 지렛대 등으로 지탱부분을 강타한다.

○ 경량철골 천장

- 경량철골 천장은 패널로 구성되어 있어 당겨도 쉽게 분리되지 않으므로 갈고리로 마감재료를 박리시킨 후, 사다리를 사용하여 패널부분을 지렛대 또는 드라이버로 비틀면 분리할 수 있다.
- 마감재료가 불연재료인 경우는 닥트화재 등을 제외하고는 급격히 연소하지 않으므로 천장파괴는 최소한도로 하고 오히려 형광등의 매설기구를 분리한 후 확인하는 편이 효과적이다.

⑥ 바닥 파괴요령

○ 철근콘크리트조 바닥

- 대들보가 없는 위치를 선정하여 착암기로 바닥을 관통시킨다.
- 착암기에 체중을 실어 강하게 누른다.
- 3~4개소를 원형으로 관통시켜 그 구멍 중간을 대해머로 강타하여 구멍을 크게 한다.
- 철근이 노출되면 와이어컷터 또는 가스절단기로 절단한다.

○ 데크플레이트조 바닥

- 착암기 끝 부분이 데크플레이트에 닿으면 그 이상 맞부딪쳐 나가지 않으므로 다른 장소에 구멍을 뚫어 대해머, 정을 이용하여 구멍을 크게 한다.
- 데크플레이트가 노출되면 가스절단기 또는 산소절단기로 절단한다.
- 화점실 직상층에서 작업할 경우 화염의 분출위험이 있는 경우는 대원의 방호조치를 도모한 후 플레이트를 절단한다.

○ PC 콘크리트판 바닥

- 공장에서 생산된 PC 콘크리트판을 현지에서 대들보와 대들보 사이에 걸쳐 용접한 것으로 대들보 이외의 부분을 PC판과 PC판을 접하는 부분에서의 파괴가 가장 효과적이다.

⑦ 엘리베이터 문의 파괴요령

○ 에어백에 의한 경우

- 콘트롤박스에 에어백을 연결하여 2개를 준비한다.
- 양손으로 승강장 도어를 벌린 후 도어 하단부에 에어백 1개를 넣는다.
- 도어에 넣은 에어백을 조금 벌린 후 도어 상단부에 에어백 1개를 넣는다.
- 에어백 2개를 같은 속도로 전개하여 승강장 도어를 넓힌다.

○ 에어백이 없는 경우

- 문과 문 사이 아랫부분에 도어오프너, 지렛대 등을 집어넣는다.
- 3cm 정도 간격이 되면 유압식 구조기구를 넣어 눌러서 넓힌다.
- 간격이 있으면 나무를 집어넣어 고정하고 웨지람을 위쪽으로 이동시키면서 나무도 위쪽으로 이동한다.
- 웨지람의 부하가 급히 가볍게 될 때가 록핀이 절단된 때이고 문을 좌우로 강하게 당기면 개방할 수 있다.

⑧ 루버의 파괴요령

○ 콘크리트 루버

- 루버의 상부 접촉부를 대해머로 강타하여 파괴한다.
- 접속 금구가 노출되어 있는 경우는 가스절단기 또는 산소절단기 등으로 절단하면서 대해머를 병행하여 사용한다.
- 정, 대해머를 사용하여 루버 접속부 부근의 콘크리트를 파괴한다.

○ 철제 루버

- 엔진컷터, 공기톱으로 루버상단 또는 하단을 절단하여 좌우로 흔들어 열어서 진입구를 만든다.
- 가스절단기, 산소절단기도 위와 같은 방법으로 사용한다.

○ 사다리 위에서 작업을 실시할 경우

- 엔진컷터, 공기톱은 굴절사다리차의 바스켓 등 신체의 균형을 유지하기 쉬운 발판 위에서 사용한다.

⑨ 닥트의 파괴요령

- 점검구에서 확인할 수 없는 부분, 닥트가 상당한 열을 받고 있는 부분, 열에 의해 변색되고 있는 부분을 중점으로 엔진컷터, 가스절단기 등으로 절단한다.
- 횡닥트에 불이 남아 있는 경우는 주수에 의해 소화하고 열 기류에 태워서 분말

소화기를 방사하는 방법도 효과가 크다.

- 닥트 접촉부를 대해머로 강타하여 구멍이 난 부분을 지렛대 등으로 비틀어 구멍을 크게 한다.

4.5 구급활동 시 안전사고 대책방안

4.5.1 출동 중 교통사고 안전대책

(1) 운행 안전 대책

1) 구급출동

① 경광등과 사이렌을 작동

구급 출동 하는 모든 차량은 항상 경광등과 사이렌을 작동시킨다. 단, 구급환자를 이송하는 도중에는 선임 대원의 판단에 따라 사이렌을 작동하지 않을 수 있다.

② 출동 알림과 방어운전

구급차량의 운전원은 일반차량의 운전자에게 경적 등을 사용하여 구급차 출동을 아려야하고 항상 방어운전을 하여야 한다.

③ 제한속도를 최대 20m/h 초과 가능

구급차량은 도로상황이 양호한 경우에 한하여 도로표지상황의 제한속도를 최대 20m/h 초과를 할 수 있다. 그 외의 경우 규정속도를 초과할 수 없다.

④ 우천, 폭설운전 장비 장착

구급차량은 우천, 포설에 대비하여 안전장비를 장착하여야 한다. 이 경우에도 속도는 도로교통법에 따른다.

⑤ 중앙선 넘어선 운전

구급차량이 불가피하게 중앙선을 넘거나 반대차선으로 운전해야 할 경우 최대속도는 50 km/h를 초과 할 수 없다. 단, 반대차선에서 진행중인 차량의 움직임을 파악할 수 없을 때에는 30 km/h를 초과할 수 없다.

불가피하게 구급차량이 중앙선을 넘거나 반대차선으로 운행하여 교차로에 진입할 경우 운전원은 신호등의 색깔과 상관없이 반드시 10km/h 이하로 서행하면서 진입하여야 한다.

⑥ 교차로에서 운전

구급차량의 우선통행권으로 교차로에 접근하거나 통과할 경우 운전원은 도로표지상의 제한속도를 초과할 수 없다. 빨간불이 켜진 교차로에 구급차량이 진입할 경우에는 운전원은 반드시 10 km/h 이하로 서행하면서 각 방향에서 주행 중인 일반차량이 양보하는 것을 확인한 후에만 교차로를 통과한다.

⑦ 안전벨트 착용

구급차량에 탑승하는 모든 사람은 안전벨트를 작용하여야 한다. 다만, 환자의 응급처치를 위해 불가피한 경우에는 손잡이를 잡는 등 최대한 몸을 지지하여야 한다.

⑧ 승차 확인 후 출발

구급차 운전원은 모든 대원의 승차를 확인한 후에만 구급차량을 출발시켜야 한다.

⑨ 구급차 상호간의 추월

구급차 상호간의 추월을 해서는 안 된다. 불가피하게 추월해야할 경우 무선교신에 의한 사전협의가 있어야만 한다.

2) 현장도착 시 안전 대책

① 미끄럼 방지

현장에 도착한 구급차량은 고임목의 설치 등 미끄럼 방지조치를 하여야 한다.

② 대원·환자·현장보호 주차

현장에 주차 시 주변의 통행차량으로부터 대원·환자·구급현장을 보호할 수 있는 방식으로 주차하여야 한다. 이후 도착한 차량은 이 차량을 지나 주차하여야 한다.

③ 사고현장 알림

굴곡도로나 고속화 도로상의 구급현장에 도착한 운전원은 일반차량 운전자가 사고를 인식할 수 있도록 전방에 안전삼각대 등을 설치하여 추돌사고 등을 예방한다.

④ 일반차량의 시야 방해 금지

현장에 도착한 구급차량은 주간에 모든 등을 켜고, 야간에는 전조등을 꺼서 일반차량의 시야에 지장을 주지 말아야 한다.

⑤ 필요차량만 현장에 주차

현장에 출동한 구급차량 중 현장에서 활용되지 않는 차량은 일반차량의 주행에 방해가 되거나 2차 사고를 예방하기 위해 안전한 곳에 주차한다.

⑥ 정차 전 하차 금지

현장에 도착한 구급대원은 구급차량이 정지하기 전에는 절대 하차하여서는 안 된다.

(2) 구급 중 교통 안전사고

구급 중 교통사고는 일반적인 충돌사고(정면충돌 포함)와 추돌사고가 대부분을 점유하고 있다. 대표적인 사고사례 및 대응책은 다음과 같다.

- 구급 출동 중 교통사고(4)
- 구급차가 중앙선을 넘어 반대편 차량과 충돌
- 구급출동 중 중앙선을 침범한 차량과 추돌(3)
- 교통사고 현장에 출동하여 환자 이송 준비 중 타 차량이 구급차 후미를 추돌
- 구급출동 중 구급차 후면으로 승용차가 충돌
- 구급출동 중 신호위반 차량과 추돌하면서 부상(3)
- 교차점에서 구급차 충돌
- 구급출동 귀서 중 교통사고(4)
- 귀서 후 차량에서 내리다 부상

○ No.1 교차점에서 구급차 충돌

- 내용

  A구급대가 적신호의 교차점에서 일시 정지하여 좌우확인하고 직진할 때, 오른쪽으로 진행하던 B구급대와 충돌했다.
- 위험요인

  1. 사이렌 소리를 서로 자기 차량의 것으로 착각했다.
  2. 청신호를 통과한 덤프차를 상호 확인하지 않았다.
- 대응책

  1. 교차점을 통과할 때에는 사이렌과 적색등을 과신하지 말고 확성기 등을 활용하여 신중히 통과한다.
  2. 차량 등으로 확인이 나쁠 때에는 차선을 따라 안전을 확인하여 통행한다.

○ No.2 구급차 출동 중 교통사고

- 내용

  2006년 4월 16일 07:00분경 서울 노원구 중계동 무지개아파트 화재출동 신고를 받고 차고지에서 출동 중 선도 차량인 구급차가 편도 2차선 중 1차선으로 서행도중 반대편에서 승용차량이 중앙선을 침범하여 정면충돌한 사고임.

- 위험요인
  1. 출동 시 차고지 바로 앞에서 교통사고의 위험이 있는 지역임.
  2. 구급차는 안전한 차종의 선택이 필요함
- 대응책
  1. 출동 시 선임탑승차가 교통상황에 예의 주시
  2. 차량 출동 시 탑승자 전원은 안전벨트 착용
  3. 출동 시 펌프차, 탱크차, 구급차 순에 의한 출동 원칙과 안전거리 확보가 필수적임.

4.5.2 폭행 안전대책

(1) 폭행 안전

구급활동 중 요구자 등에 의한 폭행은 구급활동 중에 빈발하는 특징적인 안전사고이다. 폭행의 주체는 환자(요구조자) 및 환자가족 친구 등(이하 요구조자 등)이며, 이는 환자 또는 환자의 가족이 음주, 요구조자 간의 불화(싸움), 급한 이송요구 등으로 인해 구급대원을 폭행하는 것으로 조사되었다.

요구조자에 의한 구급대원의 폭행사고에 대한 안전대책은 어떤 안전사고보다 우선적으로 반드시 개선되어야 한다. 근본적으로 100% 폭행 근절 대책은 어렵지만 가능한 범위 내에서 폭행의 최소화 방안은 다음과 같다.

1) 구급대원의 출동 인원 보강

장기적으로 구급대원의 인원 보강을 통해 최소한의 출동 인원을 4명으로 보강할 필요가 있다.

2) 요구조자 등에 대한 정황 판단

구급대원은 요구조자 등의 음주 여부를 파악하고 마음의 준비를 통해 요구조자와의 시비에 휘말리지 않도록 한다.

3) 장비의 보완

① CCTV 설치

구급차 후면 및 차량 내부에 CCTV를 설치하여 유사시 법적인 대응 수단으로 활용하거나 심리적으로 공무 집행방해 및 불의의 행동에 대비한다.

② 소형 녹음장치 보급

소형 녹음장치를 보급 휴대하여 유사시 녹음을 통해 공무 집행에 대한 적극적인 대처가 필요하다.

③ 대원 보호 및 장비 확보

전기충격기 등을 지급하여 심한 폭행에 대비하는 것도 적극적으로 검토해 볼 필요가 있다. 특히 야간 출동, 여성 구급대원이 출동 하는 경우에는 적극 고려해 볼 방법이다.

4) 적극적인 법적 대응 시스템

현재까지는 구급이 국민에게 봉사한다는 차원에서 적극적인 법적 대응이 미흡하였으나 앞으로는 관련 법제도적 개선을 통해 법적인 대응 시스템을 강화가 절실하다.

(2) 구급 중 폭행 안전사고

구급 중 폭행 안전사고는 2006년 28건, 2007년 66건, 2008년 71건, 2009년 6월까지 43건으로 해마다 늘고 있다고 보도했다. 타박상, 뇌진탕, 이빨이나 코뼈 골절, 10바늘 이상 꿰매야 할 만큼 상처를 입기도 한다고 했다.2)

여성 구급대원은 더 심히디고 매체는 밝혔다. 수원 소방서 정지은 구급대원은 "지퍼로 돼 있는 구급복 상의를 갑자기 내리거나 취한 척하면서 신체 특정 부위를 만지는 사람도 많다"

최근 4년간 218건의 폭행 사건 중 절반인 106건이 음주 상태의 환자에 의한 폭행이다. 한마디로 술에 만취해 쓰러져 있는 사람을 옮겨주러 갔다가 되레 폭행을 당한다는 것이다.

대표적인 사고사례 및 대응책은 다음과 같다.

- 구급활동 중 구급수혜자의 폭행으로 안면부 찰과상, 두피자상 입음
- 구급환자의 난동에 의한 경추부 염좌
- 구급환자의 폭행으로 치아 부상
- 구급출동 중 환자에게 주먹으로 맞아 부상
- 구급출동 중 만취상태 행인에게 폭행당함.
- 구급활동중 보호자로부터 폭행
- 구급활동중 환자(가해자)의 난동으로 병원인계 중 직원폭행으로 손가락 부상
- 구급출동 후 환자이송중 환자 및 보호자에게 폭행당함

2) 경향신문, 2009년 12월 12일, "여성 119 구급대원 옷 벗기고 신체만지기까지"

○ No.1 이마 깨진 환자의 보호자에 의한 폭행

- 내용

2008년 10월 사람이 넘어져 이마가 깨졌다는 신고를 받고 6분 만에 출동했지만 만취 상태였던 20대 남자 보호자는 쇠막대기로 구급차를 부수고 구급대원(장○○씨)을 가위로 위협했고 폭행을 가해 구급대원의 옷이 찢기고 어금니가 부러졌다.

- 위험요인

1. 요구조자 및 주변 보호자가 음주를 한 상태일 경우 격별히 주의 한다.
2. 구급대원 2명이 출동하였다.

- 대응책

1. 구급대원의 출동인원이 보통 2명 정도로 인원이 적어 폭행 시비에 휘말릴 여지가 많다
2. 구급대원의 신변을 보호할 수 있는 법제도적인 대처방법의 개선이 필요하다.

○ No.2 여성 구급대원 폭행

- 내용

구급출동 하여 요구조자가 여성 구급대원의 구급복 상의 지퍼를 갑자기 내리면서 취한 척하며 신체의 특정 부위를 만지는 폭행을 가함.

- 위험요인

1. 음주한 요구조자는 대부분 정상적인 판단력이 저하되어 있다.
2. 구급대원의 출동인원이 보통 2명 정도로 적어 폭행 시비에 휘말릴 여지가 많고 특히 여성 구급대원의 경우 남성 만취자의 폭행에 노출되기 쉽다.

- 대응책

1. 야간에 여성 구급대원은 반드시 남성 구급대원과 동반출동 및 인원 보강이 필요하다.
2. 구급차 안에 CCTV를 설치하고 대원들에게 소형 녹음기를 보급하여 적극적인 공무집행 방해에 대처하여야 한다.
3. 특히 여성 구급대원의 경우 공무집행방해 뿐만 아니라 성추행에 대한 적극적인 법제도 보완책이 필요하다.

4.5.3 허리부상 안전대책

구급활동 중에 가장 1중이 높은 안전사고는 대원의 허리부상이다. 허리부상은 구급환자를 들것으로 들고 이동하는 과정에서 허리에 무리가 가서 대부분 발생하고 있다. 한편 업기법으로 이동하다가 허리에 부상을 당하는 경우, 무릎을 부상당하는 경우가 비교적 빈발하고 있다. 따라서 이에 대한 안전사고 예측기술과 대책은 다음과 같다.

(1) 구급환자 들기와 이송(허리 부상) 안전

1) 환자 들어올리기와 이송

① 환자의 무게 고려

구급환자의 몸무게는 수 kg에서 100 kg를 넘는 경우까지 다양하다. 특히 몸무게가 무거운 환자의 경우 구급대원의 허리에 상당한 무리를 주게 된다. 따라서 환자의 무게에 따라 들것을 들고 이동할 대원의 수를 안정적으로 정하여야 한다.

② 구급대원의 체력 한계 고려

훈련된 구급대원도 신체적 능력에는 분명한 한계 있다. 화자를 구조해야하는 환경은 대부분 이동에 열악한 환경인 경우가 대부분이다. 응급힌 상황에서 산악이거나, 세단을 이용하거나, 구급차까지의 거리가 멀거나 등등 구도대원의 체력에 한계점을 보여야하는 상황까지 갈 수 있다. 이 경우 구조대원은 척추에 상당한 통증과 부상이 따르게 된다. 따라서 들것을 들어야 하는 대원의 수뿐만 아니라 상황에 따라서는 항공기 이용을 신중하게 고려할 필요가 있다.

③ 이동 환경의 고려

환자의 몸무게와 구급대원의 체력과 같은 맥락에서 이동 환경에 대한 고려도 충분히 할 필요가 있다. 똑같은 몸무게의 구급환자라 하더라도 이동경로의 조건에 따라 체력의 소모 정도와 척추에 가해지는 충격은 상당히 다를 수 있다.

④ 이동 계획을 동료와 사전에 계획

구급환자 이송에 우왕좌왕하는 경우에는 더욱이 체력의 소모와 육체적인 무리가 따르게 된다. 성급한 이동 보다는 신중하게 이동경로 계획을 신속하게 수립하고 행동 한다.

⑤ 다리를 이용하여 들어 올릴 것

환자를 들어 올릴 때에는 허리를 사용하지 말고 다리를 이용하여 허리를 가능한 곧게 세우고 들어 올린다. 만약 허리를 굽힌 자세에서 들어 올릴 경우 허리에 휨

모멘트가 생겨 가해지는 힘이 커질 수밖에 없다.

이동 중에도 허리를 굽히는 것은 들 때와 마찬가지로 허리가 굽어지면 허리에 가해지는 충격은 그만큼 커지게 된다,

⑥ 적정 보폭을 유지

구급대원의 보폭을 적정하게 유지시켜야 한다. 단단하고 평지에서는 어깨 넓이로 발을 벌린다.

⑦ 들어 올리는 것은 몸에 가능한 밀착

들어 올리는 환자용 들것이나 물건은 가능한 몸 가까이 밀착시켜서 든다. 몸에서 멀어질수록 모멘트가 생겨서 몸에 무리가 크게 갈뿐만 아니라 허리에 부상의 가능성도 그만큼 높아진다.

⑧ 계단용 들것을 사용

환자를 계단을 이용해 이동하는 거리가 일정 거리 이상 될 때에는 일반 들것보다는 계단용 들것(Stair Chair)

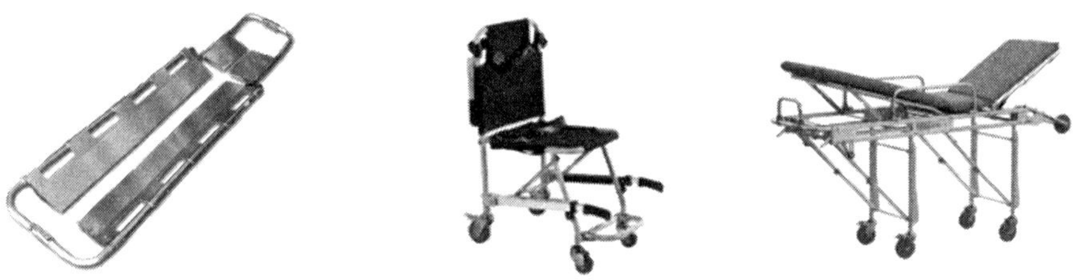

(일반 분리용 들것) (계단용 들것) (구급차용 들것)

그림 4-15 들것의 종류

2) 구급차량 부서 시 안전관리

① 교통장해 최소화

구급차량의 추차로 교통장해를 유발해서는 안되게 도로의 외측에 정차시킨다. 그것이 구급차량의 안전에도 도움이 된다.

② 차량주위에 안전표지판 등을 설치

필요 시 구급차량 주위에 안전표지판 설치하건 비상등을 작동 시킨다.

③ 비상등만 켜야 하는 경우

차량 전면이 주행차량의 전면을 향한 경우 경광등과 전조등은 끄고 비상등만 켠다.

④ 화재 등으로부터 안전한 곳에 정차

화재 차량으로부터 최소한 30m 밖에 정차시키며, 폭발물이나 유류를 적재한 차량으로부터는 600~800 m 밖에 주차 한다.

⑤ (고압)전선으로부터 안전거리에 위치

사고로 전기 줄이 지면에 노출된 경우 전봇대를 반경으로 한 범위 밖에 정차시킨다.

⑥ 유류 등의 누출과 정차 위치

위험물이나 유류의 누출 시 물질 흘러내리는 방향의 반대편에 위치한다.

⑦ 유독가스 누출 시

유독가스가 누출된 경우 바람을 등진 방향에 위치시킨다.

⑧ 안전한 곳에 안전한 주차

경사지나 지반이 연약한 곳에는 우치를 금한다.

3) 환자 이송 전 안전관리

① 전염병 환자 이송

전염병 환자를 이송한 후에는 반드시 손은 소독용 세제로 소독하고 몸 전체를 깨끗이 씻는다.

② 구급차량의 청결과 소독

구급차량은 청결은 물론 불특정 다수의 환자에 의해 다양한 세균과 병원균에 노출된다. 따라서 환자 이송 후 오존 등으로 소독한다.

③ 대원 중 보균자 교체

구급대원은 수시로 전염병 감염여부 확인 및 보균자 발견 시 교체하며 철저한 점검을 실시한다.

④ 1회 용품 비치

구급차에는 상시 전염성 환자에 대비 1회 용용 장갑 등 1회용품을 비치한다.

⑤ 귀서 시는 일반자동차 임

귀서 시에는 긴급자동차가 아니므로 일반자동차의 교통법규를 준수한다.

(2) 허리부상 안전사고

구급대원의 허리부상은 가장 발생빈도가 높은 전체 안전사고 중의 하나로 구급활동 중 안전사고 중에서는 최고 많은 안전사고이다.

그러나 허리부상 사고의 발생건수는 매우 많으나 그 사고의 유형이 대부분 무거운 환지를 들거나 이송하는 과정에서 유사한 유형의 사례가 반복된다는 특성을 가지고 있다.

허리 부상사고의 유형을 압축해보면 다음과 같다.
첫째, 들것을 들다가 허리부상
둘째, 응급환자를 업어 이동하려다 허리부상
셋째, 허리 이외의 신체 부위(무릎, 손가락, 머리, 다리 등) 부상

따라서 특별한 사례별 대책은 의미가 없으며, 허리에 무리가 가장 적게 가는 방법은
첫째, 급격하게 들것을 들어 올리지 않고 다리의 힘으로 들어올린다.
둘째, 대원의 체력을 초과한 무리한 활동에 주의한다.
셋째, 환지를 들 때와 보행 중에 반드시 허리는 펴고 행동한다.

이와 같이 하는 것이 최소한의 대책이며, 위 "(1) 구급환자 들기와 이송 안전"에서 제시된 원칙에 충실한 구급활동이 허리부상을 최소화하는 방안이라 판단된다.

4.6 장비점검 시 안전사고 대책방안

소방점검 시 발생하는 안전사고는 추락, 장비 점검중 발생하는 안전사고, 허리부상으로 대별된다. 여기서 허리 부상은 무거운 장비를 들거나 이동하는 과정에서 발생하고 있다. 따라서 본 절에서는 추락사고와 장비안전을 중심으로 안전대책을 제안하고자 한다.

한편 실족에 의한 부상은 대부분 점검 중에 바닥이 미끄러워 넘어져서 발생하는 부상이다. 이런 실족에 대한 안전대책은 장비점검 장소의 바닥을 미끄럼방지 조치를 하거나 대원의 주의 깊은 행동이 필수적이다.

4.6.1 추락 안전대책

(1) 추락 안전대책

장비점검 중 추락사고는 점검 중에 도크에 추락, 차량위에서 추락, 승하차 과정에서 추락하는 사고가 대부분이다. 추락 사고는 화재출동이나 구조·구급출동과는 달리 심리적으로 급하거나 불안정한 상태에서 발생하는 것이 아니라는 큰 차이가 있다.

1) 안전벨트 등으로 지탱

높은 차량에서 작업 할 때에는 안전벨트 등으로 몸을 지탱하되 딛고 있는 곳이 안전한가를 확인한다.

2) 주차장에는 도크 등의 안전

소방차량이 대기 중인 주차장 또는 수리·점검 장소에는 도크, 피트, 유분리 용기, 배수구, 트랜치 등이 있다. 평상시에는 견고한 덮개를 설치하여 관리한다.

3) 밝은 조명

야간에는 조명기구를 적극 활용하여 디딜 곳의 언전에 유의 한다.

4) 보호장구 착용 등

펌프차량 등 차고가 높은 장비 위에서 작업을 할 경우 헬멧, 안전화, 보안경 등 작업의 여건에 맞는 복장을 한다.

5) 미끄러짐 방지

차량이나 장비를 정비하는 장소 주변에는 기름 등의 오물과 분진 등을 제거한 후 정비한다.

6) 사다리 안전

사다리를 이용하여 차량에 오를 때에는 사다리의 안전확보원을 배치한다.

7) 하차 시

승차보다는 하차 시에 추락하는 경우에 추락하는 경우가 더 많다. 하차 시에 미끄러짐, 발 디딤 등에 주의한다.

(2) 장비 점검 중 추락사고

장비 점검 중 추락사고의 대표적인 유형은 다음과 같다. 대부분

- 차량 점검 중 차량에서 낙상
- 진압장비 점검 중 펌프차량에서 추락
- 안전센터 차고지에서 고장차량 자체 수리 중 낙상
- 차량점검 후 내려오다 사다리에서 떨어짐
- 교대점검 시 출동장비 점검 후 내려오면서 우측발 부상

4.6.2 장비 안전대책

소방장비는장비의 용도와 사용 장소 등을 기준으로 할 때, 화재진압·구조구급·소방검사·화재예방·순찰활동·소방교육 및 훈련·화재조사·재해지원 등 소방업무영역에 따라 다양한 장비를 운용하고 있다.

(1) 소방장비의 종류

1) 기동장비

화재진압 등의 소방활동을 위해 출동 및 화재진압 등을 위해 기동하는 장비로 소방관서에서 사용하는 소방자동차(소방펌프차, 물탱크차, 고가사다리차, 굴절차, 화학차, 지휘차, 배연차, 조명차, 구조차, 구급차 등), 소방항공기, 소방정 등을 말한다.

2) 진압장비

화제를 진압하기 위한 장비로 이동용소방펌프(동력소방펌프), 이동식 진화기(초순간진화기), 소방호스(수관), 관창 및 결합금속구 등을 말한다.

3) 구조장비

구조현장에서 사용되는 장비로 유압장비, 일반구조장비, 중량물작업용, 절단용, 파괴용, 화학구조용, 수난구조용, 산악구조용, 특수구조용 장비가 있다.

4) 구급장비

응급처치용기구, 응급환자 이송용장비, 응급의약품, 검사기구 등이 있다.

5) 보호장비

방화복, 헬멧, 공기호흡기, 인명경보기, 개인로프, 방열복 등이 있다.

6) 통신장비

통신장비(유·무선통신장비), 전원장치, 전산정보장비 등이 있다.

7) 기타

사다리, 유압절단기, 동력절단기, 휴대용 무전기 등이 있다.

(2) 소방장비별 안전관리

다양한 종류의 소방장비 중 안전사고의 비중이 높은 장비를 중심으로 안전사고의 발생을 예방하기 위한 사용상의 주의사항 및 안전관리 방안은 다음과 같다.

1) 유압절단기

유압장비는 일반적으로 예측하는 것보다 큰 압력이 걸려 있다는 점을 인지하고 평소 규정된 매뉴얼에 따라 점검 및 정비에 유의하여야 한다. 이상징후가 KXK나면 반드시 애프터서비스를 요청하여야 한다.

① 펌프의 압력이나 이상 유무를 점검할 때에는 반드시 유압호스에 장비를 연결하고 확인한다.

② 가압할 때에는 커플링 정면에 서 있지 않도록 한다.

③ 호스는 강제로 구부러지지 않게 한다.

④ 결합 전·후에는 반드시 연결부위에 모래 등의 이물질이 있는지 확인하고 WEKR 업 후에는 반드시 고무 캡을 닫아 둔다.

⑤ 신체 균형을 바로 잡고 충분한 안전공간을 확보한다.

⑥ 장비가 중량이므로 운반에 주위하고 작동중에는 정확한 자세를 취하여 허리를 보호 한다.

⑦ 호스의 파손 꼬임 등 무리한 힘을 가하지 않는다.

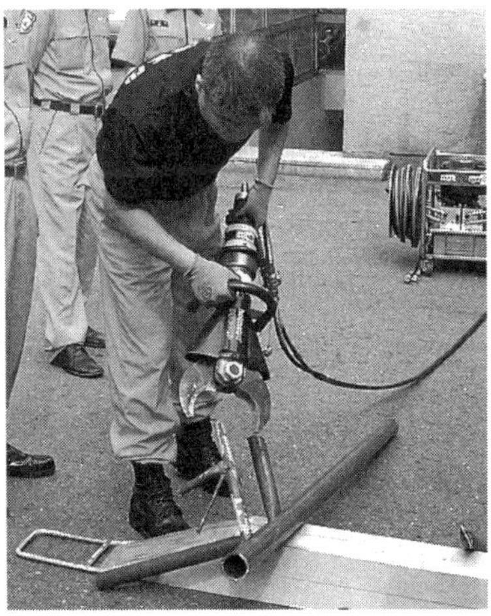

그림 4-16 유압절단기

2) 동력절단기

① 시동시 끈(스타팅레버)을 너무 많이 잡아당겨 끊어지지 않도록 한다.

② 불티로 인하여 근접대원에게 손상을 가할 수 있으므로 절단기의 전·후방에 대원들의 접근을 금지시킨다.

③ 조작대원은 가장 확실하고 안전한 자세로 작업에 임한다.

④ 절단기의 날에 무리한 힘을 가하지 않는다.

⑤ 사용 후에는 날의 마모상태 등의 점검과 정비를 통해 혼합비를 평균 25 : 1로 맞춘 오일을 채워둔다.

⑥ 절단기 사용 시에는 보안경 등을 착용한다.

⑦ 장시간 사용시 가열된 배기통이나 가열된 절단 부위의 마찰열로 신체 접촉시 화상의 우려가 있으므로 접촉을 피한다.

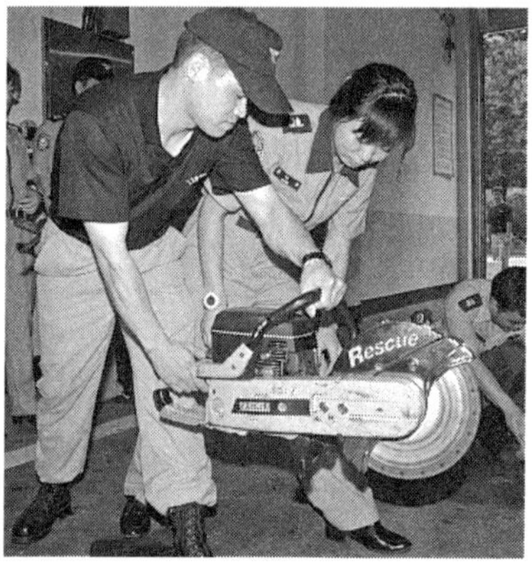

그림 4-17 동력절단기

3) 체인 톱

① 시동 전 안전조치

- 체인 톱의 모델에 따라 연료의 혼합비율(보통 16 : 1~ 25 : 1 정도)을 확인한다.
- 절단에 적합한 날을 선정하고 비산되는 불꽃에 의한 피해를 막기 위해 보호 커버를 조정한다.
- 절단에 의해 물건이 도괴 되거나 절단 날에 외력이 가해지는지를 가해지지 않도록 확인한다.
- 체인의 유격상태를 확인한다.
- 수직으로 물체를 절단하는 경우에는 물체가 쓰러질 것에 대비해 안전거리를 확보해야 하며, 작업물체의 2배 이상의 간격을 유지한다.
- 체인 톱 시동 전에 보안경을 착용하고 필요 이상의 고출력을 피한다.

② 절단 작업 중의 안전조치

- 안전모, 작업복, 안전화 또는 기동화를 반드시 착용한다.
- 작업자는 자세를 안정되게 취하고 장비를 견고하게 잡는다. 엔진은 기동 시 진동이 심하므로 손잡이를 단단히 잡아 놓치지 않도록 한다.
- 절단날의 전후방에는 사람의 접근을 절대로 금지한다.
- 절단날에 충격이 가지 않도록 하고 날의 측면으로 작업하지 않는다.
- 요구조자가 불꽃으로 위험할 경우 모포 등으로 안전하게 보호한 후에 작업을 한다.
- 엔진에 무리가 없는 상태에서 작업하고 공회전 시키지 않는다.
- 엔진에 이상상태 및 이상한 소리가 들리면 즉시 엔진을 정지한다.
- 절단은 직선으로 행하며 무리한 힘을 가하여 날이 휘지 않도록 한다.
- 쐐기를 사용할 때에는 목재나 플라스틱을 사용한다.
- 킥백(kick back)에 주의한다. 킥백이란 체입 톱, 동력절단기 등 공회전하는 절단 장비에서 발생하는 현상으로 절단 불가능한 물체에 날이 닿거나 부딪히는 경우에 장비가 작업자 방향으로 튀어 오르는 현상이다.
- 엔진이 작동 중에는 이동시키지 않는 것을 원칙으로 하고 부득이한 경우 반드시 주변의 안전을 확보한 후에 이동한다.

그림 4-18 체인 톱

4) 착압기

- 착압기는 무거워 정확한 자세를 취해야하며, 파편의 비산에 대비해 반드시 보호안경, 헬멧 등 안전용구를 착용해야 한다.
- 소음과 진동이 심하므로 장시간 작업할 때에는 반드시 귀마개를 착용한다.
- 철근콘크리트 파괴시 철근이 닿으면 파괴 위치를 바꾸어 작업 한다.
- 장시간 작업라면 체력저하와 떨림으로 인해 장비를 놓치는 등의 안전사고 위험이 높아진다. 따라서 교대 인원을 확보하여야 한다.

그림 4-19 착압기

(2) 장비 사용 중 안전사고

○ No.1 동력절단기 절단작업 중 폭발

- 내용

  서울 ○○소방서 공단 119안전센터에서 드럼통을 쓰레기통으로 사용하기 위해서 동력절단기로 절단작업 중 드럼통 내에 남아 있던 유증기가 절단기 사용 시 발생한 불꽃으로 인해 폭발로 작업자 2명이 부상

- 위험요인

  1. 동력절단기 안전수칙을 준수하지 않았다.
  2. 드럼통의 내용물이 무엇인지에 대한 사전 정보 없이 동력절단기를 사용함.

- 대응책

  1. 동력절단기 사용 시에는 동력절단기 자체가 위험할 뿐만 아니라 불꽃이 발생 점화원이 될 수 있다는 사실을 인지해야 한다.
  2. 불꽃이 발생하는 장비는 사용 장소 및 대상물에 대한 사전 고려가 있어야 한다.

4.7 교육훈련 시 안전사고 대책방안

소방공무원에 임용된 신임대원 들에게 안전교육은 필수적이며 가장 효과적이라고 판단된다. 신임 대원은 안전사고에 대한 규칙이나 개인적인 경험에 의한 사전 지식이 전혀 없어 기존 대원보다 잘 받아들일 수 있기 때문이다.

(1) 위험 요인의 발견

1) 잠재적 위험 요인

① 교관은 잠재된 위험 요인과 사고발생 요인을 철저하게 파악하고 항상 교육생에게 주지 시켜야 한다.

② 화재진압 훈련시 조교요원들은 휴대용 소화기나 엄호 방수용 호스 및 응급처치세트를 항상 훈련장에 비치하거나 휴대하여 신속하게 대처한다.

2) 훈련장의 안전 확인

① 훈련 정후 에 훈련장 주위의 이상 유·무를 확인하고 장애물을 제거한다.

② 훈련 실시 전에는 훈련 시설 전반에 대한 안전점검을 실시한다.

③ 훈련장 및 훈련탑에 부속되는 각종 안전장치(난간, 안전망 등) 상태, 노후도, 결합 등에 대해 확인하고 필요시 교체 수리한다.

(2) 대원들의 안전에 대한 책임

1) 교관의 책임

대원의 안전에 관한 책임은 교관에게 있다. 교관들에게는 당연하다는 인식이 교육생의 입장에서는 곧잘 받아들여지지 않는 경우가 흔히 있다. 따라서 안전에 대한 강제적 부과가 필요하다.

2) 무리한 훈련 강행 주의

대원의 신체적 결함을 무시한 채 무리하게 훈련을 강행 할 경우 안전사고로 발전될 가능성이 높다. 훈련 실시 전에 대원의 신체 상태에 대한 세심한 체크로 사고의 발생을 방지할 수 있다.

3) 신체적 조건을 고려한 훈련

① 대원의 건강 체크

대원들의 건강 상태가 질병(감기, 두통 또는 기타 질병) 등으로 양호하지 않은 교육생은 의료검진을 통해 훈련참가 여부를 확인하고 부적합 하다고 판단될 때에는 훈련에 참여시키지 않도록 조치한다.

② 대원의 연령과 피로

대원의 연령이 높거나 혹은 정상적인 신체 상태를 유지하기 못하다고 판단될 경우 그 대원은 즉시 피로의 유무, 통증, 근육 경련, 호흡곤란 등에 대한 진단을 받도록 하고 훈련에 참여시키지 않도록 조치한다.

4) 교육생의 정서적인 고려

교관은 개인적인 문제와 가정불화, 개인적인 위기 등과 같은 정서적 문제점에 대해서도 세밀한 관심을 가지고 체크할 필요가 있다. 이러한 불안정한 정신은 대원의 교육과 훈련에 대한 집중도를 저하시켜 안전사고를 유발할 가능성이 높기 때문이다.

(3) 교육에 임하는 기본적인 태도

1) 교육성과에 대한 조급한 태도

교관과 지휘관은 교육과 훈련 내용에 대한 이해 정도가 극히 부진하거나 의문사항에 대해 질문하는 것을 극히 꺼리는 대원은 유심히 관찰할 필요가 있다. 이 경우 교육과 훈련 내용을 모두 소화했을 것이라는 속단은 위험한 것이며, 인내심을 가지고 지속적인 반복교육을 실시하여 완벽하게 이해하도록 하는 것이 중요하다.

2) 교육중의 무질서

교육과 훈련 시 무질서는 사고와 직결된다. 그 원인은 교관의 자질 부족 또는 교육인원이 과다한 경우에 있을 수 있다. 따라서 이 경우 교관의 교체 및 인원을 조절할 필요가 있다.

3) 과민한 반응 자제

대원이 이해가 늦거나 행동 능력이 부진하다고 해서 화를 내거나 강압적인 태도를 보이는 것은 의사소통을 가로 막아 교육과 훈련의 효과가 떨어질 뿐만 아니라 피 교육자를 불안하게 하여 안전사고를 유발하는 원인이 될 수도 있다.

4) 교관의 안전 확보

교육과 훈련을 받는 대원은 물론 교관요원들의 안전도 중한 부분이다. 따라서 교육 내용에 따라서 교관들도 방호복 착용, 공기호흡기 등 안전 장구를 반드시 착용하도록 한다. 교관들의 피로 스트레스 등에 대한 체크와 그에 대한 고려도 필요하다.

(4) 훈련 시 추락·실족 안전관리

안적교육은 기본적으로 반복적인 교육을 통해 몸에 습관적으로 배이도록 하여야 한다. 대원 담당하는 소방활동 업무영역에 따라 지속적 반복적 교육과 훈련이 절대적으로 필요하다.

1) 훈련 전 안전대책

교육 · 훈련 전에 안전한 교육과 훈련을 위해서는 준비 운동뿐만 아니라 훈련장소, 시설, 기자재, 개인장비 등에 대한 안전한 환경이 확보되어야 한다.

① 훈련시설 및 장소
- 훈련 장소 및 시설의 장애물을 제거하고 기자재를 점검하고 불량한 것은 수리 보완 조치를 취한다.
- 대원은 훈련장소, 시설, 훈련내용을 미리 확인한다.

② 개인장비 및 기자재
- 각자의 기자재를 점검하고 취급조작의 숙련과 안전사용의 한계에 유의한다.
- 대원은 훈련 내용에 따라 정해진 장비 및 안전가구는 사전에 점검하여 고장, 피손, 마모 등이 없는지 확인한다.
- 개인장비와 기구는 사용 전, 사용 중, 사용 후를 불문하고 점검함과 동시에 장애요소는 사전에 제거한다.
- 무거운 장비를 이동해야 할 경우 필요인원을 확보하고 기자재를 끌어 올릴 때에는 도르래 및 로프를 사용하고 위아래의 상황을 확인하면서 조심스럽게 실시한다.

③ 개인의 건강 상태 점검
- 대원은 건강상태가 나쁜 경우 지휘 체계에 맞게 본인의 건강 상태를 알리고 그 지시에 따른다.
- 몸의 건강을 무시하고 무리하게 훈련에 참여하지 않는다.

④ 준비운동

- 과격한 활동과 체력 소모를 동반하는 훈련 전에는 반드시 준비 운동이 필요하며, 신체적 한계를 넘지 않는 범위 내에서 서서히 강도를 높여 대원의 능력 건강상태 및 컨디션을 고려하여 준비운동을 실시한다.

2) 훈련 중 안전

① 대원은 지휘자의 지시·명령에 따라 행동하며, 단독행동 등 무리한 행동은 하지 않고 규율을 엄정하게 지킨다.

② 복장과 개인장비는 항상 바르게 착용 되도록 수정한다.

③ 시설 및 기자재는 허용 능력 이상으로 무리하게 사용하지 않는다.

④ 훈련 장소, 시설, 기자재 등의 이상과 행동에 위험이 감지되는 경우에는 언제든 훈련을 중지하고 즉시 지휘자에게 보고한다.

⑤ 훈련 중 휴식을 하는 경우에 낙하의 우려가 있는 곳을 피하고 훈련 종료 후 반드시 점검을 실시한다.

⑥ 대원은 신체에 이상이 있는 경우 지휘자에게 보고하고 대원 상호간에 협력하여 위험방지에 유의한다.

3) 훈련 후 안전 조치

장비 및 훈련 시설을 정리 정돈하고 사용된 시설, 기자재 등은 점검을 실시한다.

(5) 교관 및 안전책임자의 역할

1) 훈련 시작 전에 철저한 안전 교육을 실시한다.
2) 안전사고 사례를 교훈으로 수시로 확인하며 사고 예방에 유의한다.
3) 교관과 피 교육생의 적정비율은 5명 : 1명 정도로 한다.
4) 훈련장의 시설, 장비, 기자재의 안전을 확인한다.
5) 교육생의 신체적 조건과 정서적인 부분을 고려하여 실시한다.

4.7.1 추락에 대한 안전대책

(1) 로프 하강 시 추락 대비 안전대책

1) 하강 장비 점검

하강에 필요한 장비(로프, 안전벨트, 헬멧, 장갑, 하강기 등)의 이상 유무를 확인하며 특히 로프는 내외피를 모두 점검한다.

2) 심한 충격을 받은 로프의 폐기

로프가 심한 충격을 받은 경우에는 외관상 이상이 없어 보여도 더 이상 사용하지 않도록 폐기 한다.

3) 안전매트 설치

하강 지점에 반드시 안전매트를 설치하며, 정상적인 낙하지점이 아니라고 판단되는 지점에도 만일의 사고에 대비 설치하도록 한다.

4) 안전 요원의 배치

하강 로프마다 안전요원을 배치하여 카라비너, 하강기 등의 결합여부를 확인하며 지면의 안전요원은 필히 2명이상을 배치한다.

5) 다시 한 번 장비의 안전결합 여부를 확인

하강 요원은 충분한 준비 운동 후 하강 시 침착하게 한발부터 딛고 올라가며, 다시 한 번 장비의 안전결합 여부를 확인 후 하강한다.

6) 지휘관의 최종 확인

훈련 지휘관은 하강 전에 최종적으로 장비의 결합 여부를 무전으로 확인토록 지시하고 이상 유무를 보고 받은 후 하강 명령을 한다.

(2) 추락 안전사고

교육·훈련 중에 추락사고는 대표적인 치명적사고로 대부분 훈련탑에서 발생한다. 대표적인 추락사고의 유형과 대책은 다음과 같다.

- 인명구조훈련 레펠 시범 중 추락
- 반동력에 의해 관창수가 베란다에서 추락함
- 훈련탑에서 후방 미확인으로 추락
- 레펠 훈련 중 추락사고
- 훈련탑 3층에서 추락
- 수관을 끌어 내리는 중 균형을 잃어 추락

○ No.1 반동력에 의해 관창수가 베란다에서 추락함

- 내용

  2층 베란다에서 방수를 개시할 때 반동력과 물이 올라오는 수관중량으로 수관이 밀려나가 관창수가 뒤로 밀려가 넘어져 추락했다.

- 위험요인
  1. 수관을 결속한 로프가 완만했다.
  2. 관창수의 방수자세가 불안정 했다.
- 대응책
  1. 수관 결속은 커플링의 밑을 적정한 강도로 묶는다.
  2. 관창을 허리에 밀착시킨다.

○ No.2 훈련탑에서 후방 미확인으로 추락

- 내용

  훈련탑 6층에서 2층으로 강하한 뒤에 후방으로 미끄러져 카라비너를 로프에서 이탈시킬 때 지상으로 전락하였다.
- 위험요인
  1. 후방을 확인하지 않고 행동했다.
  2. 안전 확보원 등의 감시원이 배치되지 않았다.
- 대응책
  1. 좁은 장소에서 강하할 때에는 벽면에 등을 향하고 정 위치에서 카라비너의 로프를 이탈시킨다.
  2. 추락위험 장소에서는 안전 확보원 등의 배치를 통해 주의를 환기시킨다.

○ No.3 레펠 훈련 중 추락사고

- 내용

  2004년 8월 26일 14:00분경 서울 강남구 삼성동 한국전력공사에서 민·관·군 을지연습 실제훈련인 화재진압 및 인명구조훈련을 위하여 20층에서 하강 준비자세를 잡고 보조자가 이상유·무를 확인 후 후면 레펠 하강 중 8자하강기가 턱에 걸려 카라비너가 이탈되면서 옥상에서 지상으로 추락 순직함.
- 위험요인
  1. 레펠훈련은 작은 실수에도 치명적인 안전사고가 발생할 수 있다.
  2. 레펭 하강 시 철저한 이상유·AN 확인이 필요함.
- 대응책
  1. 안전에 지대한 영향을 미치는 구조장비는 체계적인 관리가 필요하다.

2. 반복적인 훈련과 연습으로 개인의 기량을 키우고 추락에 대한 최대한의 대비가 있어야 한다.

○ No.4 훈련탑 3층에서 추락

- 내용

소방활동 효과 확인의 사전 훈련 중 훈련탑에서 3층으로 진입하기 위하여 복식사다리와 단식사다리를 활용하여 진입할 때 단식사다리에서 3층으로 넘어간 대원이 착지를 잘못하여 추락하였다.

- 위험요인

1. 이동 중에 부주의한 착지로 균형을 잃었다.
2. 진입 위치에 확보자 등이 배치되지 않았다.

- 대응책

1. 사다리로부터 건물로 진입 할 때는 체중 이동에 주의하고 발의 안전 확보에 신중해야 한다.
2. 높은 곳에 진입 시에는 로프를 확보하고 진입위치에 확보자 등을 배치한다.

○ No.5 수관을 끌어 내리는 중 균형을 잃어 추락

- 내용

훈련 종료 후 2층 베란다에서 65mm 수관을 끌어내리는 도중 수관 무게로 인하여 균형을 잃어 추락했다.

- 위험요인

1. 몸에 안전 확보 로프를 묶지 않고 불안정한 자세로 작업을 했다.
2. 훈련 후 수관 속의 물 등의 중량에 대한 주의를 하지 않았다.

- 대응책

1. 항상 높은 곳에서 활동할 때에는 로프 등으로 신체를 확보하여 추락을 방지 한다.
2. 수관 등의 중량물은 로프로 결속하여 지상의 대원과 연락을 취하면서 내린다.
3. 안정된 자세로 작업한다.

4.7.2 실족에 대한 안전대책

교육·훈련 중에 실족에 의한 사고는 사다리 및 승하차 훈련 중에 많이 발생하고 있으며,

계단에서 급하게 이동 중 발생하기도 한다. 대표적인 실족사고의 유형과 대책은 다음과 같다.

- 사다리에서 건물로 진입 시 미끄러져 떨어짐
- 사다리 연장 중 돌풍으로 넘어짐
- 야간 불시훈련 중 굴절차 탑승대에서 미끄러지면서 부상
- 승차훈련 중 실족하여 부상
- 교육생 아침점호를 실시하고자 계단을 내려가던 중 넘어져 부상

○ No.1 사다리에서 건물로 진입 시 미끄러져 떨어짐

- 내용

  지상 33m 높이의 옥상으로 사다리차 선단부에 경사면 벽체로 진이하려는 과정에서 미끄러져 떨어졌다.

- 위험요인

  1. 지붕 등 경사면은 미끄러져 떨어질 위험성이 크다.
  2. 옥상 난간에 안전을 로프 등을 이용해 안전을 확보할 지지물이 없었다.

- 대응책

  1. 진입위치를 결정할 때 진입 장소의 안전성을 검토한 후에 진입하여야 한다.
  2. 로프의 확보를 잊지 말고 단식사다리 등을 이용한 다른 진입수단을 병행한다. 또한 로프를 견고한 곳에 결속한다.

○ No.2 사다리 연장 중 돌풍으로 넘어짐

- 내용

  훈련탑에서 사다리를 연장하여 결속할 때 돌풍에 의해 전도 되었다.

- 위험요인

  1. 강풍과 돌풍 시 사다리 조작에 대한 주의를 하지 않았다.
  2. 사다리를 오르는 안전한 상황 확보 및 자세가 불안했다.

- 대응책

  1. 바람의 강약에 주의하고 상황에 따라 사다리를 끌어당기면서 결속한다.
  2. 안전 확보는 무게의 중심을 낮게 하며 안정된 자세로 하고 필요에 따라 보조자를 확보한다.

4.7.3 기타 사례별 안전대책

교육훈련 중에는 착지 불안정, 수관 등의 물품 낙하, 거꾸로 매달림 등 매우 다양한 요인에 의해 안전사고가 발생하고 있다.

따라서 주요사례는 다음과 같으며, 사례별 위험요인과 대응책을 살펴보면 다음과 같다.

- 에어메트 탈출훈련 중 착지 불안정
- 휴대한 수관의 관창 부분이 떨어짐
- 농연 내에서 로프를 놓쳐 퇴로를 잃어버림
- 수직 도하 시 거꾸로 매달림
- 차량에서 조명등 받침대를 떨어뜨려 발에 떨어짐

○ No.1 에어메트 탈출훈련 중 착지 불안정

- 내용

  2007년 4월 9일 부산소방학교 훈련탑 고층 건축물 탈출훈련장에서 신임교육과정 제1기 소방사반 구조이론 및 실습과목인 고층건물 탈출훈련(에어메트 탈출훈련) 중 교육생의 불안정한 에어메트 착지로 인하여 허리 통증을 호소 후송됨

- 위험요인

  1. 교육훈련의 부적합한 훈련장의 구조
  2. 낙하자세 교정을 위한 충분한 지상훈련이 미흡함.

- 대응책

  1. 실제 교육훈련 전 단계의 안전교육의 강화가 필요하다.
  2. 예측 불가능한 사고의 충격 완화를 위하여 낙하높이를 낮추어 안전사고를 최소화 할 필요가 있다.

○ No.2 휴대한 수관의 관창이 떨어짐

- 내용

  훈련장에서 높이 2m의 격벽을 넘어 65mm 수관 1본과 관창을 받으려고 할 때 관창이 미끄러져 안면에 떨어짐

- 위험요인

  1. 수관과 관창을 묶고 있는 호스반도가 이완됐다.
  2. 상호 의사소통이 원만하지 못했다.

- 대응책
  1. 운반하는 수관과 관창은 밴드 등으로 경고하게 묶는다.
  2. 물건을 받으려고 할 때에는 상호 관창과 결합부를 잡고 확인하면서 건네준다.

○ No.3 농연 내에서 로프를 놓쳐 퇴로를 잃어버림

- 내용

  지하실 내에 책상과 의자로 장애통로를 설정해놓고 검색 중 면체가 책상 등에 접촉하여 연기를 흡입하게 되었다. 면체를 조이려고 하다가 손에 잡고 있던 로프를 놓쳐서 퇴로를 잃었다.
- 위험요인
  1. 검색요령이 부적절하고 면체가 벗겨져 퇴로를 잃었다.
  2. 로프를 신체에 결속하지 않았다.
- 대응책
  1. 검색은 검색봉과 조명기구를 활용하여 장애물을 확인하면서 한다.
  2. 로프를 안전벨트 또는 신체에 결속하여야 한다.

○ No.4 수직 도하시 거꾸로 매달림

- 내용

  훈련탑 8층에서 경험이 적은 대원이 수직 도하로 강하하려고 할 때 왼손을 놓아 거꾸로 매달렸다.
- 위험요인
  1. 대원이 기술적으로 미숙했다.
  2. 대원의 기량을 파악하지 못했다.
- 대응책
  1. 훈련은 기초훈련을 충분히 하고나서 단계적으로 실시한다.
  2. 대원의 기량에 따른 훈련내용과 장소 등을 설정하여 실시한다.

○ No.5 차량에서 조명등 받침대를 떨어뜨려 발에 떨어짐

- 내용

  교육훈련 중 조명등을 운반하기 위해 문을 열고 조명등 받침대를 끌어당겨 내릴 때 왼쪽 발에 낙하하였다.

- 위험요인
  1. 시간을 단축하기 위하여 조명등을 적재 수납함에 넣지 않고 다른 곳에 적재 했다.
  2. 적재 기자재를 꺼내는 위치의 바로 아래 발을 놓았다.
- 대응책
  1. 기기 손상 사고와 2차 사고를 방지하기 위하여 기자재는 정해진 위치에 적재하여야 한다.
  2. 진동에 의해 적재 기구가 동시에 낙하 하는 경우에 대비하여 수납과 개방 및 발의 위치에 주의한다.

4.8 예측기술 시각화 작업

안전사고를 최소화하기 위한 대책은 이해하기 쉽고 지속적인 교육이 필요하다. 따라서 이상에서 제안된 안전사고 대책방안을 중심으로 소방대원이 쉽게 이해할 수 있도록 시각화 작업을 통해 근무 위치에 늘상 비치하고 습득할 수 있도록 하였다.

재난유형별 안전사고 예측기술 활용방안

5

5.1 소방공무원 실무교육의 개요

행정 조직이 발전하고 국민의 기대에 부응하기 위해서는 공무원 개개인이 조직의 목적을 인식하고, 그 자질을 향상시키는데 있다. 정부행정조직의 하나인 소방조직 또한 이와 다를 바 없으며, 소방행정의 목적 달성과 조직 발전을 위해 밑바탕이 되는 것은 목적에 부합하겠다는 소방공무원 개개인의 인식과 교육훈련을 통한 자질향상에 있다. 교육훈련이란 조직구성원의 직무수행 능력을 향상시킴으로써 궁극적으로는 조직의 생산성을 향상시키고자 하는 일련의 의도적 활동이라 할 수 있으며, 소방공무원의 능력개발도 이러한 교육훈련의 과정을 통해 이루질수 있을 것이다. 본 장에서는 그동안 시행되어온 소방공무원 교육(직장교육, 소방학교 직무향상교육 등)의 문제점에 대해 조사하고자 한다.

먼저 각 소방서별로 월1회 실시하는 직장교육의 경우 24시간 업무 후 아침 교대시간에 실시하는 관계로 인해 이미 업무로 인해 심신이 지쳐있는 상태에서 시행해야 하는 교육인 관계로 교양위주로 시행되고 있으며, 이 또한 현실성을 고려하지 않고 형식적으로 교육계획을 수립하고 있다는 것을 알 수 있다.

직장교육에 임하는 소방공무원들에게 인터뷰 설문조사 결과 소방조직원 자체가 현장활동을 중심으로 하는 조직임에도 불구하고 행정업무의 과다로 인해 교육을 받기보다는 빨리 퇴근하기를 더욱 희망하는 것으로 나타나고 있어 직장교육훈련 자체가 활기차지 못하고 경직되어 있는 것으로 파악되고 있어 이에 대한 전면적인 조치가 필요할 것으로 보인다.

또한 비번활동 등 열악한 근무환경으로 인해 교육에 대한 열의가 저하되고 누적된 피로로 인해 교육의 효율성이 저하되고 있는 것도 사실이다. 그 밖에 각 소방학교별로 직무관련 보수향상 교육과 관련하여 2교대 규정인력도 채우지 못하고 있는 소방서에서는 교육으로 인해 발생되는 결원부분을 다른 동료가 채워줘야 하는 상황이 발생하므로 교육입교에 매우 비관적인 것으로 파악되고 있으며, 설사 교육에 참여한다고 하더라도 적극적으로 참여하기 어려운 구조적 모순점을 안고 있는 것으로 파악되고 있다. 이러한 상황에서 효율적 교육을 기대하기란 매우 어렵다고 보인다. 따라서 소방공무원의 재난유형별 안전사고 예측기술개발에 대한 매뉴얼의 경우 이와 같은 점을 감안하여 일러스트레이션으로 흥미를 부가하고자 하였다.

5.2
소방교육 · 훈련의 특성

소방업무를 효율적 · 능률적으로 수행하기 위하여 소방공무원 개개인에 대한 적절한 소방교육 훈련이 이루어져 하는 바 그 특성을 몇가지 요약해 보면 다음과 같다.

소방의 주요업무는 화재 및 재난으로부터 국민의 생명, 신체와 재산을 보호하고 사회공공복리 증진에 이바지하는데 있으므로 화재 및 재난발생시 신속하게 출동하여 화재진압 및 인명구조활동을 전개함은 물론, 언제든지 신고가 접수되면 긴급환자를 병원으로 이송해야 하는 건강한 체력과 강인한 정신력을 갖춘 소방공무원이 교육훈련 대상자라는 특성을 갖고 있다. 소방공무원의 교육과 훈련을 구분하여 보면 소방교육이란 소방공무원의 일반적인 능력(교양, 지식, 가치관, 태도 등)을 증진해 나가는 과정인데 비하여 훈련이란 보다 범위를 한정하여 소방공무원이 담당하는 특정직무의 수행능력(전문적 지식, 기술, 태도 등)을 함양해 나가는 과정인 것이다.

소방공무원이 정규 훈련을 통해 축적된 기술과 지식, 그리고 경험을 갖춘 전문가로서 현장활동에 임해야 하며 이는 소방공무원 개개인의 능력이 결국 소방활동의 성패를 결정짓는 요인이 되기 때문이다. 화재 및 재난현장에는 의외로 위험요소가 많다. 화재현장을 예로 들면, 낙하물, 건물붕괴등은 당연히 예상할 수 있는 것이며, 화염, 열, 연기등도 현장활동을 제한하는 요소들이다. 또한 예상치 않았던 곳을 통과하거나 올라가기도 하며 평소 진압이 불가능했던 곳으로 진입하는 경우도 발생한다. 아울러, 현저하게 활동에 지장을 주는 장애가 발생하며 부득이 파괴해야 하는 경우도 있다.

이러한 관점에서 소방교육 훈련은 소방공무원으로 하여금 전문성, 기술성, 숙련성 및 신속성의 직무수행태세를 갖추어 화재 및 구조 구급등 재난현장에서 원활한 임무수행을 행하고 또한 안전확보라는 두가지 요소를 모두 만족시킬 수 있는 현장 대응능력을 길러주는 것을 기본으로 하는 프로그램으로 구성되어 한다. 따라서 그 내용은 현장위주의 전문교육, 훈련(화재진압, 인명구조, 구급)에 치중해야하며 실기 실습위주의 교육훈련을 실시하여 전문소방대원을 양성하는데 초점을 맞추어야 한다는데 그 특징이 있다.

5.3 안전사고 예방 교육방안

각 소방서별 직장교육시간 및 각급 소방학교에서 실시할 수 있는 안전사고 예방 교육방안에 대해 다음과 같이 제안한다.

일단, 각 소방서별 직장교육시간에는 현실에 맞게 파출소 자체교육을 자율교육의 도구를 사용케 하기 위해 본 사업에서 제안하는 일러스트레이션 도구를 사용하여 직원 각자가 언제 어디서든 볼 수 있도록 비치하고 각 파출소장을 중심으로 직원들의 참여교육을 통한 교육의 경직성 탈피와 유자격자를 교관요원으로 활용하고 교관요원의 리더쉽 향상을 시도한다. 또한, 운영상 개선 방안으로 행정문서 축소 및 근무일지 폐지 무선페이징업무 축소와 소방검사제도의 민간인 이관 등을 통하여 행정업무를 축소한다. 우선적으로는 각 파출소별 특성을 고려하여 파출소 특성에 맞는 교육훈련을 시행하도록 한다.

각 급 소방학교에서는 모든 교육과정의 약 10% (4시간~8시간)를 안전사고예방 매뉴얼 교육을 실시토록 교육과정을 개편한다. 또한 교육이수 후 평가부분에서 반드시 안전사고 예방 매뉴얼과 관련한 부분을 삽입토록 한다.

결론적으로 상기에서 서술한 직장교육훈련 개선방안은 법적 제도적 장치의 보완과 더불어 인력과 예산이 필요한 정책적 과제이다. 무엇보다도 중요한 것은 국민의 생명과 재산을 지켜야 한다는 소방행정 본연의 목적을 소방공무원 각자가 인식하고 직장교육훈련의 적극적 참여와 활성화에 노력해서 국민으로부터 신뢰받는 소방공무원이 되도록 하여야 할 것이다.

펌프차에 승차 지연한 대원이 끌려감

출동할 때 차량 문에 끼임

OO에 화재발생!
부르릉~
탁!
부앙!~
악!
출동할 때는 차량주변을 확인하고 발진해야지요.
좁은 차고 안에서는 특히 주위를 확인해야죠!

교차점에서 구급차 충돌

앵앵앵
트럭지나가면
바로 통과합시다!!
끽!
부앙ㅡ
우왁!
쿵!
이번 사건은 사이렌 소리를
서로 자기 차량의 것으로 착각해서
일어난 일입니다.
앵 앵
이럴 때는 확성기 등을 적극 활용해서
신중히 통과해야겠죠?!
구급차가
지나갑니다!

다리 위에서 선행한 펌프차 충돌
애앵~
부웅
금방 따라 붙는데?!
그러게 말이에요. 요즘 차 성능이...
어 엇!?
쿵!
다리 등에서는 전방의 차량이 확인 될 때까지 서행 합니다.
펌프차 등 중량이 있는 차량에 특히 주의를 해야죠.

T자형 도로의 교차점에서 충돌

피양차량이 돌연 움직여 접촉

교차점에서 택시와 충돌

팍
앗!
빨간 신호
브레이크!
슬슬슬~
쿵!
이 사건은 앞차를 따라가기 위해 스피드를 낸 것이 원인인 것 같습니다.
왱~
앞 차량이 교차점을 통과해도 무리하게 따라가지 않도록 합니다.

눈이 녹지 않은 골목길에서

일방통행을 역행하여 충돌

출동도중 화학차가 옆으로 쏠림

비탈에서 사이드브레이크가 풀어져 차량이 이동

후방차량과 접촉

저기에 소화전이 있군!
끼익~!
어?
아직 안돼!
후방을 확인하지 않고 문을 개방했네요...
상당히 위험한 행동입니다!
문 개방은 반드시 뒤쪽을 확인하고
지휘자의 신호에 의해
하차해야 합니다.
하차!

후방에서 유도하던 대원을 추돌

요구자조자 구출 중

어?
슬 슬 슬
정지!
정지!
후다닥!!
꽉!
차량구조
작업시에는
...
행동개시 전에 반드시
사이드 브레이크,
차바퀴 상태를
확인해야 합니다

사다리 운반 중

앗! 급커브!
텅!
억!
엇!
구부러진 길에서
너무 속력을 내셨네요.
이런 곳을 지날 때는 경적 등을 울려서
소방대의 접근을 알려줘야 합니다.
빵 빵!
그리고 모서리에서는 속도를 낮추어
큰 원으로 회전을 해야지요.

차량 뒷부분의 스텝 위에서 미끄러져 넘어짐

침수부분을 헛디뎌 넘어짐

수관에 발이 걸려 넘어짐

지붕 옥상 위에서 미끄러져 넘어짐

반동력으로 넘어짐

담이 넘어져 밑에 깔림

사다리가 옆으로 넘어져 추락

베란다의 난간이 약해 추락

지붕 위에서 미끄러져 추락

인접건물 진입시 사다리가 옆으로 미끄러져 추락

사다리차가 갑자기 이동하여 균형을 잃고 전락

화점부근의 유리창이 파괴되어 추락

사다리 위에서 파괴 작업 중 추락

염화비닐제 지붕을 밟아서 추락

사다리 위로 올라가는 중 플레쉬오버로 추락

사다리 지주 밑이 가라앉아 사다리가 기울어져 추락

블록 담 위에서 미끄러져 추락

사다리 위에서 방수 도중 반동력에 의해 추락

농연에서 바닥의 구멍을 확인하지 못하여 추락

주수한 물이 동결되어 미끄러져 추락

슬레이트 지붕에 빠져 추락

2층 베란다에서 농연이 분출하여 추락

지붕으로 부터 추락

잔화 정리중 기와가 대원에게 낙하

진입준비중 낙하한 기와에 맞음

감전되어 관창을 놓쳐 확보원에게 떨어짐

방수한 물이 기와를 떨어뜨려 사다리 확보원에게 떨어짐

던져내린 물건 등이 아래층의 대원에게 떨어짐

방수중 계단이 낙하하여 밑에 깔림

몰탈 벽체가 낙하하여 밑에 깔림

관창을 놓쳐 사다리 확보원에게 떨어짐

파괴된 유리조각이 사다리 확보원의 머리 위에 떨어짐

창고화재시 몰탈 천정이 낙하아여 떨어짐

인접건물의 내화벽체가 박리하여 대원의 직근에 낙하

사다리차에서 카프링스패너를 낙하시켜 지상의 대원에게 떨어짐

1층 검색중 2층 바닥이 낙하하여 밑에 깔림

광고용 앵글이 낙하하여 충돌

농연 내에서 도급통에 추락

농연 내에서 바닥에 구멍이 난 것을 확인하지 못하여 추락

사다리차의 사다리 위에서 플래쉬오버를 만남

주의하지 않고 창을 파괴하여 상층의검색원이 농연에 휩싸임

옥내 진입후 농연에 의해 퇴로를 차단 당함

옥내에서 활동중 전등이 낙하

수관을 올릴 때 관창이 얼굴에 충돌

반동력에 의해 관창수가 베난다에서 추락함

후방 미확인으로 추락

가설 파이프에 공기통을 충돌하여 추락

요구조자를 등에 업고 구출 중 사다리 위에서 추락

사다리 위로 내려가는 도중 추락

사다리차에서 건물로 진입할 때 미끄러져 떨어짐

수관을 끌어내리는 중 균형을 잃어 추락

농연 내에서 로프를 놓쳐 퇴로를 잃어버림

사다리 위로 오르는 도중 발이 미끄러져 추락

사다리 철수 도중 넘어짐

사다리 연장중 돌풍으로 넘어짐

수직 도하시에 거꾸로 매달림

수평 이동중 지지물이 이동

유대한 수관의 관창 부분이 떨어짐

훈련중 3층에서 추락

차량에서 조명등 받침대를 떨어뜨려 발에 떨어짐

화재진압 중 소방차 미끄러짐 사고

레펠 훈련 중 추락

엇!
틱!
!
8자하강기와 같이 안전에 지대한
영향을 미치는 구조장비의 경우
체계적인 관리가 필요하고...
개인의 반복적인
사전 예행연습으로
위험에 대비해야 합니다.

구급차 출동 중 교통사고

끼이
익!
저차 저거
왜 저래?
쾅
이봐요!!
괜찮으세요?
왜이리 시끄러워!!
이거~
윽! 냄새~
음주운전이네..
다 나와~
앞으로 구급차 차종선정시엔
차체 전면 엔진룸과 에어백 설치차종을
꼭 선정 보급해야겠습니다.
펑!
그리고 이번엔 대원들의
안전벨트 미착용으로 인명피해가
컸습니다.
철컥

폭발에 의한 창고 붕괴 사고

부산 주택화재 붕괴 매몰 사고

광주00체육관 붕괴사고

대전 고속도로 출동 골목길 소방차 전복

OO순찰차 고속도로 갓길 교통사고

안산아파트 화재현장 유독가스 흡입

연천 돈사 화재 출동차량 사고 순직

일산 골프연습장 화재현장 추락 순직

이천 공장화재 건물붕괴 매몰 순직

하수종말 처리장 소용돌이

곤지암천 수중보 소용돌이 익사사건

누출 LP가스 폭발사고

앵~ 앵~
쏴~
쏴~
퓨슝
펑!
금세공작업장의 특성상 LP가스가 있음을 인지했어야 했지요.
화재현장에 대한 사전 정보 수집 체계가 확립되어야 되겠습니다.

변전실 화재조사 중 감전

변전실
화재는 진압되었으니
원인조사를 해 봅시다.
예
아직도
연기가 안빠졌네..
여기가 옥상으로
통하는 길인가 봅니다.
파직!
파직
건물주의 안전의식 부재에 의해
안전이
뭔데요?
이 소방관은 뇌경막, 혈종, 두개골 골절,
전기화상 등 엄청난 부상을 입었습니다.
전기사고는 순간으 부주의가
대형사고로 진전될 수 있음으로
안전수칙 준수가 필요합니다.
파직!

지하화재 진압 중 계단 추락사고

방수작업 중 유리창 파편 낙하

부산 목욕탕 보일러실 폭발 부상

부산 아파트지하 정화조실 화재 추락
흔들흔들
으악~ 쿵!
소방장님!
소방사~
다행히 환풍기 닥트에 의해 고립되었던 00소방장과
발을 헛디더 폐정화조 맨홀에 추락한 00소방사는 대원들에 의해 구조되있다고 합니다.
농염속 화점 확인시에는 내부구조 및 정부수집이 철저히 요구됩니다.

부산 섬유원단 화재현장 가연물 용융

부산 사우나건물 전기화재 감전 사고
OO사우나
화점은 어딘가요?
지하 2층 변전실 이라고 합니다.
그럼 CO2소화기를 써야겠군.
슉—
아무래도 변압기 밑에서 불꽃이계속 일어나는 것 같은데...?
슉—
파직 파직
펑
고압전기 화재 시 일상적인 보호장비 (고무장갑, 장화)로는 감전을 방지할 수 없습니다.
고압전기는 도체에근접하는 경우에도 안전거리(2m) 유지하고, 전원차단 후 활동에 임해야 합니다
철컥

대구 공장화재 지붕붕괴 추락사고

대구 주택화재 현장 철수 중 추락

태풍에 의한 역풍화염 접촉사고

울산 폐차장 화재현장 폭발

광명 주택화재현장 소방차량에서 추락

부천 인형공장화재 훈증기로 인한 화상

군포 복식사다리 전개 중 유리창 낙하

냉난방기 프레온가스 폭발사고

전주 임야화재 현장 추락 사고

굴절차 전도 사고

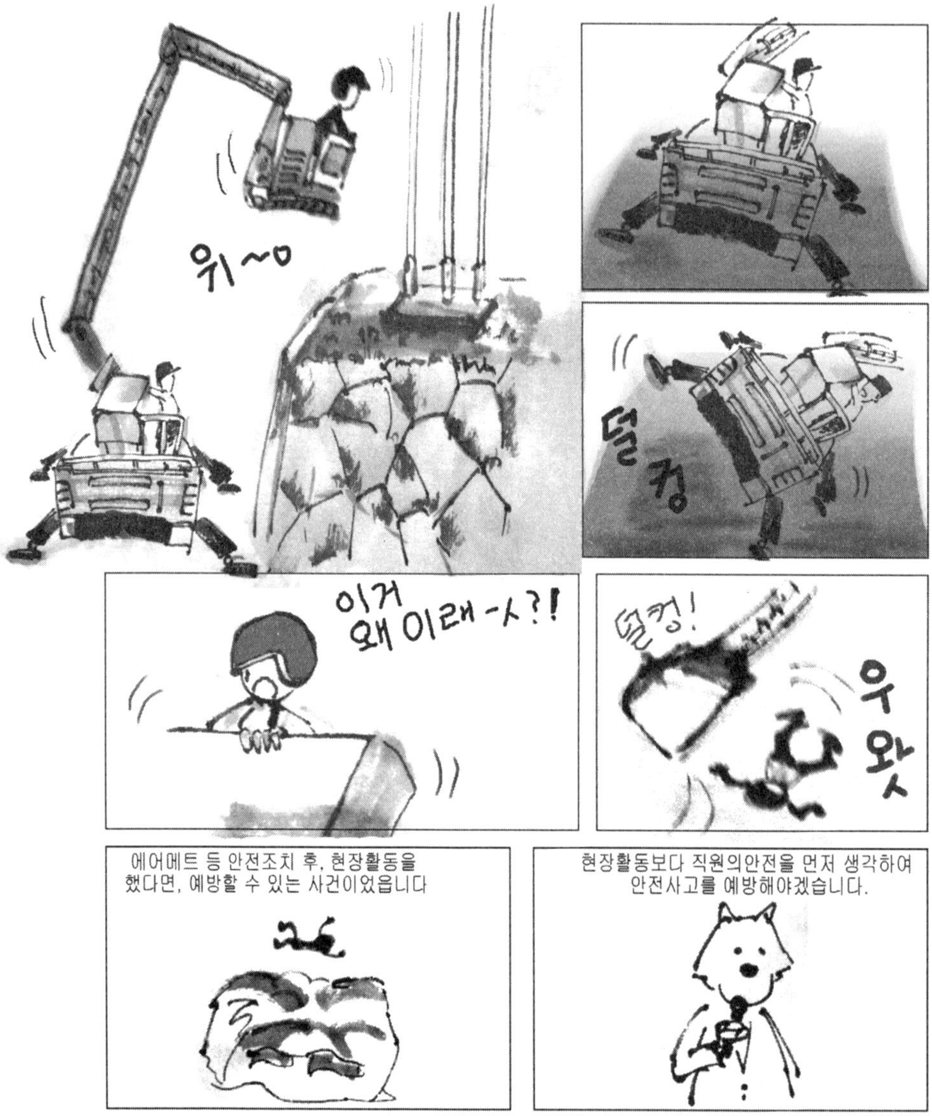
위~ㅇ
덜컹
이거 왜 이래~ㅅ?!
덜컹!
우왓
에어메트 등 안전조치 후, 현장활동을 했다면, 예방할 수 있는 사건이었읍니다
현장활동보다 직원의안전을 먼저 생각하여 안전사고를 예방해야겠습니다.

유리창 파손작업 중 부상

위잉~
덜컹덜컹!
쨍!
고층건물의 유리가 깨져
위험하다고요?
앵~
우드득…
악!
대원이 가죽장갑을 착용했음에도 유리조각이 손등을 뚫는 부상을 당했습니다.
가구를 이용한 안전한 구조활동과…
깨진 유리창을 썬팅지 등을 붙여 파편이 최소화 되도록 안전조치 후 작업을 수행해야 합니다.

수난구조 활동 중 그물에 걸림 사고

유압장비 오조작에 의한 끼임사고

에어매트 탈출훈련 중 착지 불안전

원인은 회전하면서 낙하해서
머리와 어깨부분이 에어매트에
닿은 것 같습니다
그럼 이런 사고를 미연에 방지하려면
어떤 대안들이 있을까요?
예측 불가능한 사고의 충격 완화를 위해
낙하높이를 줄일 필요가 있습니다.
낙하자세 교정과 설정을
위한 지상훈련이 필요하구요...
도약장소의 안전요원 추가배치로
도약 시 위험요소를 사전에
제거해야 한다고 봅니다!

방수훈련 중 관창 놓침 사고

소방현장지휘론 정가 20,000원

인 쇄 2011년 3월 2일 초판 1쇄
발 행 2011년 3월 10일 초판 1쇄
저 자 현성호·이용재·송윤석·차정민·김현수·안연순
만 화 이경래
발행인 정우용
발행처 도서출판 동화기술
경기도 파주시 교하읍 문발리 파주출판도시 500-13
Tel (031)955-4211~6 donghwae@kornet.net
Fax (031)955-4217 www.donghwapub.co.kr
(등록) 1977년 12월 19일/9-16호

Printed in Korea
ISBN 978-89-425-1555-4